高等职业教育公共课精品教材

信息技术基础

主编　赵军　薛亮

中国轻工业出版社

图书在版编目（CIP）数据

信息技术基础 / 赵军，薛亮主编. — 北京：中国轻工业出版社，2025.9
高等职业教育公共课精品教材
ISBN 978-7-5184-4454-0

Ⅰ. ①信…　Ⅱ. ①赵…　②薛…　Ⅲ. ①电子计算机—高等职业教育—教材　Ⅳ. ①TP3

中国国家版本馆CIP数据核字（2023）第158825号

责任编辑：张文佳　李金慧　　责任终审：劳国强　　设计制作：锋尚设计
策划编辑：张文佳　　责任校对：吴大朋　　责任监印：张京华

出版发行：中国轻工业出版社（北京鲁谷东街5号，邮编：100040）
印　　刷：三河市国英印务有限公司
经　　销：各地新华书店
版　　次：2025年9月第1版第4次印刷
开　　本：787×1092　1/16　印张：14.25
字　　数：350千字
书　　号：ISBN 978-7-5184-4454-0　定价：49.80元
邮购电话：010-85119873
发行电话：010-85119832　010-85119912
网　　址：http://www.chlip.com.cn
Email：club@chlip.com.cn

251580J2C104ZBW

前言

为满足《国家信息化发展战略纲要》对信息化人才培养的要求，随着物联网、云计算、大数据、人工智能等新一代信息技术的高速发展，我们根据教育部最新大纲的要求和内容组织编写了本教材。

通过本教材的学习，帮助学生掌握必备的信息技术基础知识和基本技能，增强信息意识，认识信息技术对人类生产、生活的重要作用，了解现代社会信息技术发展趋势，树立正确的信息社会价值观和责任感，为学生职业能力的持续发展奠定基础，培养他们成为德智体美劳全面发展的高素质技能人才。

教材编排着力从以下五个方面突出职业教育的类型特点：

一是与时俱进，全面贯彻并遵照教育部最新的《高等职业教育专科信息技术课程标准（2021年版）》的要求，结合高校学生的学习水平和能力特点精选内容，可满足不同类型学生的学习需求。

二是突出技能，注重学生实践技能的提升，将理论知识和技能训练融会贯通，坚持“从实践中来，到实践中去”的教学理念，关注学习情境的创设，遵循学以致用的原则，形成利用信息技术解决实际问题的综合运用能力。

三是形式创新，依照工作手册式教材的要求重组课程内容，注重培养学生的创新意识，引导学生将信息技术应用于学习和工作中。

四是融合思政，将课程思政贯穿其中，强化学生职业素养养成和专业技术积累，选择与职业、学习、生活相关的素材，将“三农”教育、专业精神、职业精神和工匠精神等融入教材内容。

本教材可作为高等职业院校、高等专科学校及成人高校“计算机应用基础”或“信息技术”的课程教材，也可作为全国计算机等级考试及各种培训班的教材，同时也可作为广大计算机爱好者的参考用书。

在编写过程中，我们参考了诸多国内外著作和文献，在此，谨向有关作者表示衷心的感谢，由于编者水平所限、时间仓促，尽管反复斟酌与修改，书中难免有不足之处，敬请广大读者批评指正，以便修订时更正。

编　者

目 录

01 项目一 计算机基础知识

任务1.1 认识计算机 2
任务1.2 了解计算机系统的组成 8
任务1.3 了解计算机中的信息存储 20

02 项目二 Windows 10 操作系统

任务2.1 Windows 10的桌面管理 28
任务2.2 Windows10文件资源的管理 42
任务2.3 Windows 10的系统设置 54

03 项目三 Word 2016 文档编辑与排版

任务3.1 制作会议议程 68
任务3.2 制作项目建设预算表 79
任务3.3 制作果园宣传海报 91
任务3.4 制作邀请函 105

04 项目四 Excel 2016 表格计算与分析

任务4.1　数据录入：公司苗木销售业绩报表......117
任务4.2　数据计算：苗木销售数据统计表......133
任务4.3　数据分析：苗木销售业绩报表中的数据分析......141
任务4.4　图表呈现：苗木销售业绩报表的图表分析......152

05 项目五 PowerPoint 2016 演示文稿设计

任务5.1　快速制作演示文稿......167
任务5.2　破解演示文稿的秘密......175
任务5.3　深入演示文稿的核心——母版......187
任务5.4　“导演”演示文稿......192

06 项目六 信息素养与信息技术

任务6.1　信息素养......206
任务6.2　信息技术......209
任务6.3　新一代信息技术......212

参考文献......221

01 项目一 计算机基础知识

知识目标

❶ 了解计算机的产生及发展过程。
❷ 了解计算机的特点、分类及应用领域。
❸ 了解计算机系统的组成及工作过程。
❹ 了解微型计算机各主要部件的功能。
❺ 了解计算机中的数制及信息的编码。

能力目标

❶ 能写出学校机房电脑的硬件配置及主要应用软件。
❷ 能根据计算机市场行情，运用计算机硬件相关知识，选配一台电脑。
❸ 能辨识微型计算机各主要部件。

素质目标

❶ 培养认真负责的工作态度和严谨细致的工作作风。
❷ 培养自主学习意识。
❸ 培养团队、协作精神。

思政目标

❶ 以党的二十大“科教兴国战略”为引领，贯彻科技是第一生产力的思想，树立科技强国的意识和文化自信的信念。
❷ 培养勇于担当、乐于奉献的高尚情操。
❸ 培养热爱祖国、勇于攀登的责任感和使命感。

步入信息化时代，人们越来越离不开计算机，它已成为人们工作、学习及生活中不可缺少的工具。

小明作为一名刚刚考入大学的学生，因为学习需要（处理文档、观看视频、上网查资料等）想选择一台适合自己的计算机，但面对网上各类计算机产品、琳琅满目的配置单、眼花缭乱的特色说明、褒贬不一的评价，小明陷入了难以抉择的境地。到底各种计算机配置指的是什么？如何根据个人需要选一台适合自己的计算机？学完本项目就会知道答案。

任务1.1 认识计算机

任务描述

计算机是20世纪伟大的科技发明之一，改变了人类的学习与工作方式。学习计算机知识首先要了解计算机的产生与发展过程、计算机与其他计算工具的区别、计算机的分类及应用领域等。

相关知识

一、了解计算机的产生与发展

1946年2月15日，人们公认的第一台电子数字积分计算机——ENIAC（Electronic Numerical Integrator And Computer，中文名为埃尼阿克）在美国宾夕法尼亚大学研制成功。它采用电子管作为基本电子元件，主要用于计算弹道导弹的轨迹，1秒内能完成5000次加减法运算和500次乘除法运算。另外，它还能进行平方、立方、三角函数等一些比较复杂的运算。这比当时最快的继电器计算机的运算速度要快1000多倍，是手工计算的20万倍。

ENIAC除了体积大，耗电多外，还有一个主要缺陷——不能存储程序。美籍匈牙利科学家冯·诺依曼（Von Neumann）对ENIAC进行了改进，设计出了第一台“存储程序式”计算机——EDVAC（离散变量自动电子计算机，简称埃德瓦克），其基本设计思想是：预先将根据某一任务设计好的程序装入存储器中，再由计算机去执行存储器中的程序。这样，在执行新的任务时，只需改变存储器中的程序，而不必改动计算机的任何电路，这就是著名的“存储程序”理论。

自ENIAC和EDVAC问世以来，计算机技术得到了迅猛的发展。通常，根据计算机所采用的电子元件，可将计算机的发展大致分为四代，并正在向着第五代或称为新一代发展，如表1-1-1所示。

在计算机四个时代的发展进程中，计算机呈现出生产成本越来越低、性能越来越好、运算速度越来越快、存储容量越来越大，而耗电越来越少、体积越来越小、可靠性越来越高的良好趋势。从目前的研究情况看，未来计算机将把信息采集、存储、处理、通信和人工智能结合在一起，具有推理、联想、学习和解释的能力，它的系统结构将突破传统的冯·诺依曼机器的概念，实现高效的并行处理。未来的新型计算机的研究主要集中在量子计算机、神经网络计算

表 1-1-1　计算机的发展

代次	起止年份	所用电子元件	运算速度 /（次 / 秒）	特点	典型机器	应用领域
第一代	1946—1957	电子管	5000 ~ 30000	没有系统软件，主要采用机器语言和汇编语言	国外：ENIAC 国内：103、104	国防及高科技
第二代	1958—1964	晶体管	几万 ~ 几十万	有主、外存，使用高级编程语言	国外：IBM7090 国内：441B	工程设计、数据处理
第三代	1965—1970	中、小规模集成电路	几百万 ~ 几千万	采用半导体存储器，CPU 采用微程序技术；拥有较完善的操作系统	国外：IBM-360 国内：709	工业控制、数据处理
第四代	1970—至今	大规模、超大规模集成电路	上亿	更高集成度、网络	目前我们日常使用的计算机	工业、生活等各方面

机、化学、生物计算机、光子计算机等几个方面。

二、微型计算机的发展

20世纪70年代后，出现了微处理器（Microprocessor）和微型计算机。微处理器是以单片大规模集成电路制成的具有运算和控制功能的处理器。以微处理器作为中央处理器（CPU）的计算机通称为微型计算机。微型计算机简称微机，我们日常见到和使用的计算机大多是微型计算机。微型计算机的发展主要经历了四个阶段。

第一阶段（1971—1972）：计算机指令长为4位或8位。采用机器语言或汇编语言。

第二阶段（1973—1977）：计算机指令长为8位。集成度较高，采用汇编语言和高级编程语言，并出现了操作系统。

第三阶段（1978—1981）：计算机指令长为16位。具有丰富的指令系统、多种数据处理方式。

第四阶段（1981—至今）：20世纪90年代出现了由32位微处理器构成的微型机。2001年出现了64位微处理器（Itanium）。

三、我国计算机的发展情况

我国的计算机事业，总的来说起步晚、发展快。华罗庚教授是我国计算机技术的奠基人和主要的开拓者之一。

（一）我国计算机的发展历程

1. 第一代电子管计算机研制（1958—1964）

我国从1957年开始在中国科学院计算所研制通用数字电子计算机，1958年8月1日该机可以表演短程序运行，标志着我国第一台电子数字计算机诞生。机器在738厂开始少量生产，命名为103型计算机（即DJS-1型）。1958年5月我国开始了第一台大型通用电子数字计算机（104机）的研制。在研制104机的同时，夏培肃院士领导的科研小组首次自行设计并于1960年4月成功研制一台小型通用电子数字计算机——107机。1964年我国第一台自行设计的大型通用数字电子管计算机——119机研制成功。

2. 第二代晶体管计算机研制（1965—1972）

1965年中科院计算所研制成功我国第一台大型晶体管计算机——109乙机。之后计算所继续对109乙机加以改进，两年后又推出109丙机，在我国两弹试制中发挥了重要作用，被用户誉为“功勋机”。华北计算所先后研制成功108机、108乙机（DJS-6）、121机（DJS-21）和320机（DJS-8），并在738厂等五家工厂生产。从1965—1975年，738厂共生产320机等第二代产品380余台。中国人民解放军军事工程学院（国防科技大学前身）于1965年2月成功推出了441B晶体管计算机，并小批量生产了40多台。

3. 第三代中小规模集成电路计算机研制（1973—1982）

1973年，北京大学与北京有线电厂等单位合作研制成功了运算速度每秒100万次的大型通用计算机。1974年清华大学等单位联合设计，研制成功DJS-130小型计算机，以后又推出了 DJS-140小型机，形成了100系列产品。与此同时，以华北计算所为主要基地，组织全国57个单位联合进行DJS-200系列计算机的设计，同时也设计开发DJS-180系列超级小型机。20世纪70年代后期，电子部32所和国防科技大学分别研制成功655机和151机，速度都在百万次级。进入20世纪80年代，我国高速计算机，特别是向量计算机有了新的发展。

4. 第四代超大规模集成电路计算机研制（1983—至今）

和国外一样，我国第四代计算机研制也是从微机开始的。1980年年初我国不少单位也开始采用Z80、X86和6502芯片研制微机。1983年12月电子部六所研制成功与IBM PC机兼容的DJS-0520微机。

“缺芯少魂”一直是中国科技行业愁肠百结的痛。即便是进入新世纪以来，中国的社会经济、科技飞速发展，依然没能在计算机芯片、操作系统等项目上取得突破。但好在中国依然有一批筚路蓝缕、攻坚克难的大国科学家，正是他们呕心沥血的付出，才有了在华为推出PC芯片鲲鹏920和鲲鹏PC主板不久，于2019年11月7日，正式发布搭载“纯国产”系统和芯片的PC“太行220”电脑的突破。

这款“太行220”电脑，搭载了华为新的鲲鹏920CPU和鲲鹏主板，并预装了中标麒麟、深度操作系统（基于Linux深度定制）。配置上采用了鲲鹏920CPU（4/8核心、主频2.6GHz、昆仑固件、最大支持64GB的DDR4内存）和256GB SSD（固态硬盘）的组合。单从配置上看，华为这款纯国产化的PC产品，整体性能基本不逊色于主流PC产品，已具备与市面主流的PC一较高下的能力。

（二）我国计算机的主要成就

1958年8月，中国第一台计算机诞生了，这台小型电子管数字计算机被命名为“103机”。此后又相继研制成功多台计算机。它们填补了我国计算机领域的空白，为形成我国自己的计算机工业奠定了基础。

1992年，国防科技大学研究出银河-II通用并行巨型机，峰值速度达每秒4亿次浮点运算（相当于每秒10亿次基本运算操作），总体上达到20世纪80年代中后期国际先进水平。

2016年，世界上排名前两位的超级计算机都来自中国，位于中国无锡国家超级计算中心的“神威·太湖之光”凭借“超级速度”第三次出现在榜单的榜首位置，实现三连冠。它的运算能力达到每秒93.01千万亿次。我国科研团队的项目也因此获得了2016年超级计算机应用领域最高奖——戈登·贝尔奖，成为我国高性能计算发展史上的里程碑。仅次于它的是由国防科技大学研制，部署于中国广州国家超级计算机中心的、连续6次蝉联全球最快计算机、运算能力为每秒33.86千万亿次的“天河二号”。

在2019年11月国际超级计算机TOP500组织发布的最新一期世界超级计算机500强榜单中，中国占据了227个，“神威·太湖之光”超级计算机位居榜单第三位，“天河二号”超级计算机位居第四位。在2021年6月的TOP500最快超级计算机排行榜中，“神威·太湖之光”和“天河二号”依然位居世界前列。

四、了解计算机的特点

计算机与其他的计算工具相比，具有以下几个主要特点。

1. 运算速度快

气象预报要分析大量资料，计算机几分钟就能算出一个地区内数天的气象预报。

2. 足够高的计算精度

用计算机计算圆周率π，几个小时内就可计算到10万位。

3. 超强的记忆能力

目前常用的硬盘的存储容量是1TB，相当于能存储2^{39}个汉字，而人的大脑可以存储的信息约为14GB，约相当于一个硬盘容量的1/73。

4. 具有逻辑判断能力

AlphaGo是一款围棋人工智能程序，2016年3月以4：1战胜世界围棋冠军、职业九段选手李世石。2016年年末2017年年初，该程序在中国棋类网站上以“大师（Master）”为注册账号与中日韩数十位围棋高手进行快棋对决，连续60局无一败绩。

5. 在程序控制下，自动工作的能力

人们将编写好的指令事先输入计算机中存储起来，计算机从存储单元中依次去取指令，用来控制计算机的操作，而不需要外人干预。

五、了解计算机的分类

计算机的分类方法有很多，按照计算机的功能和规模可分为巨型机、大型机、中型机、小型机、微机和工作站等。巨型机体积大、价格昂贵、运算速度快，主要用于战略性武器开发和航空航天技术研究等领域，是衡量一个国家经济实力和科技水平的重要标志。大型机、中型机功能没有巨型机强，但也有很强的数据处理能力和管理能力，运行速度相对较快，主要用于高等院校、银行、科研院所和网络服务器等场所。小型机结构简单，价格较低，主要用于工业自动控制、测量仪器、医疗设备中的数据采集等领域。微机价格低、更新速度快，广泛应用于个人用户，所以又称个人计算机（PC）。现在我们日常用的计算机，绝大多数属于微机。

六、了解计算机的应用领域

在“互联网+”时代，计算机的应用领域越来越广，已经深入科学研究、信息管理、文化教育、医疗卫生、军事技术、工农业生产等现代人类社会的各个领域中，成为我们生产和生活中不可缺少的重要工具。

1. 数值计算

数值计算又称为科学计算，是计算机最基本的应用，例如气象预报、人造卫星轨道计算、解复杂方程式、高层建筑结构力学分析、地震预测、工程设计等都需要计算机进行庞大、繁杂的计算，没有计算机的参与，靠手工是很难完成的。

2. 数据处理

数据处理主要是指用计算机对非数值类型的数据进行收集、加工、分析、排序、查询和统计等工作。例如：人口统计、企业管理、情报检索、报刊编排、办公自动化、图形图像处理等。

3. 计算机通信

计算机通信是计算机技术和通信技术高度发展、密切结合的一门科学。国际互联网（Internet）已经成为覆盖全球的信息基础设施，在世界的任何地方，人们都可以利用计算机互相进行通信，如收发电子邮件、传输文件、拨打IP电话等。

4. 计算机辅助系统

计算机辅助系统以计算机为工具，配备专用软件辅助人们完成特定的任务，以提高工作效率和工作质量为目标。计算机辅助系统主要有计算机辅助设计（CAD）、计算机辅助制造（CAM）、计算机辅助教学（CAI）、计算机辅助测试（CAT）等。

5. 自动控制

利用计算机为中心的控制系统可以及时地采集数据、分析数据、制定方案，并进行自动控制，从而提高产品的质量和合格率。在工业、交通、军事、航空航天以及各种自动化部门，自动控制得到了广泛的应用。

6. 人工智能

人工智能（AI）是指利用计算机来模拟人脑的部分功能，使计算机具有“推理”和“学习”能力。目前，人工智能在机器人研究和应用方面方兴未艾，我国人工智能应用技术基础研究薄弱、高水平创新人才缺乏，成为亟待补齐的短板。

拓展知识

一、计算机的发展趋势

计算机技术是世界上发展较快的科学技术之一，产品不断升级换代。从目前的研究方向看，当前计算机正朝着巨型化、微型化、网络化、智能化等方向发展。

1. 巨型化

巨型化是指向运算速度更高、存储容量更大、功能更强的超级计算机发展，主要用于尖端科学技术的研发及军事、国防系统。我国目前建有8个超级计算机中心，其技术水平处于世界领先地位。由国防科技大学研制的“天河二号”超级计算机，连续6次荣登全球超级计算机500强排行榜榜首。

2. 微型化

微型化是发展体积更小、可靠性更高、功能更强、适用范围更广的计算机系统，以适应个人使用或嵌入一些小型仪器设备中，使仪器设备实现“智能化”。“笔记本型”“掌上型”电脑、“智能电器”等微型化的计算机设备，就是向这一方向发展的产品。

3. 网络化

网络化是计算机发展的又一个重要趋势。从单机走向联网是计算机应用发展的必然结果。

4. 智能化

智能化就是要求计算机能模拟人的感觉和思维，进行“看”“听”“说”“想”“做”，具有逻辑推理、学习与证明的能力。这也是第五代计算机要实现的目标。目前已研制出的机器人可以代替人从事危险环境的劳动。

二、新一代计算机芯片技术

由于晶体管计算机存在物理极限，因而世界上许多国家在很早的时候就开始了各种非晶体管计算机的研究，如超导计算机、生物计算机、光子计算机和量子计算机等，这类计算机也被称为第五代计算机或新一代计算机，它们能在更大程度上模仿人的智能，是目前世界各国计算机发展技术研究的重点之一。2020年12月4日，中国科学技术大学宣布该校潘建伟等人成功构建76个光子的量子计算原型机“九章”，该原型机求解数学算法高斯玻色取样只需200秒，而目前世界最快的超级计算机要用6亿年。

任务1.2 了解计算机系统的组成

任务描述

××市教育局为每一位参加多媒体课件制作培训的学员准备了一台电脑，为了更好地使用电脑，首先要能辨识其主要部件，了解电脑所装的软件。请查看电脑的配置，按要求填写机房电脑配置清单（表1-2-1）。

表1-2-1　机房电脑配置清单

<table>
<tr><th colspan="4">机房电脑配置清单</th></tr>
<tr><td rowspan="15">硬件</td><td rowspan="10">主机箱</td><td>主板</td><td>型号：</td></tr>
<tr><td rowspan="2">CPU</td><td>品牌：</td></tr>
<tr><td>主频：</td></tr>
<tr><td>内存</td><td>容量：</td></tr>
<tr><td>硬盘</td><td>容量：</td></tr>
<tr><td rowspan="2">显卡</td><td>□集成□独立</td></tr>
<tr><td>显存容量：</td></tr>
<tr><td rowspan="2">前面板按钮、接口</td><td>按钮：□电源 □复位</td></tr>
<tr><td>接口：□ USB □音频</td></tr>
<tr><td>背面接口</td><td>□网络 □ LPT □ COM □ VGA
□音频 □ HDMI</td></tr>
<tr><td rowspan="5">外部设备</td><td>键盘</td><td>□ 104 □ 107 □ 108 □其他</td></tr>
<tr><td rowspan="2">鼠标</td><td>□光电 □机械</td></tr>
<tr><td>□ USB □ PS/2</td></tr>
<tr><td>显示器</td><td>□ CRT □ LCD □ LED</td></tr>
<tr><td>其他</td><td></td></tr>
<tr><td rowspan="3">软件</td><td rowspan="2">系统软件</td><td>操作系统及其版本</td><td></td></tr>
<tr><td>其他系统软件</td><td></td></tr>
<tr><td>应用软件</td><td colspan="2"></td></tr>
</table>

相关知识

一、了解计算机系统的组成及工作过程

一个完整的计算机系统是由硬件系统和软件系统两部分组成的。硬件是指组成计算机的各种电子器件、机械部件等物理设备，通俗地说就是那些看得见、摸得着的设备。软件系统是指计算机系统中的程序以及开发、使用和维护程序所形成的文档的总称。硬件是计算机工作的物质基础，软件是计算机的“灵魂”，没有软件只有硬件的计算机称为“裸机”。

虽然现代计算机的设计与制造技术与1946年时相比有了很大改变与提高，但目前，绝大多数计算机仍是根据美籍匈牙利科学家冯·诺依曼提出的“存储程序控制”理论设计的，其基本设计思想如下。

（1）计算机硬件系统从逻辑上由控制器、运算器、存储器、输入设备、输出设备五大部分组成，如图1-2-1所示。

控制器是计算机的控制指挥中心，它的主要功能是控制计算机各部件能够自动、协调地工作。运算器的主要功能是对数据进行算术运算与逻辑运算。存储器的主要功能是存放程序和数据。输入设备的主要功能是向计算机输入人们编写的程序和数据。输出设备的主要功能是向用户报告计算机的运算结果或工作状态。

（2）数据或计算机指令均用二进制表示，存储在存储器中。

（3）计算机在程序的控制下自动工作。程序是完成一个完整的任务，计算机必须执行的一系列指令的集合。

程序执行过程如图1-2-2所示。

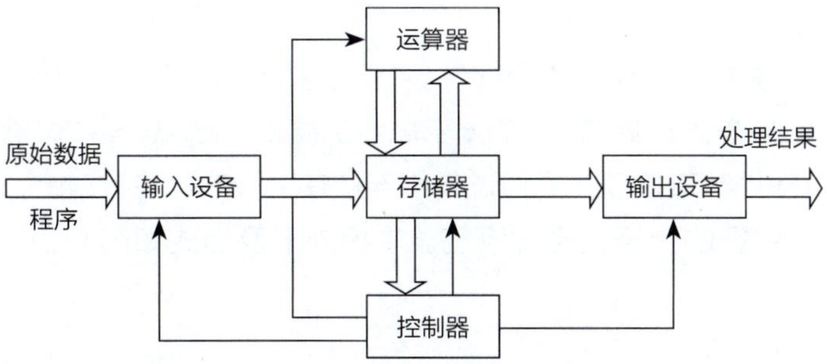

图1-2-1　计算机硬件系统组成

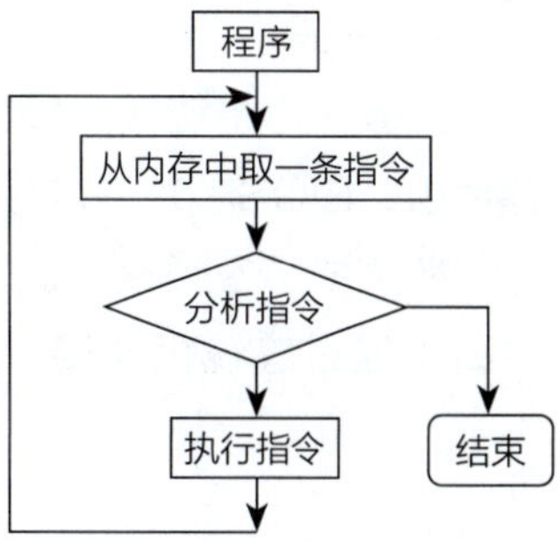

图1-2-2　程序执行过程

二、了解计算机硬件系统

我们常用的计算机都是微型计算机（微机），微机和其他计算机一样，也是由运算器、控制器、存储器、输入设备和输出设备5大逻辑部件组成的。不同的是微机的运算器和控制器这两大部件集成在一片很小的半导体芯片上，这种芯片称为微处理器。以微处理器为基础，配以

存储器、I/O设备、连接各部件的总线和足够的软件就构成了微型计算机系统。未特别说明，本书后面提到的计算机都是指微机。从外观上看，主要包括主机和外设两大部分，外设主要有显示器、键盘和鼠标（图中未见），如图1-2-3所示。具有多媒体功能的微机还配有音箱、话筒和游戏操纵杆等。除此之外，微机还可以外接打印机、扫描仪、数码相机等设备。

图1-2-3 外设图片

（一）主机

主机是计算机最主要的部分，计算机的运算、存储过程都是在这里完成的。主机大多做成箱子的形状，所以又称为主机箱，如图1-2-4所示。

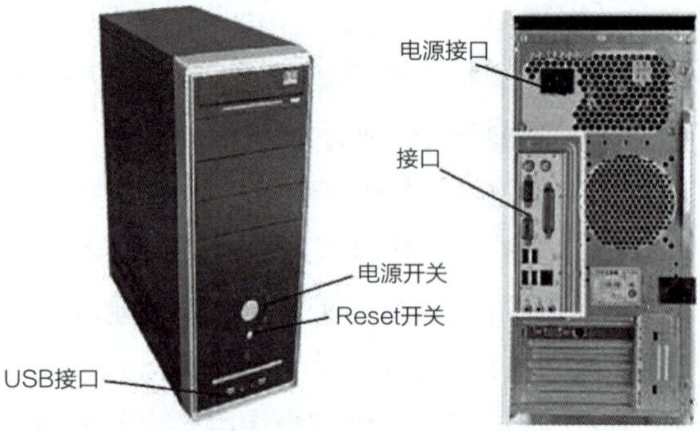

图1-2-4 主机箱的正面与背面

主机箱的正面主要有电源开关按钮、复位（Reset）开关按钮、电源指示灯、硬盘工作指示灯与USB接口等。背面主要是一些外设接口，它们使外部设备能够与主机进行连接，如图1-2-5所示。

主机箱里主要有主板、CPU、内存、各种板卡、电源及各种连接线等部件。拆下机箱一侧的面板，可以看到主机箱内的结构，如图1-2-6所示。

1. 主板

主板又称系统板、母板，是整个计算机系统中的核心部件。主板上除有CPU插座、控制芯片组、BIOS芯片、内存条插槽、AGP总线扩展槽、PCI局部总线扩展槽、ISA总线扩展槽外，还集成了各类接口。微机的各个部件都直接插在或通过电缆连接在主板的这些接口上，接口又通过总线相连接，从而形成了完整的计算机硬件系统。主板外形及组成如图1-2-7所示。

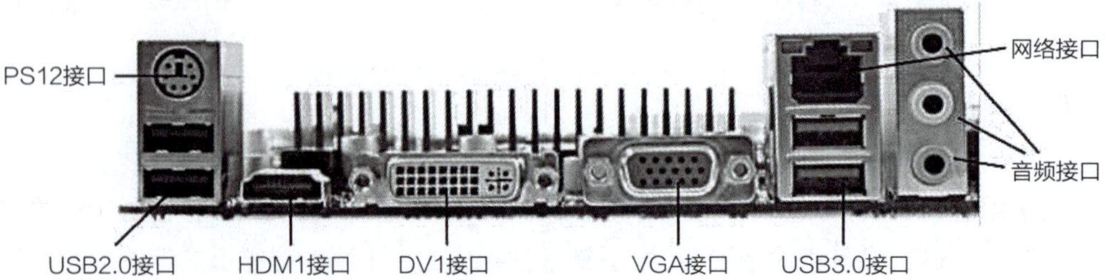

图1-2-5 主机箱

图1-2-6　主机箱结构图

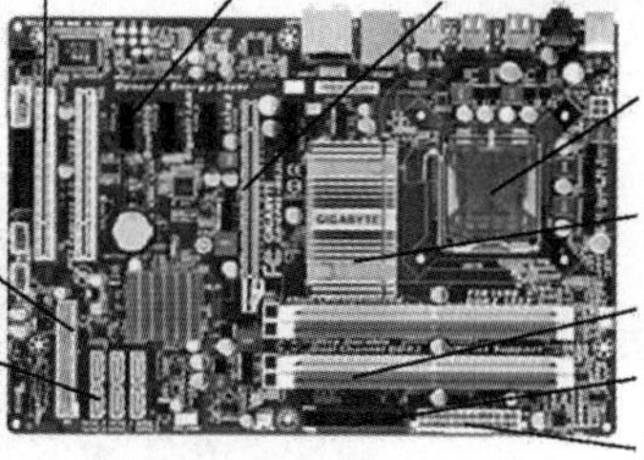

图1-2-7　主板外形及组成

芯片组是主板的灵魂，由一组超大规模集成电路芯片构成。芯片组的作用是在BIOS和操作系统的控制下，按照统一规定的技术标准和规范为计算机中的CPU、内存、显卡等部件建立可靠的安装、运行环境，为各种接口的外部设备提供可靠的连接。

2. CPU

CPU又叫中央处理器，是微型计算机硬件系统的最核心部件，主要由运算器、控制器两大部分组成。计算机的所有工作都要通过CPU来协调处理。

CPU外形如图1-2-8所示。

图1-2-8　CPU外形

目前，CPU的生产厂家主要是Intel（英特尔）公司、AMD（Advanced Micro Devices）两家。我国国产通用芯片主要有龙芯系列、申威系列、华为鲲鹏系列等。2002年，中国第一款具有完全自主知识产权的通用CPU——“龙芯一号”正式问世，结束了中国无“芯”的历史，打破了国外芯片在我国的长期垄断地位。2019年龙芯芯片出货量已达到50万颗以上。近几年，我国芯片设计水平有了较大提高，连续四次占据世界超级计算机TOP500榜单之一的“神威·太湖之光”采用的就是国产申威处理器。

CPU的主要技术参数如下：

（1）主频。主频是CPU内核工作的时钟频率（一秒内发生的同步脉冲个数），是CPU最主要的技术参数。一般主频越高，运算速度越快。例如：P4 2.4的主频即为2.4 GHz。

（2）字长。字长是指CPU可以同时处理数据的位数，如64位微处理器，一次能够处理64位二进制数据。

（3）高速缓存（Cache）。高速缓存是位于CPU内部的临时存储器，处于CPU和内存之间，用于缓解内存与CPU的速度不匹配的问题，其读写的速度与CPU差不多，但要比内存快很多。当然，由于受到CPU芯片面积和成本等因素的影响，缓存都比较小。

3. 内存

内存是内部存储器的简称，又称为主存，是计算机系统必不可少的基本部件。CPU 需要的信息要从内存读出来，CPU运行的结果要暂存到内存中，CPU与各种外部设备打交道，也要通过内存才能进行。内存的外形如图1-2-9所示。

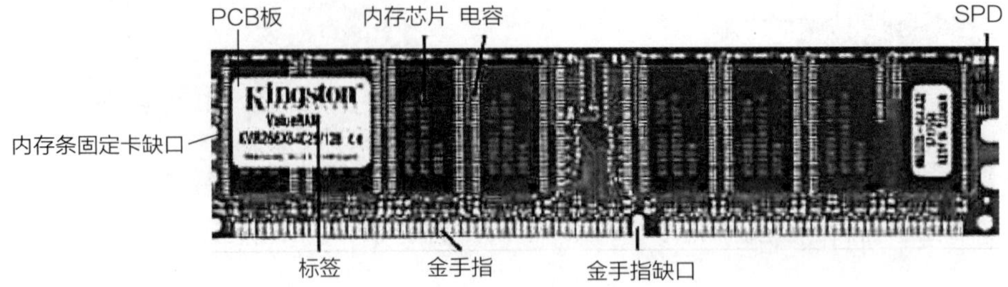

图1-2-9 内存的外形

内存最主要的参数是内存容量，目前市场上内存的容量主要有2GB、4GB、6GB、8GB、32GB，甚至是64GB等几种。

内存分为ROM和RAM两大类。ROM（Read Only Memory）的中文名称为只读存储器，存储在这种存储器中的信息只可以“读”不可以“写”，其特点是关掉计算机主电源后存储器中的内容不会消失，但读写速度较慢，一般用于存放那些不需要改变的信息或系统专用的程序和数据，例如主板上的BIOS就是用ROM存储的。RAM（Random Access Memory）的中文名称为随机存取存储器，未特别指明，我们所说的内存，指的就是RAM。RAM中的信息可以通过指令随时读取和写入，电脑开机时，操作系统和应用程序的所有正在运行的数据和程序都会放置其中，并且随时可以对存放在里面的数据进行修改和存取，其特点是速度较快，但一旦系统断电，存放在里面的所有数据和程序都会自动清空。

4. 硬盘

硬盘是一种磁介质存储设备，我们说的硬盘实质上指硬盘驱动器和硬盘片，是计算机中主要的大容量存储设备。几乎所有的电脑上都配有硬盘。

硬盘属于外存，但由于操作系统等一些必备系统软件通常是装在硬盘中，所以为方便使用，常将硬盘装在主机箱内。现在微型机上所配置的硬盘容量通常在500GB至2TB。硬盘在第一次使用时，必须首先进行分区和格式化。硬盘的外形及内部结构如图1-2-10所示。

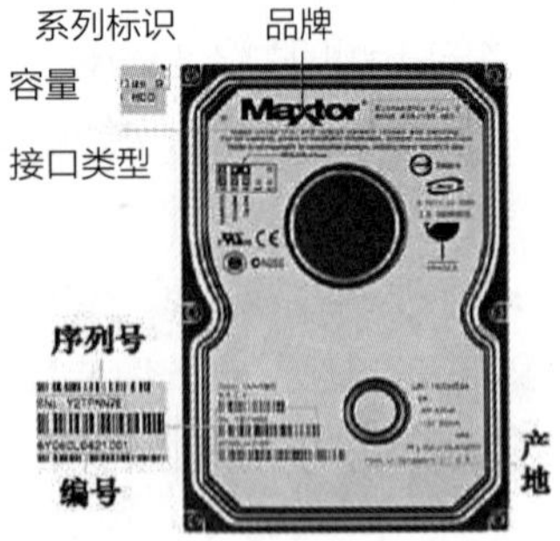

（a）外观

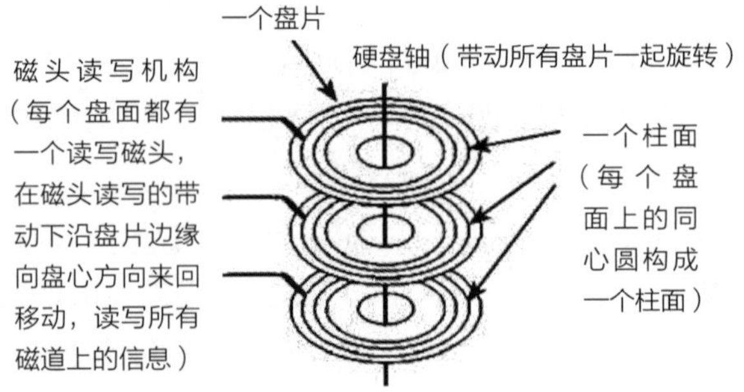

（b）内部结构

图1-2-10 硬盘的外形及内部结构

5. 显卡

显卡是连接主机与显示器的接口卡，如图1-2-11所示，主要作用是图像计算和显示。

6. 声卡

声卡是实现声波/数字信号相互转换的一种硬件，如图1-2-12所示。除专业应用外，很少有独立声卡，一般都将声卡集成到了主板上。

图1-2-11　显卡

图1-2-12　声卡

7. 电源

电源是给主机箱内所有部件以及键盘和鼠标供电的设备（有些显示器也通过主机电源供电）。电源外形如图1-2-13所示。一个好的电源是所有部件正常运行的关键。

图1-2-13　电源

（二）外设

1. 显示器

显示器是微机主要的输出设备，用于显示输入的程序、数据或程序运行的结果，并能以数字、字符、图形和图像等形式显示正在编辑的文件、图形、图像以及计算机所处的状态等信息。

显示器有阴极射线管显示器（Cathode-Ray-Tube，CRT）、液晶显示器（Liquid Crystal Display，LCD）、发光二极管（LED）显示器、等离子体（PDP）显示器等。过去的显示器以CRT为主，现在的显示器以LCD、LED为主。与传统的CRT相比，LCD、LED显示器具有机身薄、占地小、辐射小、重量轻等优点。CRT、LCD、LED显示器外形如图1-2-14所示。

图1-2-14　CRT、LCD、LED 显示器

显示器有17英寸、19英寸、22英寸等不同的规格，显示器的主要技术指标有尺寸、分辨率等。

2. 键盘

键盘是主要的输入设备之一，可向计算机输入程序、数据、命令等。它独立于PC的主机箱，通过电缆和主机背面的键盘插座连接。目前大多数PC配备104键、108键标准键盘，104键盘比以前的主流101键盘多了两个Win功能键和一个菜单键。108键盘比104键盘多了四个与电源管理有关的键，如开关机、休眠、唤醒键等。104键标准键盘如图1-2-15所示。

3. 鼠标

鼠标是另一常用的输入设备。鼠标主要有机械式、光电式两种。鼠标的外形如图1-2-16所示。

图1-2-15　104键标准键盘

图1-2-16　鼠标的正面、机械式鼠标的背面、光电式鼠标的背面

（三）连接主机与外部设备

1. 连接显示器

显示器有两条连接线：一条是电源连接线（图1-2-17），另一条是数据线，又称显示信号连接线（图1-2-18）。信号连接线一端是个15针的梯形接口（图1-2-19），用来与显卡上的VGA接口相连，显卡上VGA接口如图1-2-20所示。

图1-2-17　电源连接线

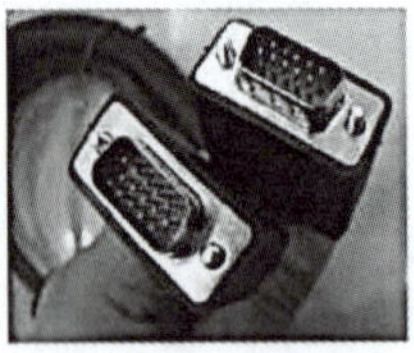
图1-2-18　显示信号连接线

图1-2-19　梯形接口

图1-2-20　VGA接口

进行显示器和主机的连接时，先将显示器数据线的15针插头接在主机箱背后的VGA 接口上，另一端接在液晶显示器后的接头上（如果是CRT显示器，这一头固定在显示器后面，不需要接线）；显示器的电源线可根据插头类型连接在机箱后面电源输出插口上或直接插在电源插座板上。

2. 连接键盘、鼠标

键盘、鼠标与主机连接时要先观察其接口类型，一般来说键盘的接口主要有PS/2接口、

USB接口两种；鼠标的接口主要有COM接口、PS/2接口、USB接口三种类型，如图1-2-21所示。确定键盘、鼠标的接口类型后，在主机上找到相应的接口，将插头对准缺口方向插入即可。

图1-2-21　COM接口、PS/2接口、USB接口

需要注意的是，PS/2接口的键盘和鼠标，两种插头一样，很容易混淆，连接时要看清楚（一般蓝色表示键盘，绿色表示鼠标）；串行鼠标连接的时候要注意梯形头的方向；USB接口的键盘和鼠标连接时要注意正反。

三、了解微机软件系统

除了硬件系统外，微型计算机还必须配备优秀的软件系统才能发挥其性能。软件系统又分为系统软件和应用软件两大类。

（一）系统软件

系统软件是管理、监控、维护计算机资源（包括硬件与软件）的软件，用于调度、监控和维护计算机系统，为用户使用计算机和应用软件发挥性能提供基础。它包括操作系统、各种语言处理程序（微机的监控管理程序、调试程序、故障检查和诊断程序、高级语言的编译和解释程序）以及各种工具软件等。

1. 操作系统

操作系统在系统软件中处于核心地位，其他系统软件在操作系统的支持下工作。常用的操作系统有DOS、Windows系列（如Windows XP、Windows 7、Windows 8、Windows 10等）、Linux、UNIX、OS/2等。

2. 程序设计语言

程序设计语言是软件系统的重要组成部分，而各种语言处理程序属于系统软件。程序设计语言一般分为机器语言、汇编语言、高级语言和第四代语言。

（1）机器语言。机器语言是最底层的计算机语言，是用二进制代码指令表达的计算机语言，能被计算机硬件直接识别并执行，由操作码和操作数组成。机器语言程序编写的难度较大且不容易移植，即针对一种计算机编写的机器语言程序不能在另一种计算机上运行。

（2）汇编语言。汇编语言是用助记符代替操作码，用地址符代替操作数的一种面向机器的低级语言，一条汇编指令对应一条机器指令。由于汇编语言采用了助记符，它比机器语言易于修改、编写和阅读。

（3）高级语言。高级语言是直接面向过程的程序设计语言，它与具体的计算机硬件无关，用高级语言编写的源程序可以直接运行在不同机型上，通用性强。

（4）第四代语言。第四代语言是面向对象的编程语言，一般有可视化、网络化、多媒体等功能。目前较流行的第四代编程语言有 Visual Basic、Visual C++、Visual FoxPro、Delphi、Power Build等。

3. 各种程序设计语言的处理程序

除了机器语言之外，使用其他任何语言编写的程序都不能直接在计算机上执行，需要先对它们进行适当的交换，而这个任务就是由语言处理程序完成的。

程序设计语言处理系统随被处理的语言及其处理方法和处理过程的不同而异，但任何一种语言处理程序通常都包含一个编译程序，它是把一种语言程序翻译成等价的另一种语言程序的过程，被翻译的语言和程序称为源语言和源程序，翻译生成的语言和程序则称为目标语言和目标程序，按照不同的翻译处理方法，翻译程序分为以下3种：

（1）汇编程序。汇编程序是把汇编语言翻译为机器语言的程序。

（2）解释程序。解释程序对源程序的语句从头到尾逐句扫描，逐句翻译，逐句执行。解释程序实现简单，但是运行效率较低，对反复执行的语句，它也同样要反复翻译、解释和执行。

（3）编译程序。编译程序是从高级语言到机器语言的翻译程序。编译程序对源程序进行一次或几次扫描后，最终形成可以直接执行的目标代码。编译程序实现的过程比较复杂，但是编译产生的目标代码可以反复执行，不需要重新翻译，因此，执行效率更高、更快。

4. 数据库管理系统

数据库技术是高效进行数据管理的一种技术，广泛应用于管理信息系统等领域。数据库管理系统（database management system，DBMS）是数据库技术的核心，用于数据库的建立、使用和维护。常见的数据库管理系统有 Microsoft SQL Server、MySQL、ORACLE、Sybase、DB2、Access 等。

5. 工具软件

工具软件又称服务软件，如机器的监控管理程序、调试程序，故障检查程序和诊断程序等。这些工具软件为用户编制计算机程序及使用计算机提供了很大的方便。

（二）应用软件

应用软件是用户为了解决实际问题而开发的各种程序，如工程计算、模拟过程、辅助设计、文字处理和图形处理软件等。应用软件用于满足不同用户、不同领域、不同问题的需求，其数量和种类非常多，大致可进行如下划分。

（1）办公软件。常见的有微软Office、金山WPS、永中Office等。

（2）图像处理相关软件。常见的有用于图像处理的Photoshop、CorelDRAW等；用于图像浏览的ACDSee、看图王等；用于截图的EPSnap、HyperSnap等；用于动画制作与编辑的Flash、Maya等。

（3）媒体播放软件。常见的有RealPlayer、暴风影音等。

（4）其他应用软件。常见的有用于通信的QQ等；用于翻译的金山词霸、有道词典等；用于病毒查杀的金山毒霸、360杀毒等；用于文本阅读的Adobe Reader、福昕阅读器等；用于中文输入的搜狗输入法、QQ拼音输入法等；用于系统优化与保护的金山卫士、360安全卫士等；用于下载的迅雷、网络蚂蚁等；用于文档压缩与解压缩的Winrar等。

四、了解微机的主要技术指标

微机的主要技术指标如下。

1. 字长

字长是指计算机能直接处理的二进制信息的位数。字长是由CPU内部的寄存器、加法器和数量总线的位数决定的。字长标志着计算机处理信息的精度。字长越长，精度越高，速度越快，但价格也越高。当前普通微机字长有32位、64位，高档微机的字长是128位。

2. 运算速度

运算速度是指计算机每秒钟能执行的指令条数。单位是条每秒或百万条每秒。百万条每秒（1秒内可以执行100万条指令）又称MIPS。

3. 时钟频率（主频）

时钟频率是指CPU在单位时间（秒）内发出的脉冲数。它在很大程度上决定了计算机的运算速度。时钟频率越快，计算机的运算速度也越快。主频的单位是兆赫兹（MHz）。

4. 存取速度

存储器完成一次读/写操作所需的时间为存储器的存取时间或访问时间。存储器连续进行读/写操作所允许的最短时间间隔称为存取周期。存取周期越短，则存取速度越快，它是反映存储器性能的一个重要参数。通常，存取速度的快慢决定了运算速度的快慢。

5. 存储容量

内存容量：内存容量是指内存储器能够存储信息的总字节数。内存容量的大小反映了微机存储程序和处理数据能力的大小，容量越大，运行速度越快。

外存容量：外存容量是指外存储器所能容纳的总字节数。

6. 外部设备的配置

主机所配置的外部设备的多少与好坏，也是衡量计算机综合性能的重要指标。

7. 软件的配置

合理安装与使用丰富的软件可以充分发挥计算机的作用和效率，方便用户使用。

8. 可靠性、可用性和可维护性

可靠性是指在给定时间内，计算机系统能正常运转的概率。可用性是指计算机的使用效率。可维护性是指计算机的维修效率。可靠性、可用性和可维护性越高，则计算机系统的性能越好。

此外，还有一些评价计算机的综合指标。例如，系统的兼容性、完整性和安全性以及性能价格比等。

五、多媒体技术基础

随着计算机技术的发展，计算机所能处理的内容，由最初单一的文本信息逐渐发展到文本、图形、声音、图像、动画、视频等相结合的多种信息。

（一）多媒体技术的概念

媒体是信息显示和传输的载体，在计算机领域中主要有两层含义：一是指信息的物理载体，如磁盘、磁带、光盘、硬盘、优盘等；二是指信息的表现或传播形式，包括文本、图形、声音、图像、动画和视频等。

多媒体技术指能够对声音、图像、视频等多种媒体信息进行综合处理和管理的技术，如电影、广告、动画、老师用课件上课等都是多媒体技术应用的实例。多媒体技术是从20世纪80年代中后期开始逐渐发展起来的，它与通信技术、网络技术及传媒技术等相结合，对人们的社会生活产生了深远的影响，可以说，我们现在处在一个多媒体时代。

（二）多媒体计算机系统的组成

多媒体计算机是指具有多媒体处理功能的计算机。它由多媒体硬件系统和多媒体软件系统组成。

多媒体硬件系统除了包含一般的计算机硬件设备外，还包括一些图像、音频、视频处理设备，如声卡、彩色显卡、视频卡、音箱、麦克风、摄像机、光驱、扫描仪、彩色打印机等。现在我们购买的计算机几乎都是多媒体计算机，其中的声卡、彩色显卡是标准配置，其他的设备可以根据使用的需要有选择地配置。

多媒体软件系统包括多媒体操作系统和多媒体应用软件。多媒体操作系统，如 Windows 7、Windows 10等。多媒体应用软件有很多，既有很专业的，如Photoshop、Flash等，也有很多操作简单但功能强大的，如录音机、画图、美图秀秀等。

（三）常见媒体文件类型

常见媒体文件类型有文本文件、图形、图像、音频文件、动画文件、视频等。

1. 文本文件

文本文件只包含文字信息。常见的文本文件扩展名有txt、rtf等。

2. 图形

图形又称矢量图或向量图。它由数学公式表达的一连串的直线和曲线组成。将图形放大时，不会失真、无锯齿。常用于图案、标志、文字设计。常见的图形文件扩展名有 cdr、ai、dwg 等。

3. 图像

图像也称点阵图或位图。它由许多像素点组成，每个像素点都有特定的位置和颜色值。位图图像与分辨率有关，放大或以过低的分辨率打印，会出现锯齿现象。常见的位图文件扩展名有bmp、jpg、jpeg、png、psd等。

4. 音频文件

音频文件通常分声音文件和MIDI文件两类。声音文件通过录音设备录制，通常文件较大。MIDI文件是一种音乐演奏指令序列，相当于乐谱，由于不包含声音数据，其文件尺寸较小。常见的声音文件格式有wav、mp3、mid等。

5. 动画文件

动画文件由相互关联的若干静止的图像序列组成，这些静止图像连续播放便形成一组动画，通常用来完成简单的动态过程演示。常见的动画文件扩展名有gif、swf等。

6. 视频

视频主要指那些包含了音频、视频信息的多媒体文件，其多媒体信息通常来源于摄像机等视频输入设备。常见的视频文件扩展名有mp4、flv、asf、avi、mov、rm等。

任务1.3 了解计算机中的信息存储

任务描述

根据冯·诺依曼原理，在计算机内部，一切信息的存储、处理与传送均采用二进制的形式。但由于二进制数的阅读与书写很不方便，为此，在阅读与书写时又通常用十进制、十六进制或八进制来表示，所以了解数制的转换及计算机中信息的表示对学好计算机是十分重要的。

相关知识

一、计算机中的数制

数制即进位计数制，常见的有二进制、八进制、十进制和十六进制。一般情况下，我们在数字的后面用特定的字母（或下标）标示该数的数制，如表1-3-1所示。没有任何标示的，默认是十进制。

表1-3-1　各种数制的标示

数制	下标	字母	样例
二进制	2	B	100010B 或 $(100010)_2$
八进制	8	Q	345672Q 或 $(345672)_8$
十进制	10	D	345672D 或（345672）或 345672
十六进制	16	H	345672H 或 $(345672)_{16}$

（一）数制的三要素

数制的三要素是基码、基数、位权。

1. 基码

基码是指由哪些基本的数字构成。十进制的基码是0、1、2、3、…、9共10个；二进制的基码是0、1共2个；八进制的基码是0、1、2、3、…、7共8个；十六进制的基码是0、1、…、9、A、B、C、D、E、F共16个。

2. 基数

基码的个数就是基数。例如，十进制数的基码有10个，所以，十进制的基数为10，表示逢10进1。同理，二进制的基数是2，表示逢2进1。

3. 位权

位就是位置，权就是权值。十进制数第i位的权值为10^i，同理二进制数、八进制数、十六进制数第i位的权值分别就是2^i、8^i、16^i。而位置的确定是以小数点为中心，向左从0开始计数，向右从-1开始记数。例如十进制数253.5中，前面的5，处在第1位，所以其位权值就是$5\times10^1=50$；而后面的5，处在第-1位，所以其位权值就是$5\times10^{-1}=0.5$。

（二）各种数制之间的相互转换

1. 非十进制数转换成十进制数

非十进制数转换成十进制数时一般采用按位权展开，然后再相加的方法。

【例1-1】将1011.01B转换为十进制数。

$1011.01B = 1\times2^3+0\times2^2+1\times2^1+1\times2^0+0\times2^{-1}+l\times2^{-2}=8+2+1+0.25=11.25D$

【例1-2】将B7.FH转换为十进制数。

$B7.FH=11\times16^1+7\times16^0+15\times16^{-1}=176+7+0.9375=183.9375D$

2. 十进制数转换成非十进制数

十进制数转换成非十进制数，要整数部分与小数部分分别转换，最后将结果写在一起。整数部分采用“除基数逆序取余法”，小数部分采用“乘基数顺序取整法”，将整数部分由上而下排列，就是我们所需的非十进制数的小数部分。

【例1-3】将19.31转换为二进制数。

整数部分：转换步骤如图1-3-1所示，最后将余数逆序排列，得到二进制码为10011。

小数部分：转换步骤如图1-3-2所示，当结果为0或达到所要求的位数后停止计算，得到0.31的二进制码为010011（此处只保留小数点后6位）。

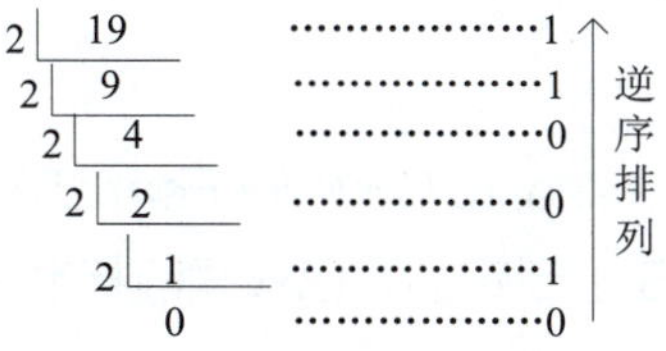

图1-3-1　十进制整数转二进制

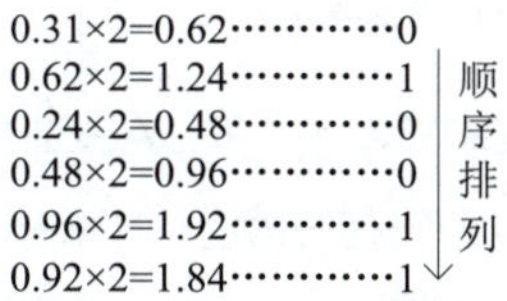

图1-3-2　十进制小数转二进制

最后合并得到：$(19.31)_D=(10011.010011)_B$

同理，十进制数转换为八进制、十六进制等其他进制的转换方法与上述方法相同，只需将基数改为8、16或其他基数即可。

3. 其他进制之间的互换

由算术运算可知，8是2的3次幂，16是2的4次幂，所以二进制与八进制进行互换时，采取的转换原则是：3位二进制数对应于1位八进制数，二进制数不足3位补0（整数高位补0，小数低位补0）。二进制与十六进制互换时，采取的转换原则是：4位二进制数对应于1位十六进制数，二进制数不足4位补0（整数高位补0，小数低位补0）。

【例1-4】将二进制10101011.1011转为八进制数。

转换步骤如图1-3-3所示。

所以（10101011.1011）$_2$ =（253.54）$_8$。

$(10101011.1011)_2$
$=\underline{010}\ \underline{101}\ \underline{011}\ .\ \underline{101}\ \underline{100}$
↓ ↓ ↓ ↓ ↓
$=2\ \ 5\ \ 3\ .\ 5\ \ 4$
$=(253.54)_8$

图1-3-3 二进制转八进制

【例1-5】将二进制1101010.1011转为十六进制数。

转换步骤如图1-3-4所示。

所以（1101010.1011）$_2$ =（6A.B）$_{16}$。

$(1101010.1011)_2$
$=\underline{0110}\ \underline{1010}\ .\ \underline{1011}$
↓ ↓ ↓
$=6\ \ A\ .\ B$
$=(6A.B)_{16}$

图1-3-4 二进制转十六进制

【例1-6】将十六进制数F83.78转换为二进制数。

转换步骤如图1-3-5所示。

所以（F83.78）$_{16}$ =（111110000011.01111）$_2$。

$(F83.78)_{16}$
$=\underline{F}\ \ \underline{8}\ \ \underline{3}\ .\ \underline{7}\ \ \underline{8}$
↓ ↓ ↓ ↓ ↓
$=1111\ 1000\ 0011\ .\ 0111\ 1000$
$=(111110000011.01111000)_2$

图1-3-5 十六进制转二进制

【例1-7】将八进制数14.2转换为二进制数。

转换步骤如图1-3-6所示。

所以（14.2）$_8$ =（1100.01）$_2$。

$(14.2)_8$
$=\underline{1}\ \ \underline{4}\ .\ \underline{2}$
↓ ↓ ↓
$=001\ \ 100\ .\ 010$
$=(001100.010)_2$

图1-3-6 八进制转二进制

同理，八进制与十六进制之间的互换，或其他进制间的互换，可先转换成相应的二进制或十进制等中间进制，再进行转换，转换原则如下（以八进制转换为十六进制为例）：

八进制→二进制（十进制）→十六进制

二、计算机中信息的编码

由于计算机采用二进制，所以输入计算机中的任何数值型和非数值型数据都必须转换为二进制。将数据转换为二进制的过程就是编码的过程。

（一）西文字符的编码

西文字符的编码方案有很多，ASCII（American Standard Code for Formation Interchange，美国标准信息交换）码是由美国国家标准局（ANSI）制定的，已被国际标准化组织定为国际标准，是目前使用最广泛的一种编码方案。

ASCII码由7位二进制代码组成，从0000000到1111111可表示128个字符（2^7=128），如表1-3-2所示。

表1-3-2 ASCII码表

高位码 低位码	000	001	010	011	100	101	110	111
0000	NUL	DLE	SP	0	@	p		p

续表

高位码 低位码	000	001	010	011	100	101	110	111
0001	SOH	DC1	1	1	A	Q	a	q
0010	STX	DC2	”	2	B	R	b	r
0011	EXT	DC3	#	3	C	S	c	s
0100	EOT	DC4	$	4	D	T	d	t
0101	ENQ	NAK	%	5	E	U	e	u
0110	ACK	SYN	&	6	F	V	f	V
0111	BEL	ETB	1	7	G	w	g	w
1000	BS	CAN	(	8	H	X	h	X
1001	HT	EM	)	9	I	Y	i	y
1010	LF	SUB	*		J	Z	j	z
1011	VT	ESC	+	9	K	[	k	{
1100	FF	FS	9	<	L	\	1	1
1101	CR	GS	–	=	M	]	m	}
1110	SO	RS		>	N	A	n	~
1111	SI	US	/	?	0		0	DEL

通过ASCII码表可以很容易地查出某个字符的ASCII码。例如字母“A”，它的高3位为100，低4位为0001，故其ASCII码用二进制表示为1000001B。

ASCII码表中的字符排列是有一定规律的，我们只要记住了一个字母或数字的ASCII 码，知道了相应的大、小写字母或数字之间的差，就可以推算出其余字母、数字的ASCII 码。例如记住“A”的ASCII码为65（十进制数），则可推出F的ASCII码为70（因为F是A后第5个字母），同理可推出小写字母a的ASCII码为97（因为相同字母，小写比大写大32）。

（二）汉字编码

由于汉字的数量庞大、字形复杂，其编码较西文字符要复杂得多。在输入、存储和输出等各个环节中都要进行编码，主要有汉字输入码、汉字机内码以及汉字字形码等。

1. 汉字输入码

汉字输入码又称外码，是用英文键盘输入汉字时设计的编码。目前，国内先后研制的汉字输入码多达数百种，但用户使用较多的约为十几种，按输入码编码的主要依据，大体可分为顺序码、音码、形码、音形码四类。常用的汉字输入法有全拼、双拼、区位码、快速码、自然码、五笔字型、首尾码、电报码以及在这些输入法上发展出来的智能ABC、极品五笔、QQ拼音等。

2. 汉字机内码

汉字机内码是计算机内部存储和处理汉字时所用的代码，又称内码。同一汉字，输入码可以不同，但机内码一定是相同的。用户从键盘上把一个汉字输入计算机时，将由系统自动完成从输入码到机内码的转换。机内码一般都采用变形的国标码，其换算关系为：机内码=国标码+8080H。

国标码是计算机与其他系统或设备进行汉字信息交换的国家标准（标准编号为 GB 2312—1980），其编码原则为：汉字用两个字节表示，每个字节只使用低7位（与ASCII 码相同，最高位补0）。

3. 汉字输出码

汉字输出码又称汉字字形码或汉字字模，它是将汉字字形经过数字化后形成的一串二进制数，用于汉字的显示和打印。点阵字型编码是一种最常见的字型编码，它用一位二进制码对应屏幕上的一个像素点，字形笔画所经过处的亮点用1表示，没有笔画的暗点用0表示，如图1-3-7所示。根据输出汉字的要求不同，点阵的多少也不同。简易型汉字为16×16点阵，提高型汉字为24×24、32×32、48×48点阵等。点阵规模越大，表示的字形信息越完整，显示的汉字越清晰、美观，所占存储空间也越多。

例如一个16点阵的汉字，占用的空间为16×16/8=32字节。字体不同，组成汉字的点阵也不同，因此有“宋体字库”“楷体字库”“黑体字库”等不同的汉字库。

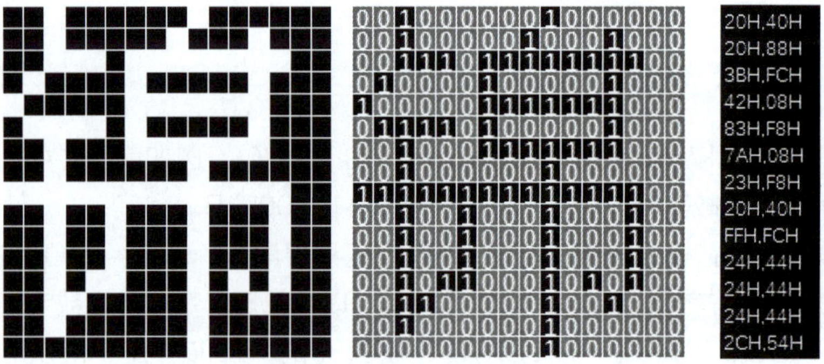

图1-3-7 汉字字形点阵

能力拓展

配置一台学习用台式机

新学期开始了，小明作为物流管理专业的大一新生，为了更好地学习专业知识，他想购买一台电脑用于学习与课余的娱乐。请用所学的知识，2~3人为一组为其配置一台电脑。

（1）配置电脑首先要了解购买电脑的主要目的，即电脑主要是做什么用，其次考虑经济实力，两者结合起来确定电脑配件的性能、档次与价格区间。

（2）计算机主要部件的性能参数如表1-3-3所示。

表 1-3-3　计算机主要部件性能参数

部件名称	主要性能参数
机箱	外形、按钮布局、散热
电源	品牌、认证标识、风扇、接口
CPU	主频、外频、FSB、缓存、字长、生产工艺
主板	芯片组、生产工艺、接口及插槽的数量与类型
内存	容量、工作频率
硬盘	容量、缓存、转速、接口类型
显卡	显存容量、芯片、工作频率
显示器	类型、屏幕大小、分辨率、响应时间、刷新频率

（3）通过网络查找硬件的相关资讯，比较有名的电脑硬件网站有：太平洋电脑网，中关村在线等。

（4）到本地电脑城走访，了解市场行情。

（5）综合比较，填写如下配置单（表1-3-4）。

表 1-3-4　配置单

配件名称	品牌、型号及规格	价格	备注
主板			
CPU 及风扇			
内存			
硬盘			
光驱			
显卡			
显示器			
网卡			
声卡			
电源			
机箱			
键盘			
鼠标			
音箱			
合计			

02 项目二 Windows 10 操作系统

知识目标

❶ 掌握 Windows 10 的相关桌面元素和基本知识。
❷ 掌握文件资源管理器的相关概念，熟练进行文件和文件夹的相关操作、属性设置，了解 Windows 10 的库。
❸ 了解操作系统的系统设置、用户管理、程序管理等操作。

能力目标

❶ 熟悉 Windows 10 的桌面、窗口和对话框组成，并掌握 Windows 10 的基本操作。
❷ 掌握个性化设置 Windows 10 的操作。
❸ 熟悉文件和文件夹的概念，并掌握管理文件和文件夹的基本操作。

素质目标

❶ 领略科技前沿，增强民族自豪感和自信心。
❷ 发扬精益求精的工匠精神，养成严谨认真的工作态度。

操作系统是计算机的硬件资源和应用软件系统的管理者和组织者。小明组装好个人计算机后发现不能使用，经过了解才知道需要安装操作系统才能正常使用计算机。本项目，我们将和小明一起来以Windows 10为平台，了解Windows 10的各个元素、操作系统的资源管理、程序管理、系统管理等基本操作和一些常用的使用技巧。

任务2.1
Windows 10的桌面管理

任务描述

一台计算机只可安装唯一一个Windows 10操作系统，启动计算机电源，通过自检程序，即可登录系统。我们见到的整个占满屏幕的区域就是Windows桌面。如果是安装完Windows 10操作系统的首次登录，我们看到桌面上只有一个【回收站】图标，如图2-1-1所示。

图2-1-1　Windows 10的初登录桌面图

相关知识

一、Windows桌面元素

1. 桌面图标

操作系统中用图标来表示所有的文件、文件夹和应用程序，是一个具有明确含义的计算机图形。操作系统将不同的程序、文件表示为一个个生动形象的小图片，使用户可以直观地辨别该程序或文件，并对其进行操作，比如双击图标可以启动一个程序或者打开一个文件。桌面图标包括系统图标、文件和文件夹图标、快捷方式图标。

（1）系统图标。系统图标就是系统安装完后自动出现的图标，由系统自定义，如图2-1-1中的【回收站】图标，还可以添加其他系统图标，操作如下：

在桌面的空白处右击，在弹出的快捷菜单中选择【个性化】命令，打开【设置】窗口中的【主题】设置界面，如图2-1-2所示；然后在右侧的【主题】窗格中单击【桌面图标设置】选项，弹出【桌面图标设置】对话框，如图2-1-3所示。在【桌面图标】栏中勾选要显示在桌面上的图标对应的复选框，单击【确定】按钮。若要更改图标则可以单击【更改图标】按钮进行设置。删除系统图标只需要按照前面的操作，在【桌面图标】栏中取消勾选对应的复选框，单击【确定】按钮即可。

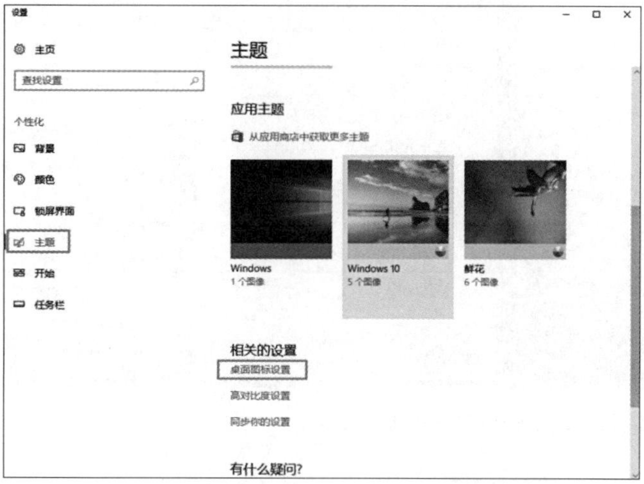

图2-1-2 【设置】窗口的【主题】设置界面图

图2-1-3 【桌面图标设置】对话框图

（2）文件和文件夹图标。文件图标就是显示一个具体文件的图标，如图片、文本、音乐等。文件和文件夹图标都可以保存在桌面方便使用，一般双击即可打开，如果执行删除操作，文件和文件夹即丢失。

（3）快捷方式图标。有些图标的左下角带一个小箭头，该图标就是快捷方式图标。快捷方式不是原文件，是Windows提供的一种快速启动程序、打开文件或文件夹的方法，是应用程序的快速链接，删除后不会影响其指向的原文件和原程序。快捷方式一般存放在桌面上、开始菜单里和任务栏上的“快速启动”这三个地方，用户可以在开机后立刻看到，以达到方便操作的目的。存放在桌面上的即为快捷方式图标。

以创建系统自带的【计算机】程序的快捷方式为例，介绍如何为程序添加快捷方式：在【开始】菜单中选择想要建立快捷方式的程序，直接将程序图标拖到桌面即可，如图2-1-4所示。

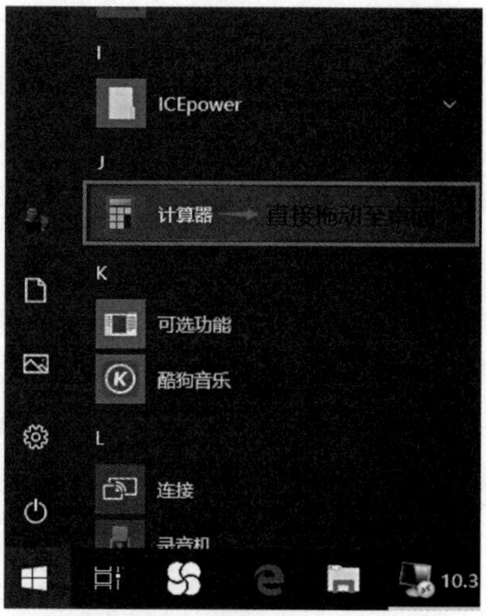

图2-1-4 创建程序快捷方式图

若要删除桌面上的快捷方式图标：右击该快捷方式，在弹出的快捷菜单中选择【删除】命令，或者选取对象后按Delete键（或【Shift+Delete】组合键彻底删除）。

如果桌面上的图标较多，用户希望它们以某种方式进行排列，看起来整齐美观，可以在桌面空白处右击弹出一个快捷菜单，如图2-1-5所示：如果选择【查看】命令的子菜单，可以选择改变图标的大小、是否自动排列图标、是否将图标与网格对齐、是否显示桌面图标；如果选择【排序方式】命令子菜单，则图标的排序方式可以按照名称、大小、项目类型或者修改日期其中一种方式进行排列。

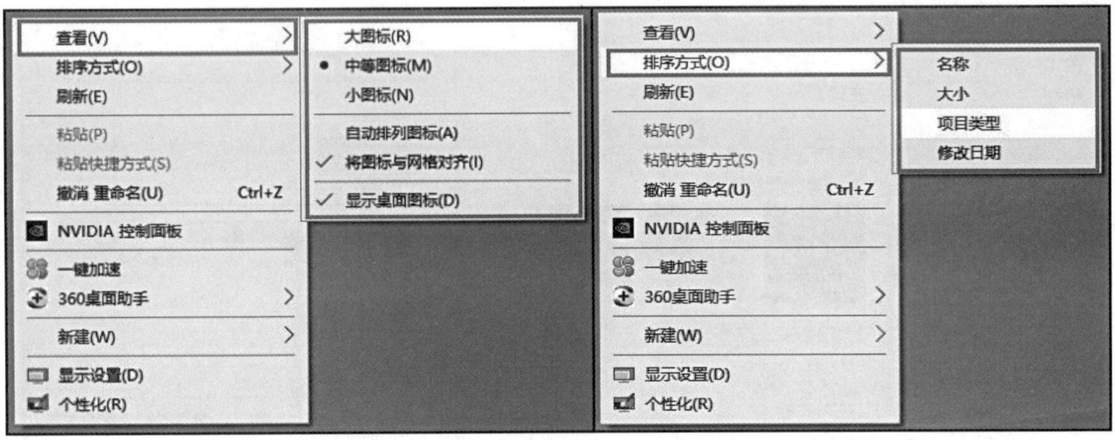

图2-1-5　在桌面空白处右击弹出的快捷菜单图

2．桌面背景

桌面背景俗称墙纸，就是占据整个屏幕的背景图案，最显眼，设置效果也最具视觉冲击。用户可以选择一张图片作为桌面背景，也可以选择一种纯色，效果类似于早期的Windows 2000操作系统默认的蓝色背景；也可以选择多张图片作为动态背景，效果类似于幻灯片放映的定时换片。

将单张图片设置为桌面背景的操作如下：在桌面的空白处右击，在弹出的快捷菜单中选择“个性化”命令，打开【设置】窗口中的【个性化】设置界面，在左侧选择【背景】选项，然后在右侧【背景】下拉列表中选择【图片】选项，可以选择系统自带的背景图片，也可以单击【浏览】按钮选择本地计算机中的其他图片。在上方的【预览】中可以看到应用所选图片后的桌面背景效果，如图2-1-6所示。在【背景】下拉列表中，还可以选择使用一种纯色或者多张图片进行幻灯片放映作为系统背景，操作不再赘述。

3．任务栏

任务栏是一个位于桌面底端的水平矩形长条，由一系列功能组件组成，从左到右依次为【开始】按钮、【开始】菜单、【搜索】按钮、程序区、通知区域和【显示桌面】按钮。任务栏一般设置为始终可见，用户可以在任务栏的空白处右击，在弹出的快捷方式中选择【任务栏设置】选项，打开【设置】窗口中的【任务栏】选项，进行锁定、隐藏等个性化设置，如图2-1-7所示。

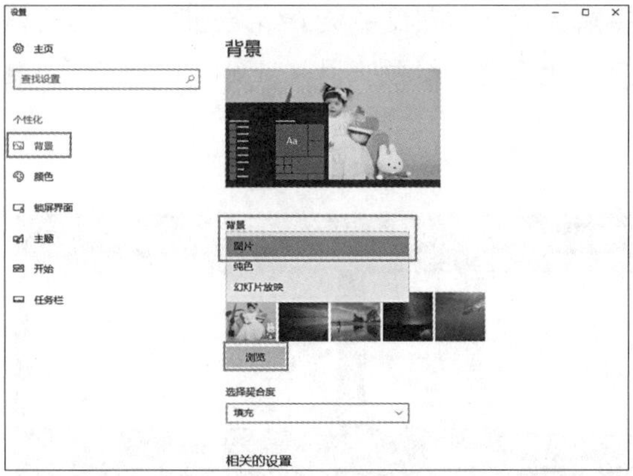

图2-1-6　设置桌面背景图

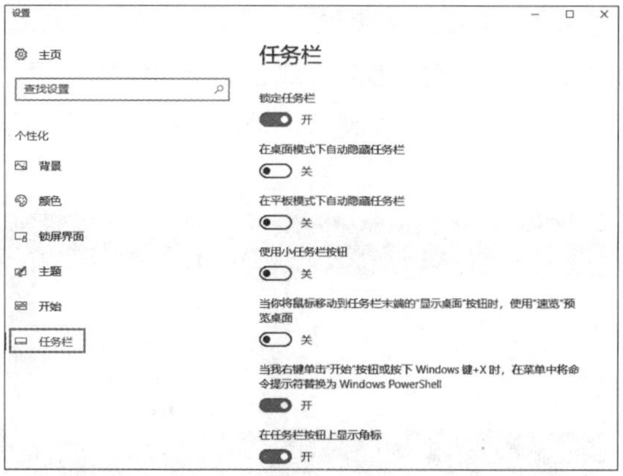

图2-1-7　【设置】窗口中的【任务栏】选项图

（1）【开始】按钮：位于任务栏的最左侧，单击该按钮可以打开【开始】菜单。【开始】菜单包含了系统大部分的程序和功能，几乎所有的工作都可以通过【开始】菜单进行。右击【开始】按钮，弹出一个快捷方式，功能几乎包含所有的计算机系统设置，如图2-1-8所示。

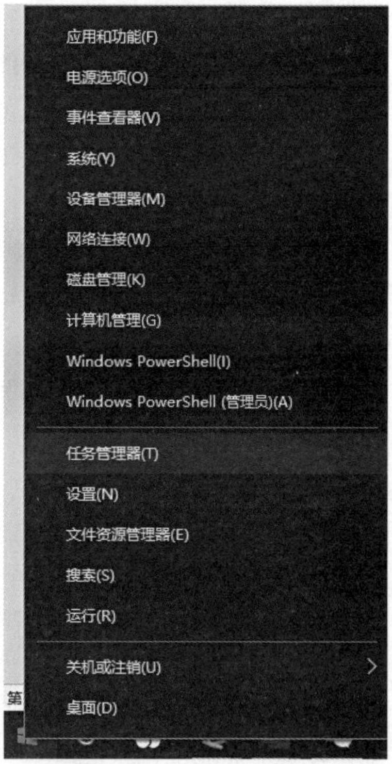

图2-1-8　【开始】按钮的快捷方式图

（2）【开始】菜单：Windows 10的【开始】菜单整合了早期Windows操作系统的开始菜单和Windows 8中的Metro界面，左侧底部显示了【电源】【设置】【用户】等命令，中间部分是应用程序启动项集合，右侧排列着用户自定义的磁贴，使用【开始】菜单可以执行以下操作：

①打开文件资源管理器对文件进行操作。

②调整计算机系统设置。

③运行用户安装的应用程序。

④运行Windows内置程序。

⑤管理当前用户账户或切换到其他用户账户。

⑥使计算机进入睡眠或休眠状态。

⑦重启和关闭计算机。

⑧其他操作。

（3）【搜索】按钮：位于【开始】按钮的右边，如图2-1-9所示，在这里输入搜索用户想要搜索的内容，可以搜索本地的文件、程序，也可以全网搜索。

图2-1-9　【搜索】按钮图

（4）程序区：任务栏的中间部分，以按钮的形式显示当前打开的程序、文件和文件夹。单击按钮即可显示相应的任务。如果当前打开多个程序、文件或文件夹，同类型的任务会集合到一个相同的按钮。将鼠标指针移到该按钮，会同时显示所有该类型的窗口缩略图，如图2-1-10所示。再将鼠标指针指向其中某个缩略图时，该缩略图就能以窗口最大化的方式看到窗口中的内容，但实际上只是一个预览且并未窗口最大化。如果确实需要切换到该窗口，单击该窗口缩略图即可。

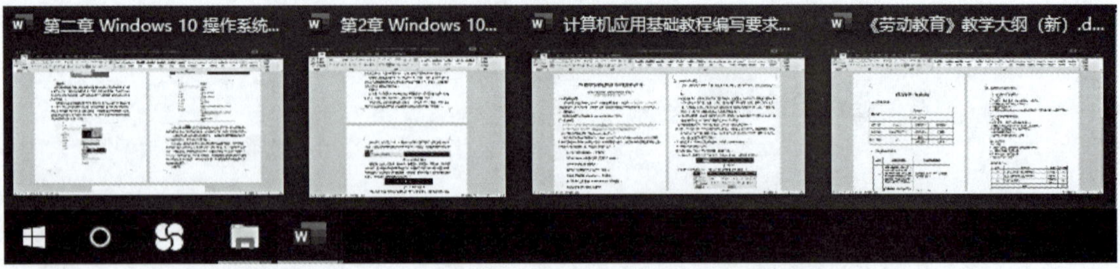

图2-1-10 任务栏的程序区图

图2-1-11 任务栏的通知区域图

（5）通知区域：位于任务栏的最右侧，包含了时钟、音量、网络、输入法等图标，以及一些计算机设置的状态图标和正在运行的特定程序图标，如图2-1-11所示。有些图标因长时间未使用被自动隐藏在通知区域中，用户可以自行设置图标的显示或隐藏状态。

（6）【显示桌面】按钮：位于任务栏的最右侧，是一个狭窄的透明按钮，单击该按钮可以快速查看桌面状态。

二、Windows的注销、睡眠和关机

1. 注销和切换用户

在使用计算机过程中，“注销”是指保存设置关闭当前登录用户，“切换用户”是指在不关闭计算机的情况下切换到另一个用户。如果需要注销用户：右击【开始】按钮弹出一个快捷方式，鼠标指针指向【关机或注销】选项，然后在子菜单中选择【注销】选项，如图2-1-12所示，或者在【开始】菜单中右击【用户】图标，然后选择【注销】选项，如图2-1-13所示。如果是需要切换用户：则选择【更换账户设置】选项，进入账户设置中，点击【其他人员】，即可切换，如图2-1-14所示。

图2-1-12 【注销】选项图

图2-1-13 注销用户图

图2-1-14 切换用户图

2. 睡眠

在使用计算机过程中，用户如果要短暂地离开计算机，可以选择睡眠功能，而不是将其关闭。睡眠（Sleep）是计算机由工作状态转为等待状态的一种新的节能待机模式，开启睡眠后，系统会将数据存储在内存中，所有工作保存在硬盘下的一个系统文件，然后关闭除了内存外所有设备的供电，让内存中的数据依然维持着运行状态。

如果计算机在睡眠过程中断电，那么未保存的信息将会丢失，因此在将计算机置于睡眠状态前，最好还是保存数据。当我们想要恢复的时候，如果在睡眠过程中供电没有发生过异常，可按一下电源按钮或晃动一下鼠标，不必等待Windows启动，就可以直接从内存中快速恢复数据。

3. 锁定计算机

在使用计算机过程中，用户如果要暂时离开计算机而不想切换到睡眠状态，为了保护个人信息，可以将计算机“锁屏”：在【开始】菜单中右击【用户】图标，然后选择【锁定】选项，也可按下【Windows+L】组合键快速锁屏。

4. 关机和重启

正确关闭和重启计算机都需要单击【开始】按钮，再单击【电源】按钮下拉菜单的【关机】或【重启】选项，关机后不会自动保存各种正在编辑的数据和程序，因此关机前请保存好个人数据。

Windows 10新增了一种全新的关机模式：滑动关机。在运行对话框（同时按下【Windows+R】组合键）内输入“slide to shut down”命令，然后单击【确定】按钮。此时出现滑动关机界面，鼠标拖动图片向下即可关机，如图2-1-15所示。

图2-1-15 滑动关机图

三、窗口和对话框

1. 窗口

Windows桌面是用户使用操作系统的入口，窗口则是用户使用某个具体程序或应用的入口。每次启用一个程序、应用或者打开文件夹时，桌面会弹出一个框架结构的界面，这就是窗口。不同程序的窗口外观不一定相同，但是窗口的整体布局结构是共同的，如图2-1-16所示就是一个典型的Windows 10文件夹窗口。

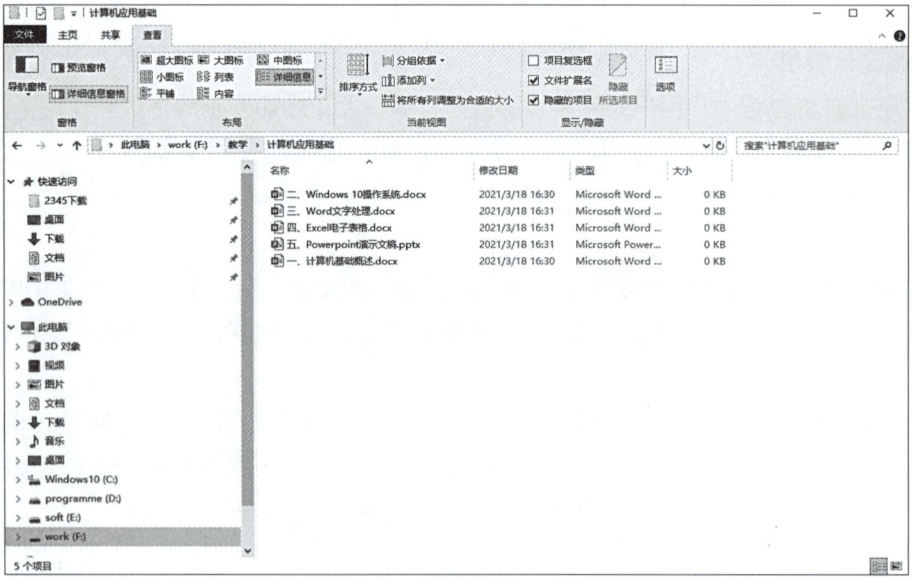

图2-1-16 Windows 10的文件夹窗口图

文件夹窗口会在标题栏中显示当前定位到的文件夹的名称。如果打开的是程序，比如记事本文件或者Word文档，标题栏中除了显示程序名称外，还会显示当前在该程序中打开的文件的名称，如图2-1-17所示。

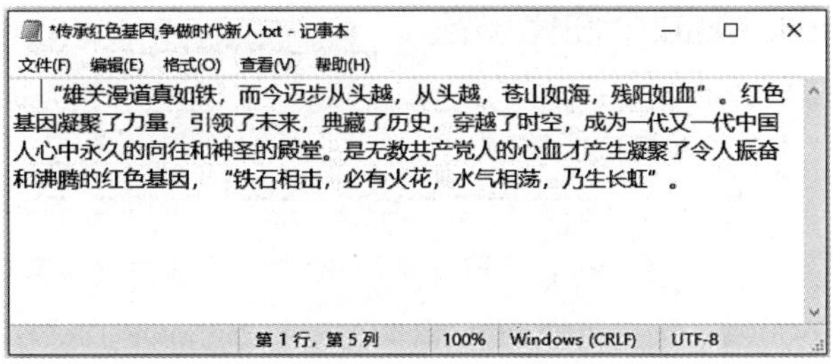

图2-1-17　Windows 10的程序窗口图

窗口的位置可以移动，将鼠标指针指向窗口的标题栏，按住左键即可往任意方向拖动；窗口的大小可以改变，将指针移动到窗口的边框或边角上，当指针变成双向箭头时，按下左键即可对窗口进行放大或缩小操作。

2. 对话框

对话框的外观、功能和普通窗口类似，最明显的区别就是对话框通常没有菜单栏，无法最大化或最小化。对话框是用户更改程序设置或提交信息的特殊窗口，常用于需要人机对话等进行交互操作的场合，用户必须对对话框进行处理并关闭对话框后才能对对话框所属的程序继续进行操作。

对话框通常也包含标题栏、选项卡、关闭按钮，还包含了复选框、单选按钮、文本框、列表框等。对话框的选项呈黑色时表示为可用选项，呈灰色时则表示为不可用选项。如图2-1-18所示为一个Word文档中的字体设置对话框。有些特殊的对话框可能不包含任何选项，只返回一些简单的信息。如图2-1-19所示，这是一个关于IE11浏览器的信息说明对话框，该对话框不需要进行任何操作，但是在用户单击【关闭】按钮之前无法浏览网页。

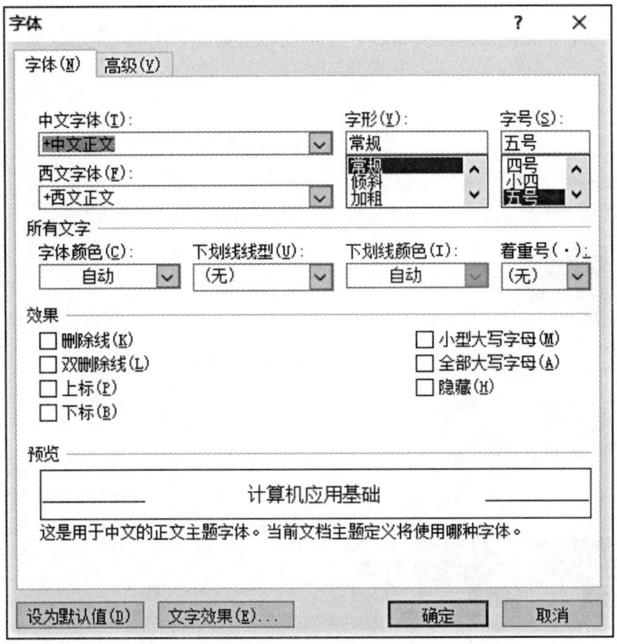

图2-1-18　Word中的设置对话框图

图2-1-19　信息说明对话框图

四、桌面个性化设置

1. 设置桌面主题

在Windows操作系统中，“主题”一词特指Windows的视觉外观。桌面主题就是指包含了桌面背景、屏保、鼠标指针形状、图标样式、系统声音等有个性风格的一套桌面外观和音效的方案。用户可以选择操作系统提供的预设主题方案，也可以自行创建新的主题方案。

使用Windows预设主题的操作如下：在桌面的空白处右击，在弹出的快捷菜单中选择“个性化”命令，打开【设置】窗口中的【个性化】设置界面，在左侧选择【主题】选项，然后在右侧单击【主题设置】链接，如图2-1-20所示。

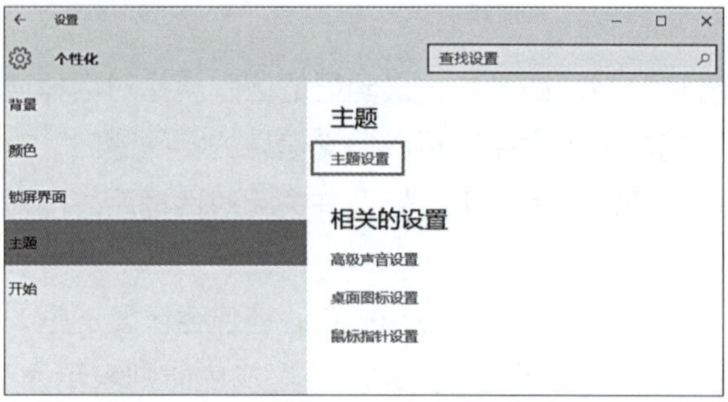

图2-1-20 Windows 的主题设置图

打开如图2-1-21所示的【个性化】窗口，可见在【Windows 默认主题】下显示了3种Windows的预设主题，分别为“Windows”“Windows 10”和“鲜花”。一般Windows10默认使用的是“Windows”主题。用户可以选择另外两种预设主题，也可以单击该【个性化】窗口中的【联机获取更多主题】链接，在打开的【Microsoft Store】中获取更多微软提供的主题。

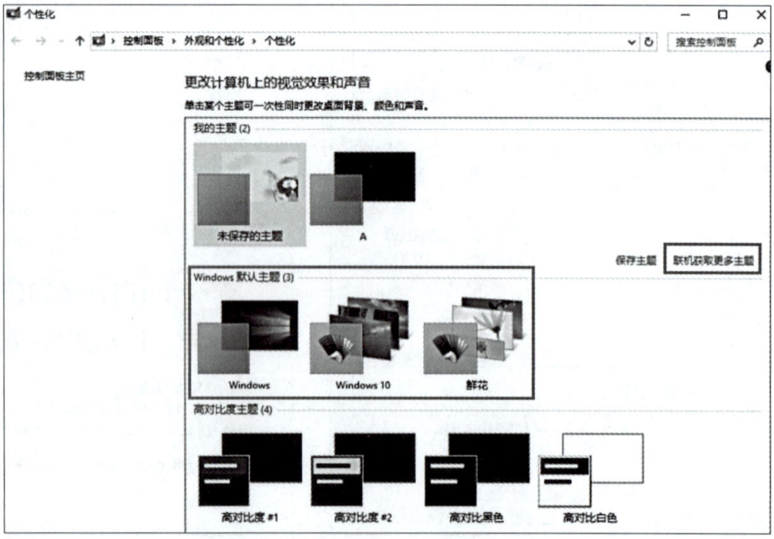

图2-1-21 Windows 设置其他主题图

另外，用户还可以根据自己的喜好创建新主题。只要用户对桌面背景、颜色、声音、鼠标光标中的任意一项做了调整，在【主题】窗格下就会出现一个名为“当前主题：自定义”的标题，点击下方的【保存主题】按钮可对这个新主题重命名，再单击【保存】按钮即可，如图2-1-22所示。

2. 设置屏幕保护程序

如果用户暂时离开计算机，不使用鼠标和键盘达到一定时长后，系统会自动开启屏幕保护程序，将屏幕上正在进行的工作画面隐藏起来。屏幕保护程序除了能对数据和信息起到安全保护作用外，显示器的亮度因在屏幕保护的作用下变小，起到省电的作用。

设置屏幕保护程序的操作如下：在桌面的空白处右击，在弹出的快捷菜单中选择【个性化】命令，打开【设置】窗口中的【锁屏界面】设置窗口，如图2-1-23所示。在右侧，下拉选项点开【屏幕保护程序设置】链接，打开【屏幕保护程序设置】对话框，在【屏幕保护程序】下拉列表中选择一种屏幕保护的类型，也可以选择“无”关闭屏保，如图2-1-24所示。【等待】文本框用于指定在无鼠标或键盘操作多少时长后启动屏幕保护程序，最短可以设置1分钟；勾选【在恢复时显示登录屏幕】复选框，则表示在退出屏保时系统会要求当前用户输入Windows的登录密码，设置完成单击【确定】按钮，关闭【屏幕保护程序设置】对话框。

3. 其他优化设置

Windows操作系统提供了用于改善显示质量和声音效果的其他辅助工具，包括设置屏幕分辨率和刷新频率、校准显示颜色、调整文本显示效果、设置系统声音等，以下作简要介绍。

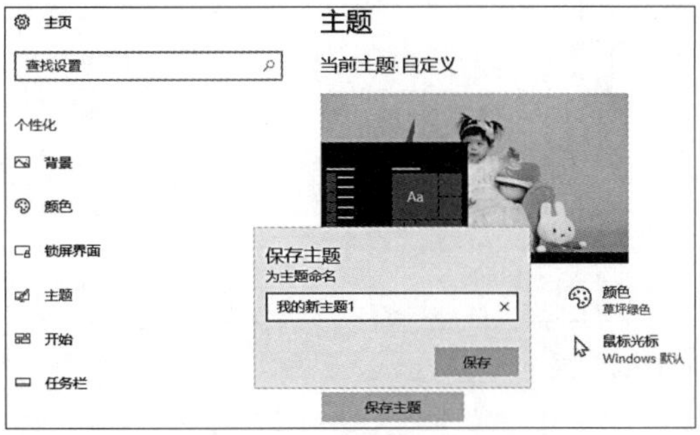

图2-1-22　Windows 自定义主题图

图2-1-23　【锁屏界面】设置窗口图

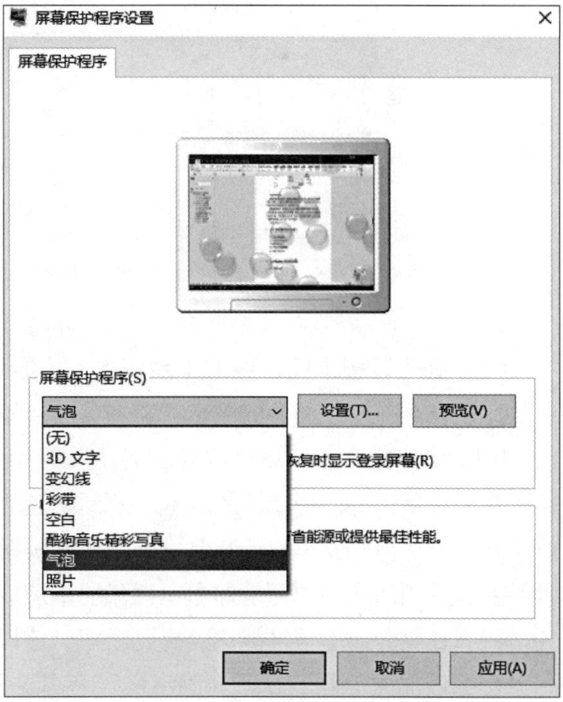

图2-1-24　设置屏幕保护程序图

（1）屏幕分辨率。屏幕分辨率是指计算机屏幕上显示的文本和图像的像素点数，以水平和垂直像素来衡量，单位是px。在屏幕尺寸一样的条件下，分辨率越高，水平方向和垂直方向上的像素点越多，显示效果就越精细和细腻，同时屏幕上的项目越小，可容纳显示的项目就越多。例如，对相同大小的屏幕，当分辨率设为640×480时和1600×1200时相比，前者在屏幕上显示的像素少，单个像素尺寸比较大。在近年来宽屏幕流行之前，绝大多数的显示器包括以前的电视机，都是4:3的屏幕比例；近代宽屏显示器的屏幕比例常见于16:10和16:9。

分辨率不是越大越好，一方面取决于显示器本身的性能，另一方面取决于用户感受到桌面上的文字、图标、菜单等元素的视觉是否合适，目前的液晶显示器都有一个最佳分辨率。查看和设置本机显示器的分辨率操作如下：

在桌面的空白处右击，在弹出的快捷菜单中选择【显示设置】命令，选择【设置】窗口中的【系统】—【显示】命令，在右侧即可修改分辨率，如图2-1-25所示，本机显示器的推荐分辨率为1920×1080px。

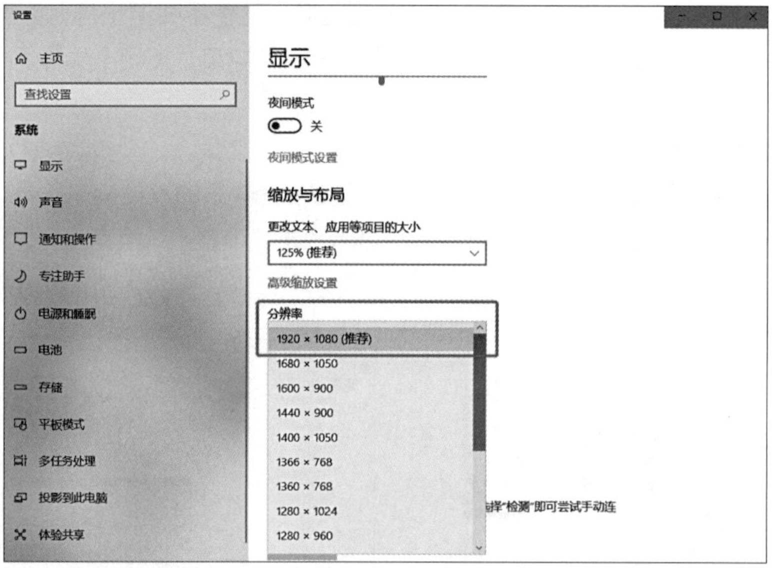

图2-1-25　显示设置窗口图

（2）在【设置】窗口中的【系统】—【显示】命令下，还可以通过【缩放与布局】选项中的比例调整来修改桌面的图标、文本、应用等项目的大小，如图2-1-26所示。

（3）刷新频率。计算机屏幕的显示质量和分辨率有关，和刷新率也有关。刷新率指的是电子束对屏幕上的图形重绘的次数，刷新率越高，屏幕图形的闪烁感就越被淡化，稳定性就越好；长时间保持刷新率过低，会导致眼睛对屏幕的不适应，甚至造成一定伤害。但是，如果设置不合适的刷新率，也可能对显示器和显卡造成不同程度的损害。刷新率与分辨率两者相互制约，只有在高分辨率下才能达到高刷新率，这样的显示器价格也会更昂贵。

普通液晶显示器的刷新率固定在60赫兹，除非改变分辨率，否则无法随便调整刷新率。查看刷新率的步骤如下：

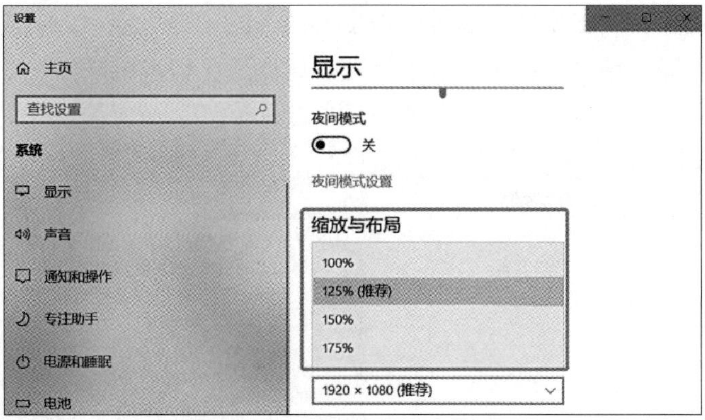

图2-1-26　调整显示比例图

进入系统设置界面，单击【多显示器设置】选项下的【高级显示设置】链接，如图2-1-27所示。打开【高级显示设置】窗口，单击【显示器1的显示适配器属性】选项，如图2-1-28所示。在这个显示适配器【属性】的对话框里，选择【监视器】选项卡，则可以在【屏幕刷新频率】下拉列表中查看本显示器的刷新率，一般无法随意调整，如图2-1-29所示。

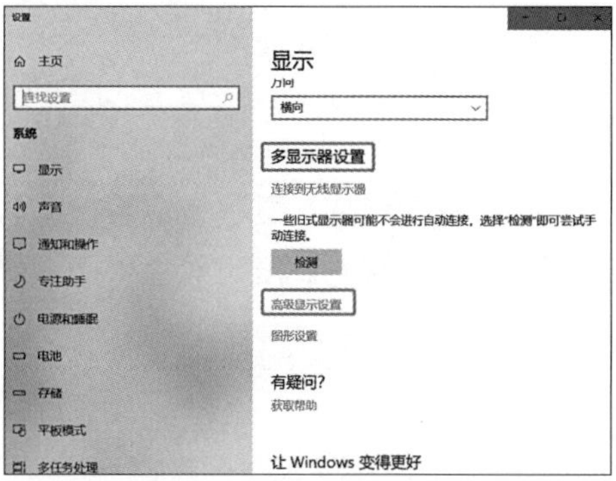

图2-1-27 【显示器的显示适配器属性】选项图

（4）显示颜色。校准显示颜色的目的是使屏幕显示的颜色效果尽可能没有偏差。普通的液晶显示器通常会有一些调整显示效果的按钮，笔记本电脑的屏幕和机身合为一体，通常没有预留用于调整显示效果的外置按钮，所以可以使用Window 10提供的一些设置工具对显示效果进行调整，操作如下：

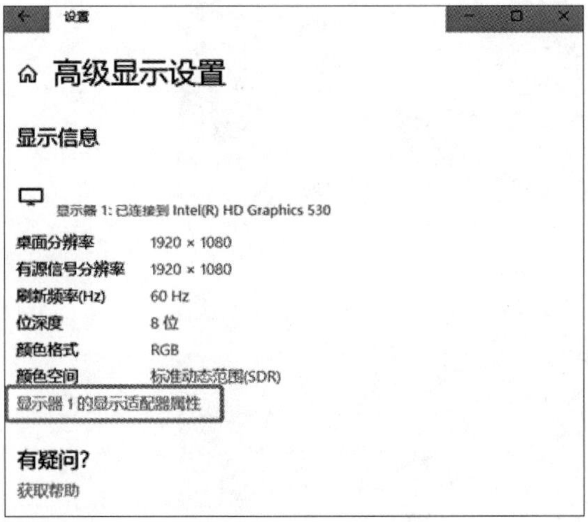

图2-1-28 【显示】窗口中的【高级显示设置】链接

图2-1-29　查看刷新率图

进入系统设置界面，单击【多显示器设置】选项下的【高级显示设置】链接，打开【进入高级显示设置】的界面。单击【颜色校准】选项，启动颜色校准的功能，如图2-1-30所示。

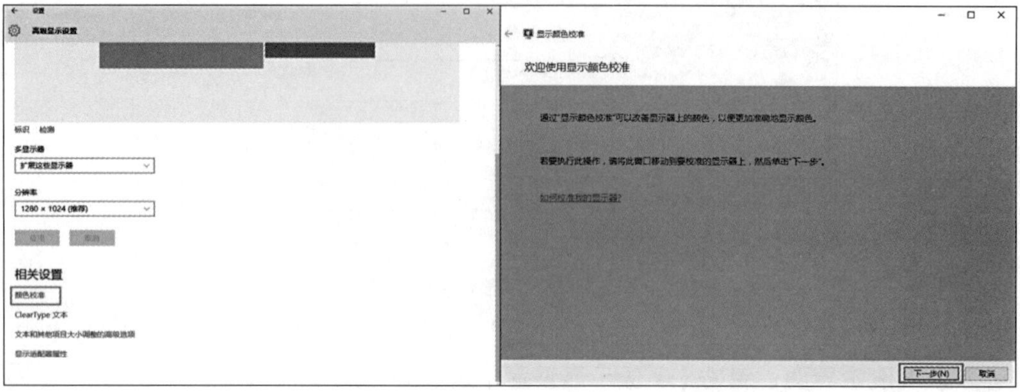

图2-1-30 显示颜色校准图

按照提示步骤一直单击【下一步】进行下去，可以设置显示器的基本颜色、调整显示器的伽马值、亮度和对比度、颜色平衡，最后会显示“你已成功创建了一个新的校准的提示”，如图2-1-31所示。

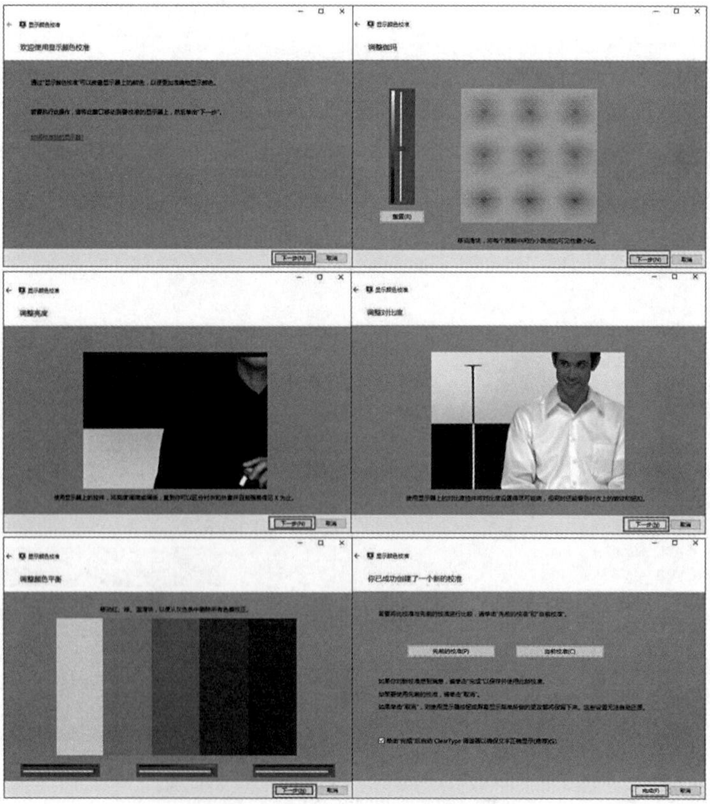

图2-1-31 显示颜色校准过程图

（5）系统声音。用户在使用计算机过程中，执行某些操作，计算机会发出一些提示声音，比如系统启动退出的声音 、硬件插入的声音、清空回收站的声音等。Windows 10附带多种个性化的声音方案，用户可以自行设置，操作如下：

在任务栏的搜索框里输入“声音”，查找系统应用，找到【声音】选项，如图2-1-32所示。弹出【声音】对话框，可以在【声音】选项卡的【声音方案】下拉列表中任选一种系统附带的方案，在下方【程序事件】列表框中选择一个事件进行试听，如图2-1-33所示，接着单击【确定】按钮保存设置。

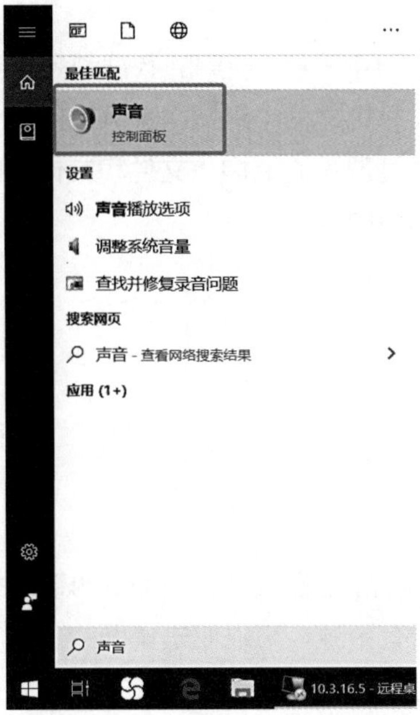

图2-1-32　查找【声音】选项图

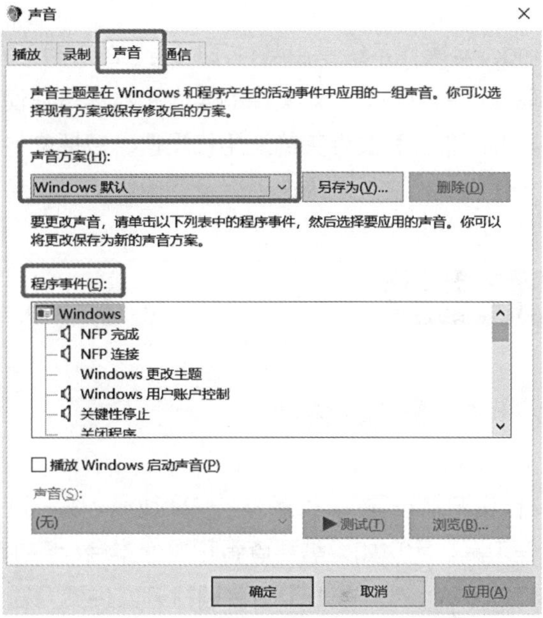

图2-1-33　系统【声音】设置图

如果只需改变音量大小，则可在任务栏右侧单击音量图标，弹出【扬声器】对话框，左右拖动滑块实现音量大小的调整，如图2-1-34所示。

图2-1-34　任务栏的声音设置图

任务2.2 Windows10文件资源的管理

任务描述

Windows操作系统是由各种不同类型的文件组成的，用户平时使用的数据都是以文件的形式存储在计算机中的，对文件的操作和管理是在使用计算机过程中进行得最频繁的操作。本任务主要介绍文件和文件夹的使用和设置，包括文件资源管理器的结构、文件和文件夹的基本操作、文件和文件夹的高级选项以及回收站的设置和使用等内容。

相关知识

一、文件资源管理器概述

“文件资源管理器”，旧版本的Windows称之为“资源管理器”，是Windows系统提供的资源管理工具。用户如果需要查看和操作本台计算机的所有资源，可以双击桌面的【此电脑】图标或者按【Windows+E】组合键打开文件资源管理器。如图2-2-1所示，文件资源管理器里采用Ribbon菜单，以树形结构存储数据资源。

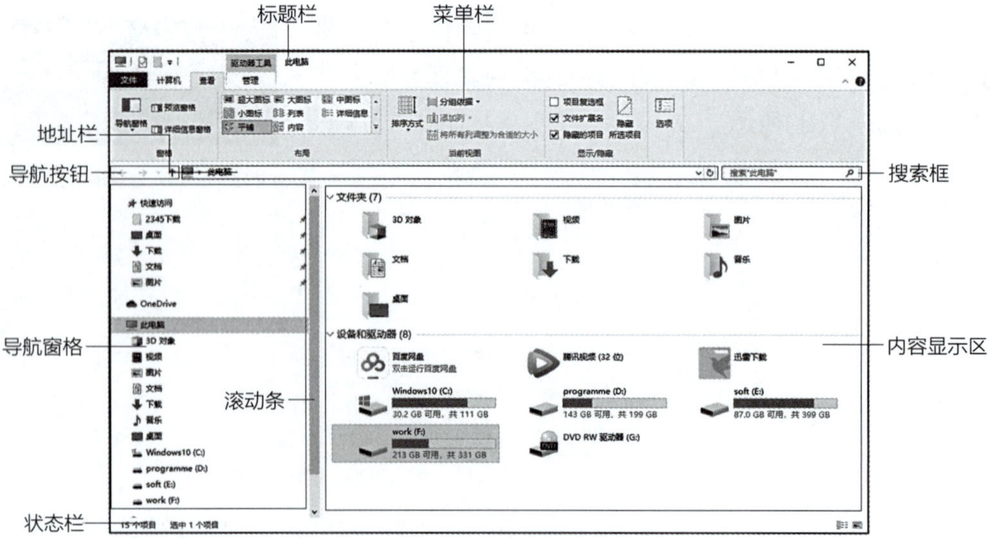

图2-2-1　文件资源管理器的元素图

1. 标题栏

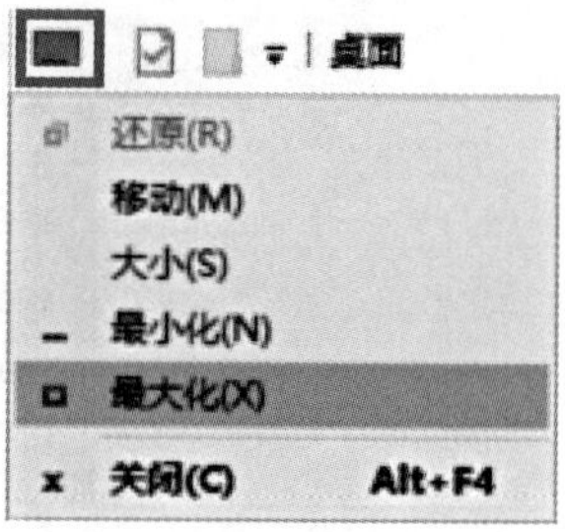

图2-2-2　标题栏的系统菜单

标题栏位于窗口的顶部，用于显示程序和文档的名称，名称左侧通常会显示程序的图标，单击该图标会显示如图2-2-2所示的系统菜单，该菜单命令基本和标题栏的右侧的【最小化】【最大化】【关闭】三个按钮的功能相同，分别可以最小化隐藏窗口、放大窗口使其填充整个屏幕以及关闭窗口。

2. 菜单栏

菜单栏位于标题栏的下方，每个菜单以选项卡的形式呈现，选项卡以组为单位分类，通常包含了程序提供的所有可操作的命令。每一组里的命令，如果后面有一个小三角形，表示该命令还有下一级子菜单；如果某个菜单命令为灰色，表示该命令当前不能使用。如果在命令后面有省略号，表示选择该命令会打开对话框。

3. 地址栏

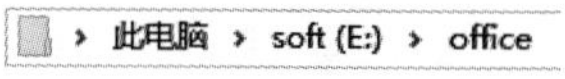

图2-2-3　文件资源管理器的位置示图

地址栏显示了当前的文件或文件夹在计算机中的位置，术语描述为“绝对路径”或“完整路径”，一般格式为“磁盘分区的盘符:\文件夹\文件名”，例如路径“E:\office”表示磁盘分区E盘中的“office”文件夹。在文件资源管理器中，两个位置之间使用“>”符号进行连接，如图2-2-3所示。地址栏除了显示路径，还能作为可操作的控件导航到不同路径的文件夹。

4. 搜索框

搜索框用来在其中输入要查找的内容，以便在当前的文件夹及其子文件夹中快速定位到指定内容。

5. 导航窗格

导航窗格将文件资源管理器中可以访问的位置按照类型进行分组，比如“快速访问”“桌面”“此电脑”“网络”等；每个类型以树形向下结构呈现了具体的可访问位置，比如在“此电脑”类别中包括了计算机的所有磁盘分区，每个磁盘分区下又包括了多个文件夹。可以展开或者折叠窗格中的每个节点，通过导航窗格可以快速定位到用户想去的特定位置，它就是用户的浏览指南。用户可以选择在【查看】菜单的【窗格】组中的【导航窗格】菜单中关闭显示它。

6. 内容显示区和滚动条

该区域展示了当前文件夹内包含的所有的子文件夹和文件；滚动条分为水平滚动条和垂直滚动条，不一定会出现在该显示区中，只有当该显示区无法显示全部内容时才会呈现。使用鼠标拖动滚动条可以查看未显示出来的内容。

7. 状态栏

状态栏位于资源管理器的底部，用于显示当前窗口的工作状态、当前文件夹包含的内容的数量和容量等信息。状态栏右侧是两个视图按钮，它们的功能分别是“显示窗口详细信息”和“使用大缩略图显示”，用户在该窗口的空白处右击，在弹出的快捷方式中选择【查看】选项，在弹出的子菜单中也可见到这两个命令，如图2-2-4所示。

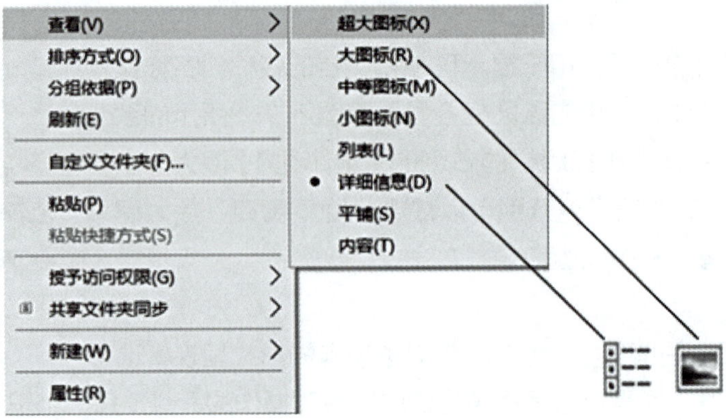

图2-2-4　视图按钮图

二、文件和文件夹的概念

1. 文件和文件夹的基本概念

在计算机中，文件是指记录在存储介质如磁盘、光盘、优盘上的一组相关信息的结合，是Windows中最基本的存储单位。一个文件的外观由文件图标和文件名称组成，用户通过文件名对文件进行管理。

文件名由主文件名和扩展名两部分组成，中间用英文输入法下的小数点“.”隔开，主文件名在前，扩展名在后，一般通过主文件名就可以判断文件的内容和含义。文件扩展名也称为文件的后缀名，是操作系统用来标记不同文件类型的一种机制。如果一个文件名没有扩展名，操作系统将无法判断如何处理该文件。如图2-2-5所示是一些常见的文件图标。

图2-2-5　文件图标示意图

在计算机中，用来协助用户管理一组相关文件的集合称之为文件夹。每一个文件夹对应一块磁盘空间，它提供了指向对应空间的地址，文件夹没有扩展名，也就不像文件的类型用扩展名来标识。

2. 文件的类型

文件的类型又称文件格式，是由扩展名来区分的，Windows下的文件大致分为程序文件和非程序文件。打开一个文件一般是选择一个文件后双击它，或者右击该文件在弹出的快捷菜单中选择【打开】命令。如果打开的是程序文件，打开方式就是运行该程序；如果打开的是非程序文件，计算机就会调用一个特定的程序去打开它，至于用哪个程序则取决于这个文件的类型。例如当用户打开“Excel.xlsx”文件，打开该文件时操作系统调用了Microsoft Office Excel应用程序。

表2-2-1列出了常见的扩展名对应的文件类型。

表 2-2-1 扩展名对应文件类型表

扩展名	文件类型	扩展名	文件类型
.com	命令程序文件	.txt/.doc/.docx	文本文件
.exe	可执行文件	.jpg/.bmp/.gif	图像文件
.bat	批处理文件	.mp3/.wav/.wma	音频文件
.sys	系统文件	.avi/.rm/.asf/.mov	影视文件
.bak	备份文件	.zip/.rar	压缩文件

3. Windows 10的库

大多数Windows 10的用户理解的“库”只用作一个常规文件夹，存放一些特定格式的文件集合，比如音乐库、图片库、视频库等。实际上，使用库可以更加便捷地查找和管理计算机上的文件。库可以收集不同位置的文件和文件夹，并将其显示为一个集合，而无须从其存储位置上移动文件和文件夹。

用户可以在文件资源管理器的导航窗格中单击右键弹出快捷方式，然后选择【显示库】命令，如图2-2-6所示。Windows 10提供了文档库、图片库、音乐库和视频库等库，用户还可以自定义新库：在“库”上面单击右键，在【新建】命令中选择【库】，如图2-2-7所示。

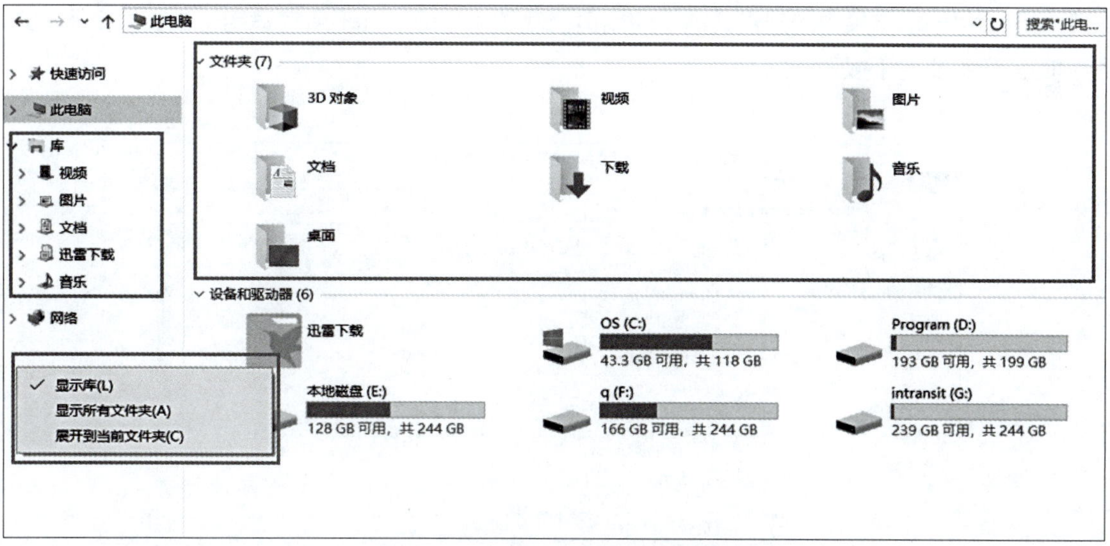

图2-2-6 文件资源管理器的【库】图

接着选择要添加到库的文件夹，单击右键，在快捷方式中选择【包含到库中】命令，然后选择相应的库，如图2-2-8所示。实际上该文件夹的位置未被挪动。

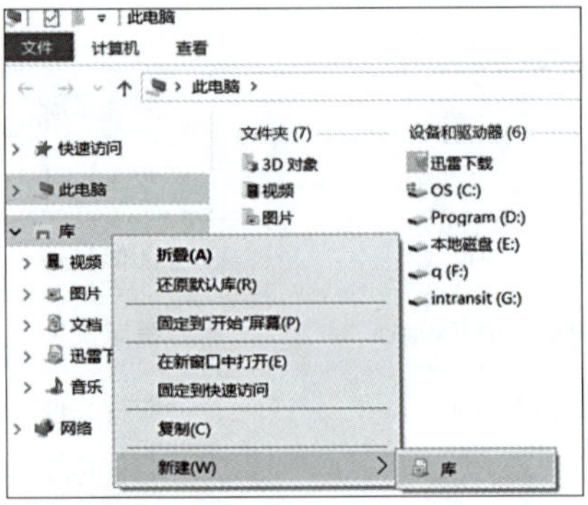

图2-2-7　自定义新库图

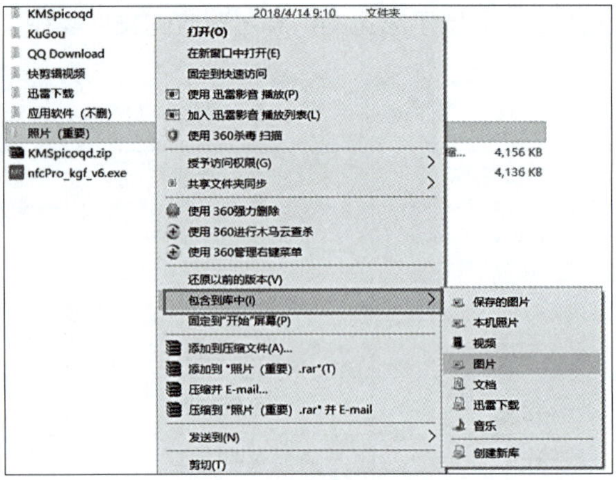

图2-2-8　添加文件夹到库图

三、文件和文件夹的基本操作

1. 搜索文件和文件夹

在前文中，已介绍过可以使用任务栏的搜索框进行本地搜索和全网搜索。用户还可以在文件资源管理器中查找本地文件和文件夹。在文件资源管理器的右上角有一个搜索框，可以在其中输入想要查找的内容，搜索的内容范围取决于文件资源管理器当前打开的文件夹。例如当前打开了E盘，则在E盘的搜索框中输入的内容将会在E盘中搜索。输入想要查找的文件名或文件名的一部分，系统将复选文件夹中的内容，以匹配输入内容的每个连续字符。待用户看到需要的文件后，可停止输入，如图2-2-9所示。所有找到的匹配内容会自动在【内容】显示方式下显示，每一项结果中的搜索关键字使用黄色底纹来标记。几乎所有适用于在文件资源管理器中的操作都能用于搜索结果。

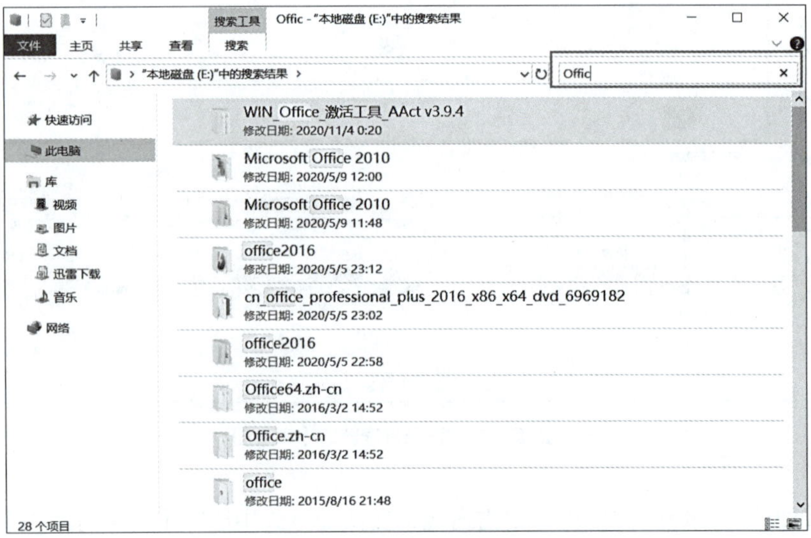

图2-2-9　在文件资源管理器搜索文件图

2. 选择文件和文件夹

在对文件和文件夹进行重命名、移动或复制等操作前，应先选定文件或文件夹，在Windows 10中对文件和文件夹的操作都是基于选定操作对象的基础上的。

选定单个对象：鼠标左击某个对象即可。

选定连续对象：如果要选定一系列连续的对象，可在列表中选定该系列对象中的第一个，按住【Shift】键不放再单击最后一个对象，这样两个对象之间的所有对象都会被选中；还可以单击文件列表中的空白处，按住鼠标左键拖动，拉出一个大小可变的选框，框中要选取的对象即可。

选定分散对象：如果要选定多个不连续的对象，按住【Ctrl】键，然后单击每个所需选择的对象；还可以在文件资源管理器的【查看】选项卡中勾选【显示/隐藏】组的【项目复选框】选项，如图2-2-10所示。

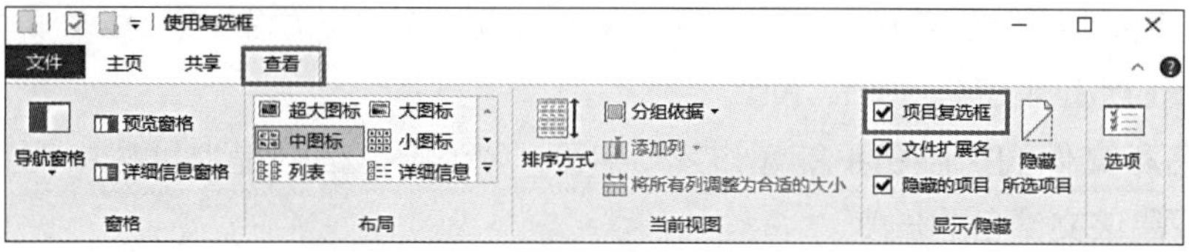

图2-2-10　勾选【项目复选框】图

启用复选框功能后，用户将鼠标指针指向文件或文件夹时，在该对象的左上角或左侧会显示一个复选框，勾选该复选框即可选择相应的文件或文件夹，如图2-2-11所示。复选框出现的位置取决于当前文件夹中的图标显示方式。

选定全部对象：如果要选定窗口中的所有对象，可以选择【主页】选项卡中的【选择】组的【全部选择】命令，也可以使用【Ctrl+A】组合键快速选定全部对象。

取消选中文件或文件夹：选择【主页】选项卡中的【选择】组的【全部取消】命令，或者将光标移动到窗口上任何空白处单击一下。

3. 新建与重命名文件和文件夹

（1）新建文件和文件夹。新建文件和文件夹除了不能在【此电脑】【网络】等特定位置中操作，可以在任何一个磁盘分区里的文件夹里操作。

新建文件夹：只要右击当前窗口的空白处，在弹出的快捷菜单中选择【新建】-【文件夹】命令，如图2-2-12所示。

图2-2-11　选定分散对象图

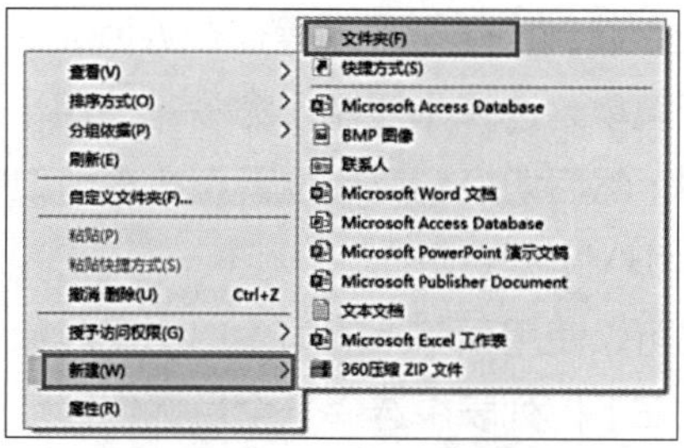

图2-2-12　新建文件夹图

当前窗口则会创建一个新的文件夹，默认的文件夹名称就是“新建文件夹”，名称呈高亮且可编辑的状态，如图2-2-13所示。在名称文本框中输入新的名称，按【Enter】键确认修改。

图2-2-13　为文件夹命名图

新建文件：右击当前窗口的空白处，在弹出的快捷菜单中选择【新建】，选自己想要创建的文件类型即可，此时当前窗口中的新建文件的名称也处于高亮且可编辑的状态。在名称文本框中输入新的名称，按【Enter】键确认修改。

（2）重命名文件和文件夹。文件和文件夹的命名有一定的规范，并不是所有的字符都能作为文件名的一部分，具体要求如下：

①文件名不区分英文大小写。

②文件名中不能包含以下任一个字符：“\”“/”“：”“?”“*”“"”“|”“<”“>”。

③不能使用以下名称作为文件名：Aux、Com1、Com2、Com3、Com4、Con、Lpt1、Lpt2、Lpt3、Lpt4、Prn、Nul。

④文件名和文件的扩展名不能超过255字符，255字符指的是地址栏中的整个路径的长度，而不仅仅是该文件名的长度。

⑤文件或文件夹命名可包含多个空格或小数点。

⑥最后一个小数点后的字符串为扩展名。

⑦同一个文件夹下不能有两个同名且同扩展名的文件。

4．移动与复制文件和文件夹

移动是指将原位置上的文件或文件夹转移到其他位置上，执行移动操作后，文件或文件夹的存放路径被改变，原位置上的对象不存在。复制是指在目标位置创建一个原位置上的对象的副本，执行复制操作后，原位置和目标位置上各有一个完全相同的对象。

文件和文件夹的移动和复制的操作方法类似，介绍如下。

（1）移动操作。移动操作在Windows的命令中描述为“剪切-粘贴”，选定对象，右击弹出快捷菜单，选择【剪切】命令（使用【Ctrl+X】组合键），此时对象的内容存放于剪切板中，然后切换到目标位置，右击窗口空白处，在弹出的快捷菜单中选择【粘贴】命令（使用【Ctrl+V】组合键）。

也可以使用菜单上的命令：选定对象，在【主页】选项卡的【组织】组中选择【移动到】命令，在下拉列表中选择一个目标位置。

移动操作还可以直接在选定对象中按住左键不放，拖动到目标位置。

（2）复制操作。复制操作在Windows的命令中描述为“复制-粘贴”，选定对象，右击弹出快捷菜单，选择【复制】命令（使用【Ctrl+C】组合键），此时对象的内容被复制一份到剪切板中，然后切换到目标位置，右击窗口空白处，在弹出的快捷菜单中选择【粘贴】命令（使用【Ctrl+V】组合键）。

也可以使用菜单上的命令：选定对象，在【主页】选项卡的【组织】组中选择【复制到】命令，在下拉列表中选择一个目标位置。

对于文件夹，执行移动和复制操作时会比文件复杂一些，因为在操作过程中，会涉及文件夹中包含的大量文件。Windows 10下的移动和复制操作使用了可视化的操作界面，如图2-2-14所示。

用户可见到一个显示当前操作完成进度和速度的图表，该图表还会显示完成操作所需的剩余时间和剩余项目。在操作过程中，用户可以随时点击暂停按钮 和关闭按钮 ，这两个按钮的功能类似于视频播放器的暂停和停止键。点击了暂停按钮以后可以随时点击继续操作按钮 继续完成之前的操作；点击了关闭按钮则是提前结束正在进行的操作。

在移动和复制的过程中，用户也可以将鼠标指针指向该操作界面中的表示原始位置和目标位置的文字，如图2-2-15所示，单击该文字链接可以打开原始和目标文件夹。

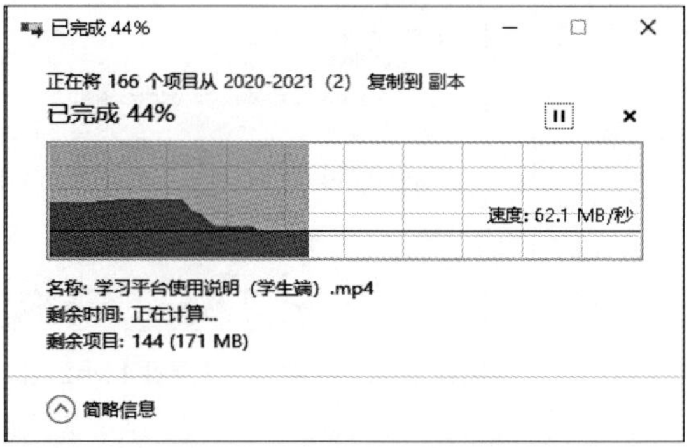

图2-2-14　复制操作的过程界面一图

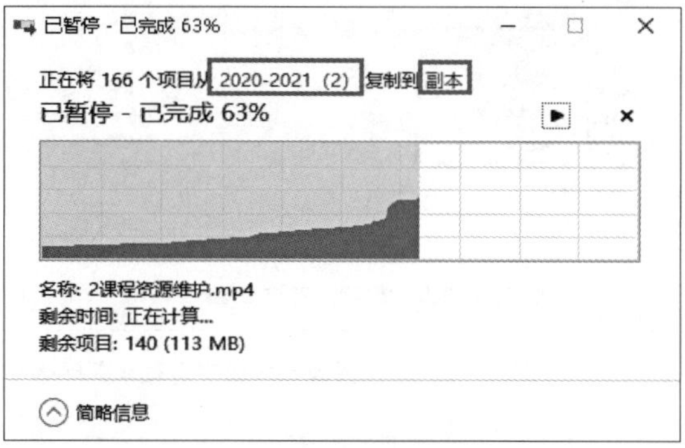

图2-2-15　复制操作的过程界面二图

5. 删除与恢复文件和文件夹

删除文件和文件夹的方式有两种，一是逻辑删除，二是物理删除。逻辑删除可以恢复该文件或文件夹，物理删除是永久删除，无法直接恢复。

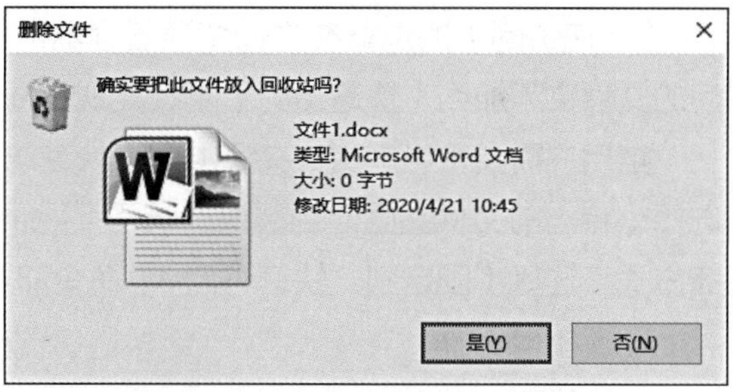

图2-2-16　删除文件确认对话框图

（1）逻辑删除。选定要删除的对象，右击弹出快捷菜单，选择【删除】命令或者直接按【Delete】键，这时弹出一个询问是否要确实删除的对话框，如图2-2-16所示，点击【是】按钮。也可拖动待删除的对象至桌面的【回收站】完成快速删除操作。

（2）恢复文件和文件夹。双击桌面的【回收站】图标，打开【回收站】窗口，右击选定要恢复的文件或文件夹，在弹出的快捷菜单中，选择【还原】命令则文件恢复到原始位置，也可选择【剪切】命令恢复到其他目标位置，如图2-2-17所示。

（3）物理删除。永久删除文件和文件夹，可以选定目标对象，按【Shift+Delete】组合键，弹出删除文件的消息对话框，点击【是】按钮。也可以前往回收站，右击选定要彻底删除的对象，在弹出的快捷菜单中，选择【删除】命令，如图2-2-17所示。也可以在【回收站】窗口下的【管理】选项卡中，点击【管理】组的【清空回收站】任务，或者直接右击【回收站】图标弹出快捷方式，点击【清空回收站】命令，直接彻底删除回收站里的所有对象。

对桌面的【回收站】图标右击，在弹出的快捷菜单中选择【属性】命令，打开【回收站属性】对话框，在该对话框中，可以设定回收站的存放路径、选定位置的容量大小、是逻辑删除还是物理删除、是否显示删除确认对话框，如图2-2-18所示。

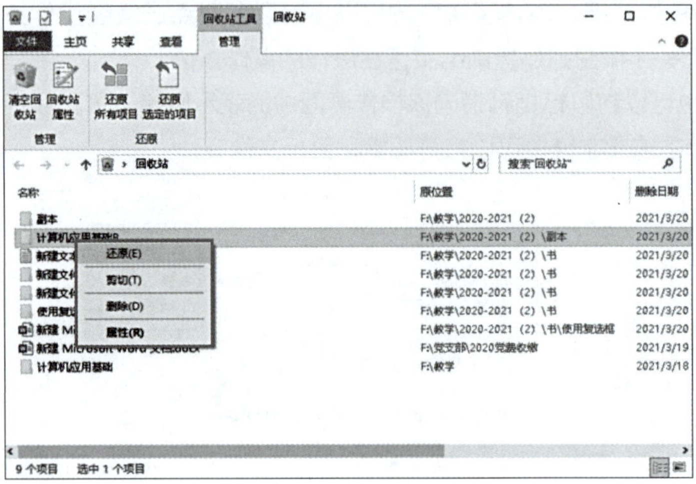

图2-2-17　从回收站恢复文件和永久删除文件图

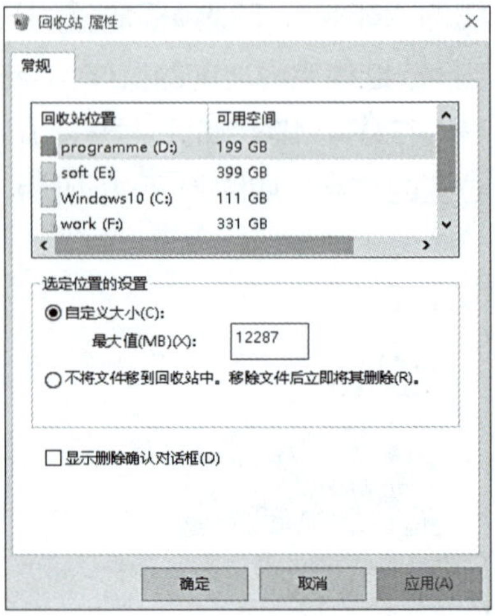

图2-2-18　回收站的【属性】对话框图

四、文件和文件夹的高级操作

1. 设置【快速访问】中包含的内容

【快速访问】的位置在文件资源管理器的【导航窗格】的最顶部，用户可以将经常需要访问的文件夹添加到【快速访问】中，实现快捷访问。

当用户需要将当前文件夹添加到【快速访问】中，只需右击【快速访问】弹出快捷方式，选择【将当前文件夹固定到“快速访问”】命令即可，或者选中要被操作的文件夹右击弹出快捷方式，选择【固定到“快速访问”】命令即可，如图2-2-19所示。

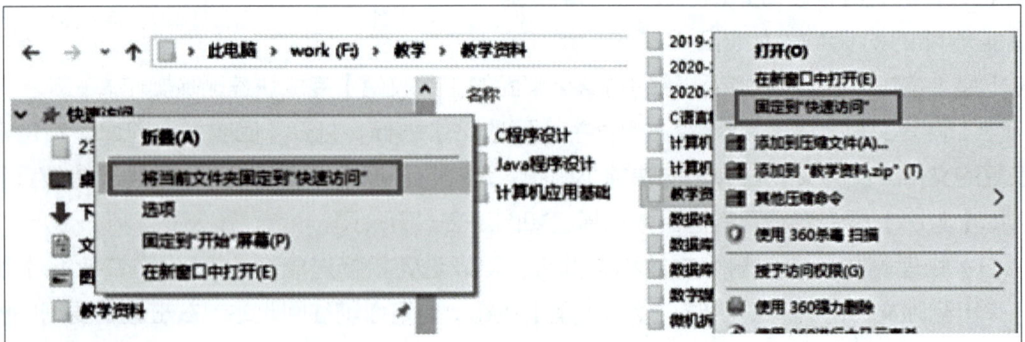

方法一　　方法二

图2-2-19　添加文件夹到【快速访问】图

Windows 10会根据用户使用文件夹的频率去判断哪些内容是用户经常需要操作的，从而自动记录在【快速访问】中，这些文件夹并不是用户自行添加的。为了保护个人隐私，可以在文件资源管理器的【查看】选项卡中点击【选项】按钮，打开【文件夹选项】对话框，如图2-2-20所示，在【常规】选项卡中取消勾选【在“快速访问”中显示最近使用的文件】和【在“快速访问”中显示常用文件夹】两个命令即可。

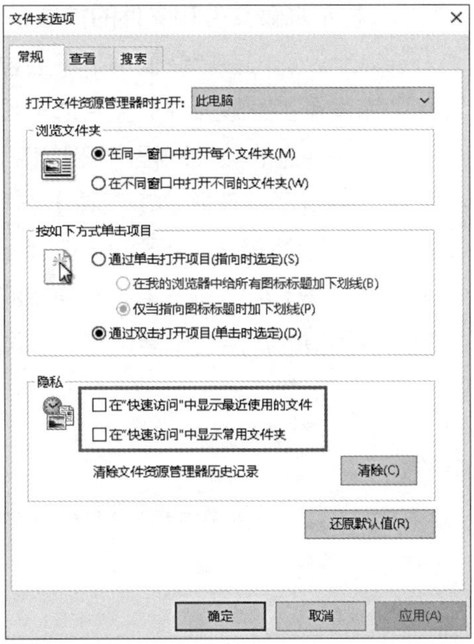

图2-2-20 【文件夹选项】对话框图

2. 修改文件属性

文件属性是一些描述性的信息，未包含在文件的实际内容中，但是提供了有关文件的详细信息，包括系统属性、归档属性、只读属性、隐藏属性等，还包括了作者、修改日期和分级等许多其他属性。

在文件资源管理器中右击某个文件，在弹出的快捷菜单中选择【属性】命令，打开文件的【属性】对话框。在该对话框内，可以修改文件的名称、打开该文件的方式；如果不希望该文件被他人查看或修改，可以勾选文件的属性为【只读】或【隐藏】，如图2-2-21所示；打开属性的【高级】选项，还可以设置文档的【存档】属性、【索引】属性和【压缩或加密属性】，如图2-2-22所示。

图2-2-21 文件的【只读】和【隐藏】属性图

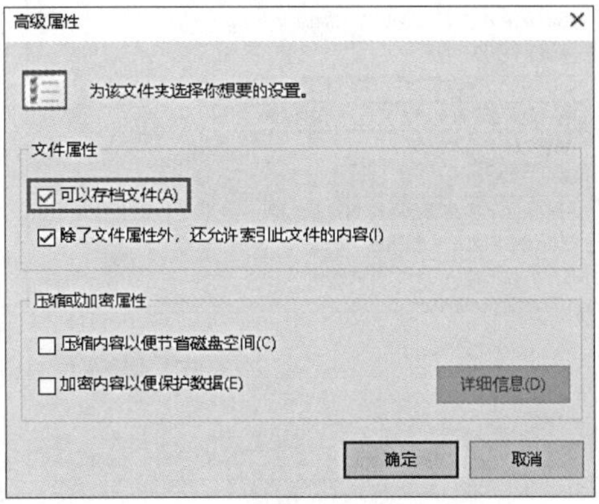

图2-2-22 文件的【存档】等属性图

3. 显示隐藏文件和文件的扩展名

Windows 10在默认情况下不会显示设置了隐藏属性的文件，也不会显示文件的扩展名，这是因为设置了隐藏属性的文件通常是重要的系统文件，避免用户因误删文件和误改文件扩展名，导致文件无法被关联程序识别和打开。显示隐藏文件和文件的扩展名操作如下：

在文件资源管理器的【查看】选项卡的【显示/隐藏】组中，勾选【文件扩展名】和【隐藏的项目】两个按钮，如图2-2-23所示；或者打开【文件夹选项】对话框的【查看】选项卡，在【高级设置】组中勾选【显示隐藏的文件、文件夹和驱动器】复选框，同时取消勾选【隐藏已知文件类型的扩展名】复选框，如图2-2-24所示。

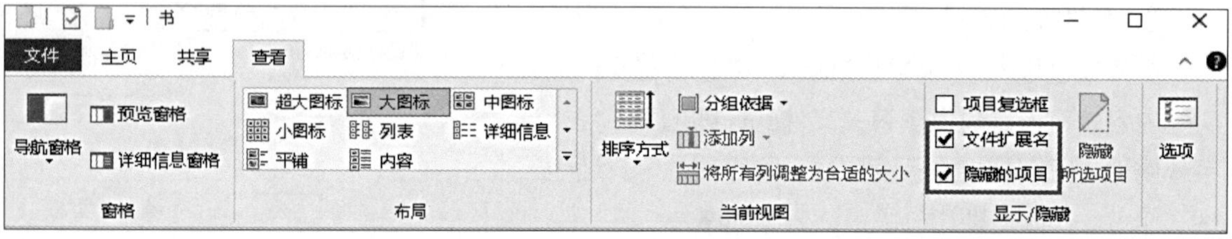

图2-2-23 文件资源管理器的【查看】选项卡图

显示带隐藏属性的文件后，该文件会以半透明图标呈现在文件资源管理器中，从而和普通文件区分，如图2-2-25所示。

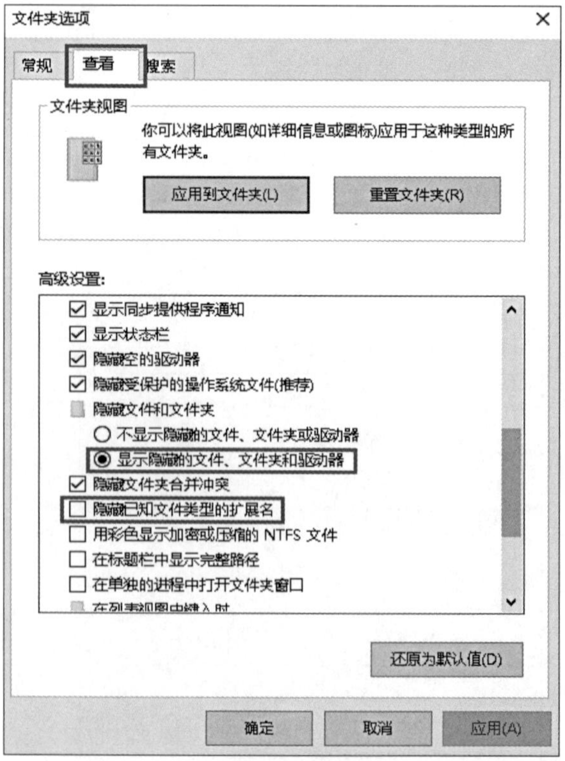

图2-2-24 【文件夹选项】对话框的【查看】选项卡图

图2-2-25 不同属性的文件图标示意图

4. 设置个性化的文件夹图标

Windows 10下的文件夹默认以黄色文件夹图标显示，用户可以自定义文件夹的图标样式。右击某个文件夹，在快捷方式中选择最后一个【属性】命令，打开文件夹的【属性】对话框，切到【自定义】选项卡，在【文件夹图标】组点击【更改图标】命令，打开【更改图标】对话框，如图2-2-26所示。

图2-2-26 设置个性化文件夹图标图

可以选择系统预设的其他图标，也可以选择用户自定义的图标，选定新图标后点【确定】按钮，则更换文件夹的图标成功，如图2-2-27所示。

图2-2-27 新的文件夹图标图

任务2.3 Windows 10的系统设置

任务描述

本任务介绍了几个用户较常用的系统环境设置的操作，包括控制面板和Windows设置App的打开和使用、用户账户管理、应用程序管理和输入法的使用管理，让用户对Windows 10有更好的操作体验。

相关知识

一、控制面板

大多数Windows的旧用户已经习惯了控制面板的存在，可以说控制面板是Windows系统的灵魂。但是微软一直在寻求改变，Windows 10将取消控制面板了。

在目前使用的Windows 10下，仍然可以通过几种方式启用控制面板：一是在任务栏的搜索框中输入“控制面板，”二是在【运行】窗口中输入“control”命令，三是在如图2-3-1所指位置单击【控制面板】按钮。

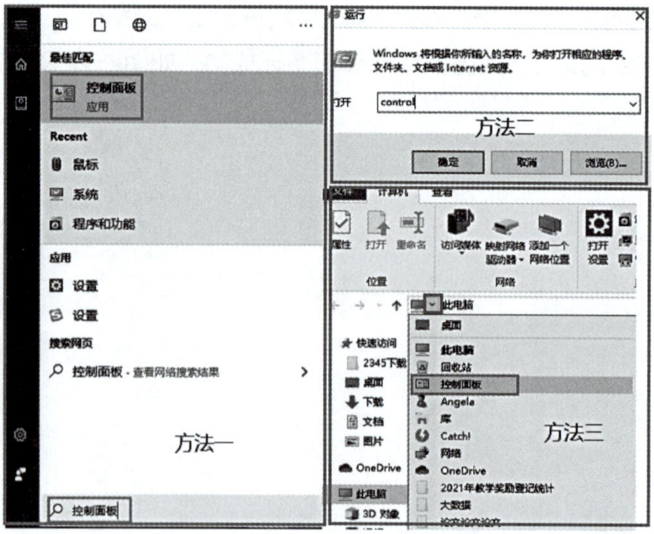

图2-3-1　启动控制面板方法图

控制面板有两种视图模式：一种是类别模式；另一种是图标模式，如图2-3-2和图2-3-3所示。单击窗口右侧的【查看方式】下拉按钮可以切换视图模式，两种视图模式都可以单击其中的每个图标或链接，进入相关的设置页面。

控制面板允许用户查看并更改基本的系统设置，比如添加/删除软件，控制用户账户，更改辅助功能选项，简要介绍如下：

【系统和安全】命令让用户查看并更改系统和安全状态，备份并还原文件和系统设置，更新计算机，查看RAM和处理器速度以及检查防火墙等。

【用户账户】命令让用户更改账户类型和密码。

【网络和Internet】命令让用户检查网络状态并更改设置，设置共享文件和计算机的首选项，配置Internet显示和连接等。

图2-3-2　控制面板的类别模式视图

图2-3-3　控制面板的图标模式视图

【外观和个性化】命令让用户更改桌面项目的外观，将主题或屏幕保护程序应用于计算机，或者自定义任务栏。

【硬件和声音】命令让用户添加或删除打印机和其他硬件，更改系统声音，自动播放CD，节省电源，更新设备驱动程序等。

【时钟、语言和区域】命令为用户的计算机更改时间、日期和时区、使用的语言，以及货币、日期、时间显示的方式。

【程序】命令让用户卸载程序或Windows功能，卸载小工具，从网络或联机获得新程序等。

【轻松使用】命令是为视觉、听觉和移动能力的需要调整计算机设置，并通过声音命令使用语音识别控制计算机。

二、Windows 设置App

虽然经典的控制面板仍然是Windows 10的一部分，但是微软表示计划开发现代的“设置”App，并精简所有选项，包括整合控制面板。在显示上，Windows 10已经把控制面板隐藏起来了，对于普通用户来说，一打开开始菜单，能见到的就是【设置】按钮。【设置】窗口的界面如图2-3-4所示。

虽然【设置】中提供的功能选项已经很多，但是相当一部分高级选项只在【控制面板】中提供，且两者之间还不是子集和集合的隶属关系，而是交叉关系。接下来的Windows 10版本会试图减少这两者的不一致性。

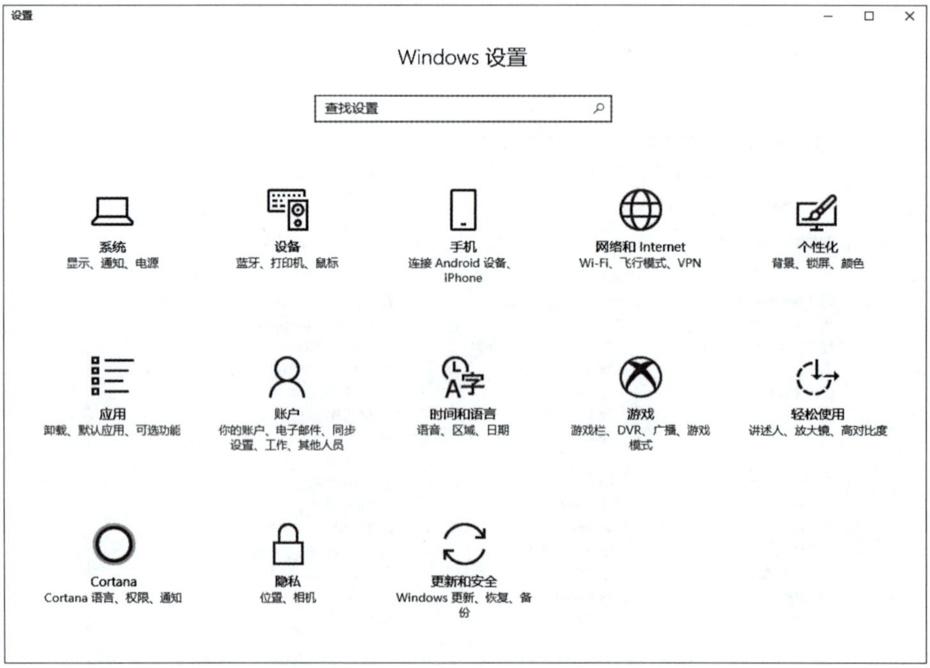

图2-3-4 【Windows设置】应用

三、Microsoft 用户账户

1. 用户账户简介

Windows是一个多用户操作系统，即通过为每个用户创建一个用户账户来标识不同用户的身份，每一个账户拥有一个相对独立的空间，保存着各自对操作系统的环境设置，并且完成不同类型的任务。用户账户可以为计算机提供安全凭证，包括用户名和用户登录时需要密码，以及其他便于用户能够访问到资源的权限。

Windows要求一台计算机上至少有一个管理员用户账户，也可以创建其他类别的用户账户。Windows用户账户的类别如下：

标准用户：适用于日常计算机，完成大多数常规操作，但是无法进行一些可能会影响到系统稳定和安全的操作。

管理员用户：拥有对计算机进行最高级别的操作权限和控制。

来宾用户：主要针对需要临时使用计算机的用户，不需要用户账户和密码登录。

2. 用户账户控制（UAC）

从Windows Vista开始，Windows就引入了一个新的安全功能——用户账户控制（User Account Control，UAC），到现今仍然是Windows 10一个非常重要的应用设置。如图2-3-5所示为账户控制的情景之一，当检测到用户将要执行一些具有管理权限的操作时，系统会根据当前用户的类型显示不同的提升权限的对话框，只有在获得用户许可或输入管理员用户账户的密码后才能继续执行操作。

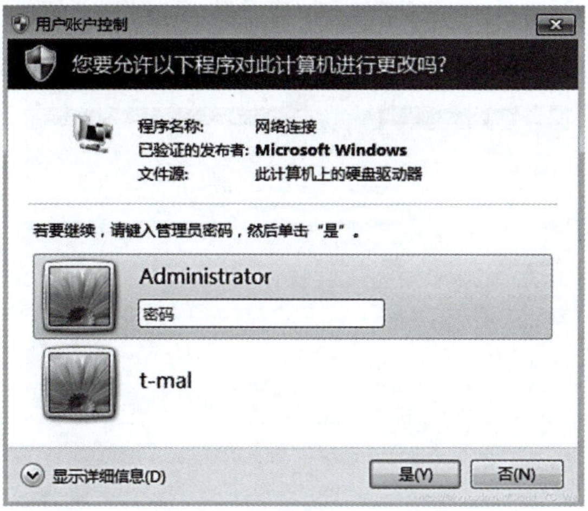

图2-3-5 账户控制的情景图

这些对话框的内容分类如下：

①Windows需要许可才能继续：操作可能会影响到其他用户的Windows功能或程序。

②程序需要许可才能继续：不属于Windows自带的有合法签名的程序。

③未能识别的程序：没有发行者提供的有效数字签名的程序，不一定是危险程序，部分旧合法程序也缺少签名。

④此程序已被阻止：被管理员特意阻止的程序。

Windows 10的UAC安全级别分四个等级，分别为最高安全权限、次级安全权限、三级安全权限和最低安全权限。这里不一一细说，因为打开UAC的设置界面后每个等级均有详细的说明。从【控制面板】打开【用户账户】窗口中的【更改用户账户控制设置】命令，如图2-3-6所示，或者在【运行】窗口输入【msconfig】命令打开【系统配置】对话框，选择【工具】选项卡，如图2-3-7所示，都可以打开UAC设置界面。用户账户设置界面如图2-3-8所示。

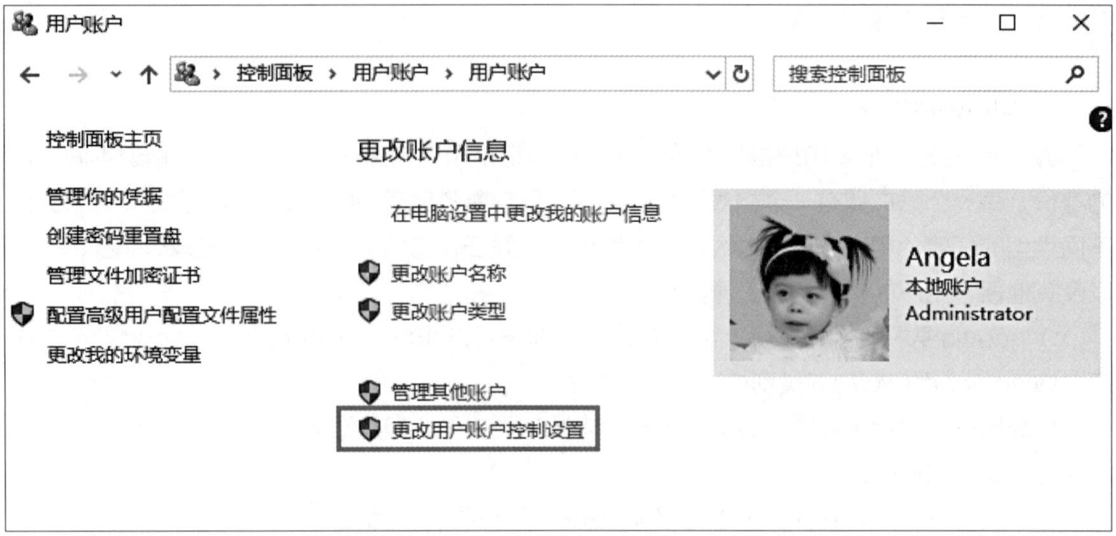

图2-3-6　打开【更改用户账户控制设置】命令图

图2-3-7　在【系统配置】更改UAC设置图

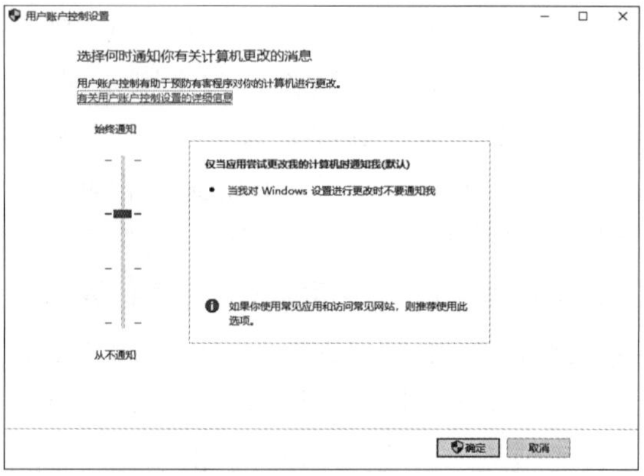

图2-3-8　用户账户控制设置图

3. 创建本地用户账户

在安装Windows 10操作系统时，即将完成系统设置之时系统会要求用户创建一个管理员账户，完成安装以后首次登录系统就是使用该管理员账户。在之后的操作中，可以使用该管理员账户继续创建新的用户账户，既可以创建管理员账户，也可以创建标准账户。

在Widows 10中创建新的本地用户账户的具体操作步骤如下：

单击【开始】按钮，在【开始】菜单中单击【设置】按钮，打开【Windows 设置】窗口，选择【账户】命令，进入【账户】设置的界面左侧单击【家庭和其他用户】选项，如图2-3-9所示。在右侧可见，用户可以使用Microsoft账户登录，也可以选择【将其他人添加到这台电脑】命令创建新账户。

打开如图2-3-10所示对话框，由于是创建本地账户，单击下方的【我没有这个人的登录信息】链接，进下一个对话框，继续点击【添加一个没有Microsoft账户的用户】。

在【Microsoft账户】对话框输入新用户账户的名称，是否使用密码是根据用户使用的环

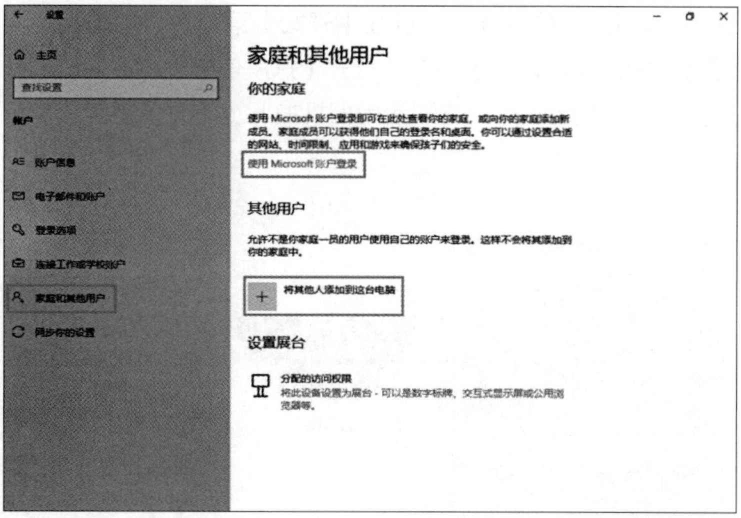

图2-3-9　创建新的用户账户一图

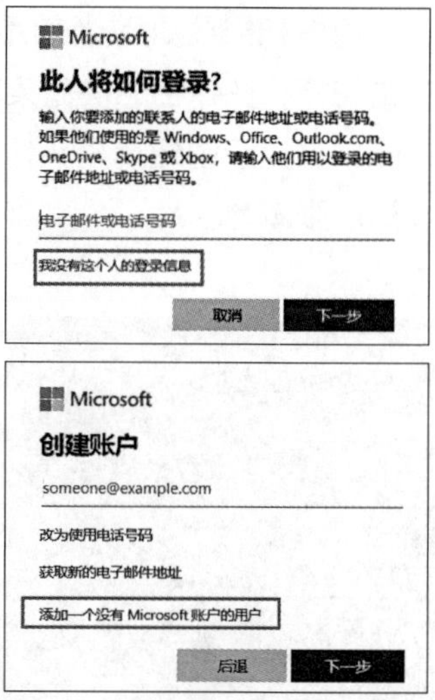

图2-3-10　创建新的用户账户二图

境决定的。如果要为该用户账户设置密码，则必须设置【密码提示】的内容，包括安全问题和你的答案，该内容有助于用户找回密码，如图2-3-11所示，点击【下一步】按钮即可创建一个新账户，该新账户显示在【设置】窗口，如图2-3-12所示。

图2-3-11　创建新的用户账户三图

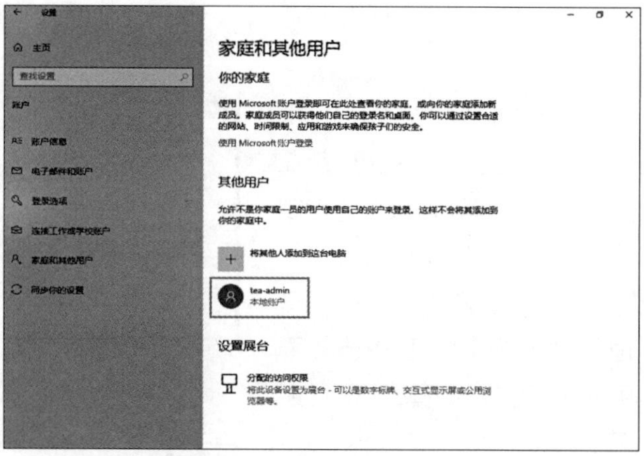

图2-3-12　创建新的用户账户四图

4. 切换账户

上一小节已经创建了一个新的“tea-admin”账户，现在从当前账户切换到该新账户，只要在【开始】菜单中，单击当前用户的图标，在弹出的快捷菜单中选择其他账户“tea-admin”，如图2-3-13所示。

5. 更改用户账户的头像、名称、密码和账户类型以及删除账户

在系统中创建的用户账户默认不包含头像，用户可以自行设置头像。此外用户还可以随时修改用户账户的名称和账户类型。

用户如果要更改当前用户“tea-admin”的头像，只要在【开始】菜单中，单击当前用户的图标，在弹出的快捷菜单中选择【更改账户设置】命令，打开【账户信息】设置窗口，在右侧根据提示创建用户头像，如图2-3-14所示。可以立即使用相机拍照上传一个照片，也可选择一张本地图片。

图2-3-13　切换用户图

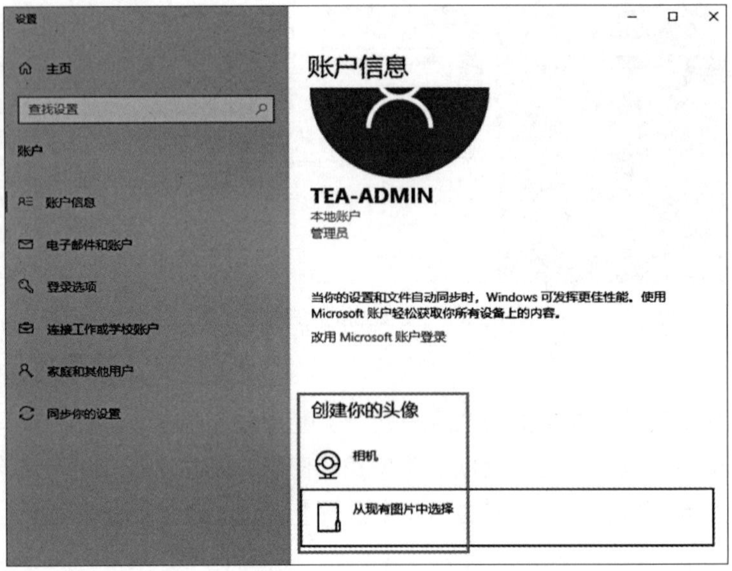

图2-3-14　创建用户头像图

更改用户账户的名称、密码、账户类型和删除用户都在同一个地方修改，进入【控制面板】->【用户账户】选项->【用户账户】选项->单击【管理其他账户】命令->选择要更改的用户，如图2-3-15所示。

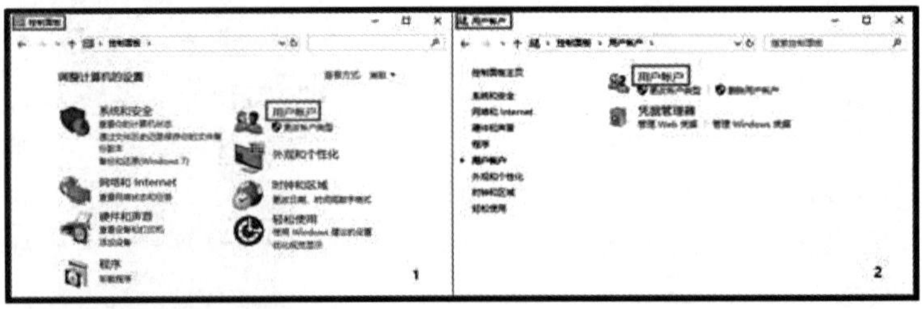

图2-3-15　更改用户账户属性操作图

在【更改账户】窗口下，既可对该账户更改账户名称、修改密码、更改账户类型为标准账户或者管理员账户，还可以删除账户，如图2-3-16所示。

图2-3-16　【更改账户】窗口图

四、Windows 10程序管理

Windows操作系统中的程序包含了硬件设备的驱动程序、用户自安装的应用程序，还有Windows系统功能，本节对Windows 10程序的安装与管理做简单介绍。

1. 硬件设备驱动程序

设备驱动程序（Device Driver）是一组可以让计算机硬件设备和操作系统之间相互通信的特殊程序。驱动程序工作在操作系统的最底层，相当于硬件的接口，操作系统通过这个接口控制硬件设备的工作。

安装好的Windows 10操作系统已包含大量的硬件设备驱动程序，这些驱动程序存储在“C:\Windows\System32\DriverStore”文件夹里。所以用户在安装完Windows 10操作系统后可能发现，在没有专门安装任何硬件驱动程序的情况下，比如声卡、网卡、显卡等，这些硬件设备都能正常工作。但是偶尔也会出现一些硬件设备不被Windows识别而无法正常工作，究其原因，可能是这些硬件设备过旧，或者是新的设备，Windows 10中没有包含适合这些硬件的驱动程序。此时需要单独安装这些硬件设备的驱动程序。

鼠标右击桌面的【此电脑】图标，在弹出的快捷方式中选择【属性】命令，打开【系统】窗口，在左侧选择【设备管理器】选项，打开【设备管理器】窗口，如图2-3-17所示。

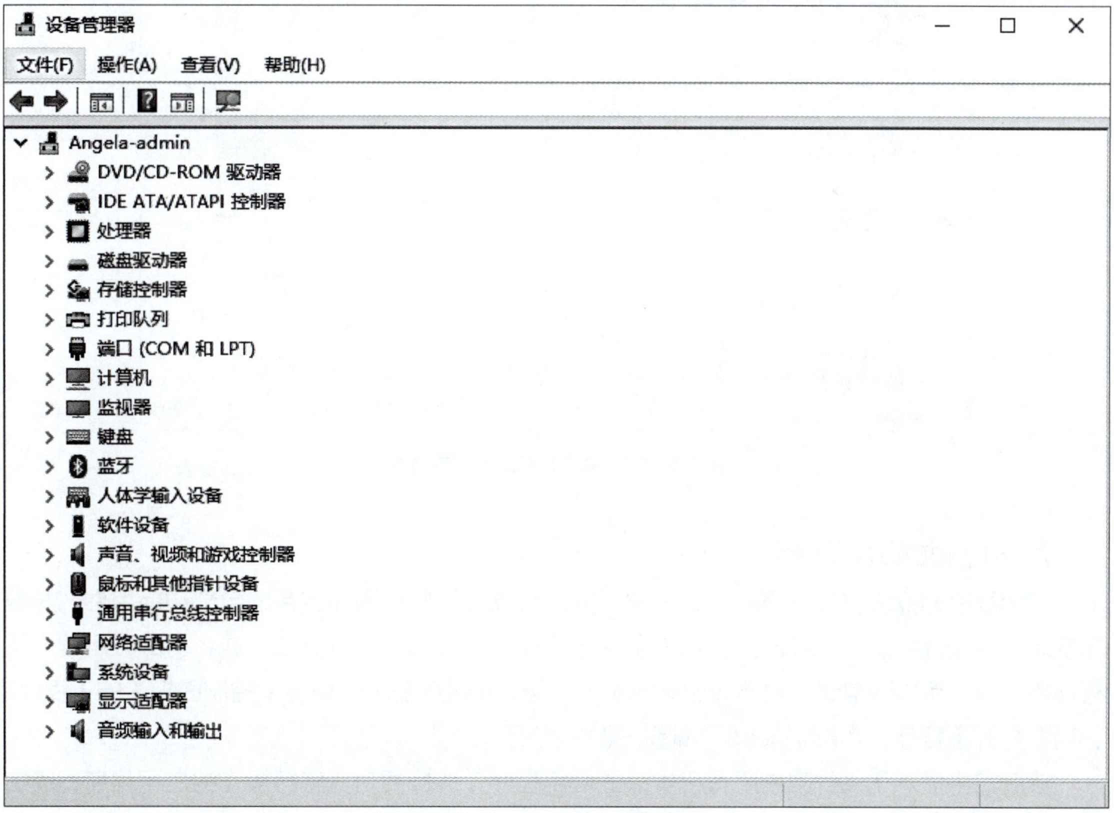

图2-3-17 【设备管理器】窗口

【设备管理器】窗口下列出了本台计算机包含的所有的硬件设备，通过设备管理器用户可以查看所有的硬件设备、检查每个设备是否正常工作、查看设备及其驱动程序的详细信息，还可以启用、禁用或者卸载某个硬件设备，安装和更新某些硬件的驱动程序。

如果在某个设备的图标前面呈现一个黄色的问号，表示该设备没有安装驱动程序；如果呈现一个感叹号，表示该设备驱动程序错误或者安装不正确。若为有问题的硬件设备卸载、重装、更新驱动程序，则选择该设备，右击弹出快捷方式，如图2-3-18所示，根据提示进行下一步操作即可。

图2-3-18　为设备更新驱动程序图

安装和管理硬件设备驱动程序也可借助第三方的应用软件，如图2-3-19所示为某第三方驱动管理软件界面，可以对本机驱动程序进行在线管理、升级，检测核心硬件的温度、对有问题的驱动进行修复。

图2-3-19　第三方驱动管理软件图

2．卸载和更改应用程序

应用程序的安装过程是复杂的，有时候并没有安装到应用程序包含的全部功能组件，导致在使用程序过程中发现功能缺失，用户要对应用程序进行修复或者更改；或者有的应用程序不再使用，用户可以对其进行删除（又叫卸载），以释放磁盘空间。单击【控制面板】的【程序】选项，打开【程序和功能】窗口，如图2-3-20所示。

该窗口中显示了系统当前所有已安装的应用程序，选择要对其进行操作的应用程序，点击列表框上方的【卸载】/【更改】/【修复】命令即可进行操作，也可直接右击该应用程序，根据提示进行下一步操作，如图2-3-21所示。

图2-3-20　在【控制面板】的【程序和功能】窗口图

图2-3-21　【卸载】【更改】【修复】程序图

和管理硬件驱动程序一样，对应用程序的安装、卸载和更改也可借助第三方应用软件。如图2-3-22所示为使用第三方程序管理软件对系统安装的应用程序进行管理。

图2-3-22　第三方程序管理软件界面图

3. 添加和删除Windows系统功能

在Windows 10系统中自带许多功能，但是在安装操作系统时并没有完全安装所有功能；而系统在开启时会默认开启很多Windows功能，导致有些低配置的计算机无法很好地运行Windows 10系统。用户可以根据需求对Windows功能进行启用和关闭。

单击【控制面板】的【程序】选项，打开【程序和功能】窗口，单击左侧的【启用或关闭Windows功能】命令，打开【Windows功能】窗口，如图2-3-23所示。

图2-3-23　【Windows功能】窗口图

该窗口中显示了Windows 10所包含的所有功能。如果其中某一个功能的左侧显示一个【+】按钮则表示该功能还包含子功能，单击此【+】按钮展开显示子功能。用户可以勾选或者取消勾选某个功能前面的复选框，来表示要启用或者关闭某个Windows功能。

4. 设置语言和输入法

在Windows 10中文版的操作系统中，系统默认的输入法是微软拼音输入法。输入法就是用户在操作时向系统中输入内容的工具，是依附在某种语言之下的，即使当前系统下只有一种显示语言，用户也可为其添加其他种类的语言。用户也可以在系统中安装其他输入法，以便在文本编辑工具中获得不同的输入体验和不同的文字显示效果，比如在Windows 10中文版操作系统中安装拼音输入法或者五笔输入法。

在【Windows 设置】窗口中选择【时间和语言】选项，打开【区域和语言】的设置窗口，如图2-3-24所示。

图2-3-24 【区域和语言】的设置窗口图

除了中文以外，用户可以单击【添加语言】按钮，选择要添加的其他国家的语言，如图2-3-25所示。系统就会自行安装所选语言的输入法，稍后会重启计算机完成安装。

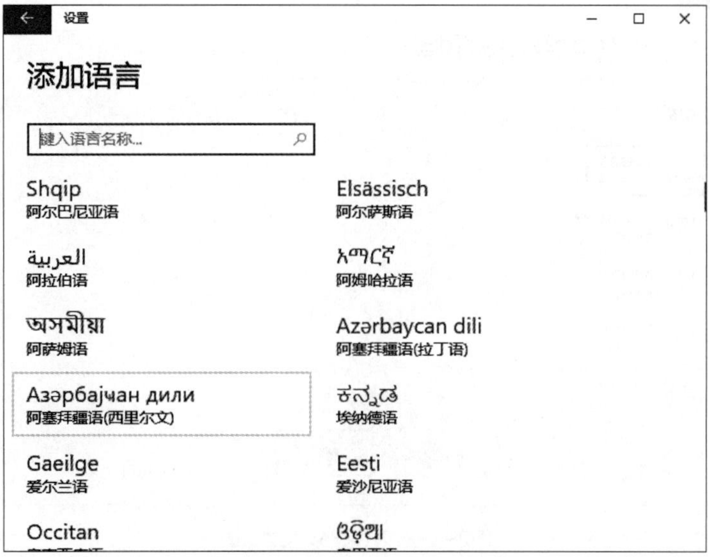

图2-3-25　添加语言设置图

安装完某种语言的输入法之后，可以在任务栏中单击输入法的图标进行切换，也可按【Windows+Space】或【Ctrl+Shift】组合键依次在各输入法之间进行切换。

如果系统已安装多个输入法，有时用户只想在任务栏的输入法图标处保留几个常用的输入法，可以在【区域和语言】设置窗口下，点击当前的【Windows显示语言】选项的【选项】按钮，例如“中文（中华人民共和国）”，如图2-3-26所示。

图2-3-26　设置输入法一图

进入【中文】设置界面，可以对不再需要的输入法进行删除，比如单击【微软五笔】选项，点击【删除】按钮；也可以单击【添加键盘】选项，添加一种输入法，如图2-3-27所示。

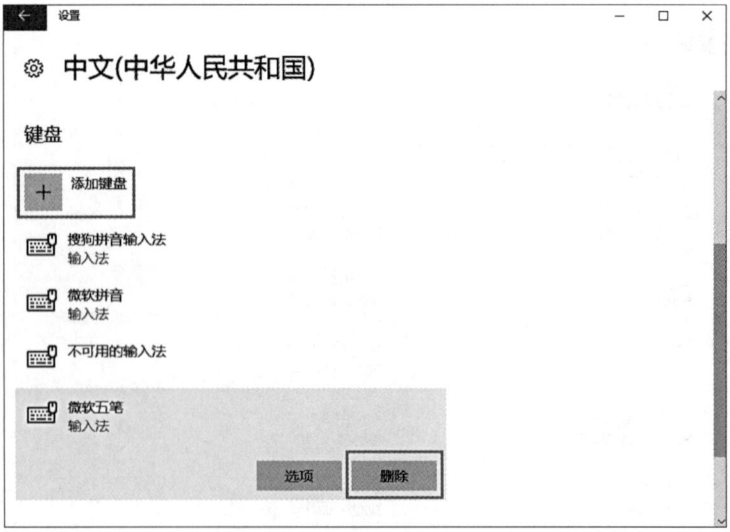

图2-3-27　设置输入法二图

项目三

03 Word 2016 文档编辑与排版

知识目标

❶ Word 2016 的启动与退出。
❷ Word 2016 中文档的创建、打开、保存和打印。
❸ Word 2016 中文本的输入、选定、复制、移动、查找与替换等基本的编辑技术。
❹ Word 2016 中文字格式、段落设置、页面设置和分栏等基本的排版技术。
❺ Word 2016 中表格的制作、修改，表格中文字的排版和格式设置等。
❻ Word 2016 中图形或图片的插入，图形的绘制和编辑。
❼ Word 2016 中邮件合并和长文档排版等高级应用。

能力目标

❶ 掌握 Word 2016 中文字处理的基本知识。
❷ 掌握 Word 2016 中文档的编辑与排版。
❸ 掌握 Word 2016 中插入各种对象的方法。

素质目标

❶ 具备实事求是的专业精神和较强的创新意识。
❷ 自觉树立自主学习、写作学习、探究学习的学习意识。
❸ 养成数字化学习与实践创新的习惯，跟上时代发展的步伐。

文字处理软件是常用的办公软件之一，主要用于文字的录入、编辑、排版等，也可以插入图片、表格、图形等对象。目前常用的文字处理软件有微软公司的Microsoft Office Word、金山公司的WPS等。本项目以Microsoft Office Word 2016为例，主要介绍文字处理的基础知识、文档的编辑与排版、在文档中插入各种对象和长文档排版等内容。

任务3.1 制作会议议程

任务描述

吴江三味果园生态农业发展有限公司小田园综合体建设规划会议即将召开了，请你协助秘书小明拟定一份会议议程。有以下几个要求：

（1）对会议的流程进行梳理和规划。

（2）文档录入、编辑。

（3）设置文档格式，做出精美的会议议程。

任务展示

本次任务完成后，制作的会议议程，如图3-1-1所示。

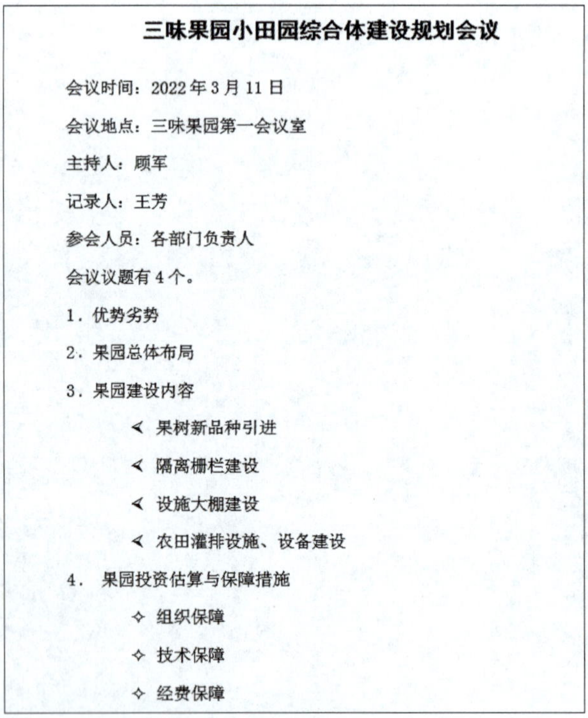

三味果园小田园综合体建设规划会议

会议时间：2022 年 3 月 11 日

会议地点：三味果园第一会议室

主持人：顾军

记录人：王芳

参会人员：各部门负责人

会议议题有 4 个。

1．优势劣势

2．果园总体布局

3．果园建设内容

➢ 果树新品种引进

➢ 隔离栅栏建设

➢ 设施大棚建设

➢ 农田灌排设施、设备建设

4． 果园投资估算与保障措施

✧ 组织保障

✧ 技术保障

✧ 经费保障

图3-1-1　会议议程图

任务分解

分析上面的工作情境，我们需要完成下列任务：

（1）文档的基本操作。

（2）会议议程内容的输入。

（3）设置文本的字体、段落格式。

（4）添加项目符号。

（5）保存关闭文档。

完成思路

制作会议议程有两种方式：一种是利用联机文档，需要在联网状态下才能完成，但对于制作者来说非常简单，只需要修改相应的一些内容就可以了；另一种是纯制作，从一个空白文档开始，要求制作者对Word 2016操作相当熟练，并且具有一定的审美，这样制作出来的会议议程会更加出彩。

若采用纯制作方式创建会议议程，可以按下列步骤完成：

（1）创建文档：启动Word 2016创建一个空白文档。

（2）输入文本：输入会议议程的相关内容。

（3）格式设置：设置文本的字体、段落格式。

（4）添加项目符号：添加相应的项目符号。

（5）保存、保护文档：按需要保存在硬盘具体位置，注意文档名的命名规则。

（6）保护文档：制作的会议议程若不希望被别人修改，可以进行修改保护。

（7）关闭文档：会议议程制作完成后，关闭文档。

任务实现

一、知识导航

1. 新建Word 2016

新建Word 2016文档有以下三种方法：

（1）在Windows中，单击桌面左下角的Windows徽标，把鼠标移动到程序列表上，滑动鼠标滚轮，让程序列表滑动到W开头，找到并单击 Word 程序，启动Word 2016，如图3-1-2所示。

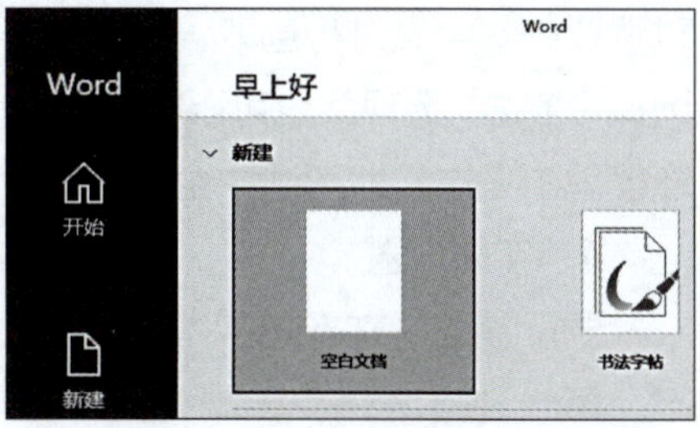

图3-1-2 Word 2016启动窗口

（2）通过桌面快捷方式图标启动。双击桌面上的 Word 2016快捷方式图标，再单击“空白文档”按钮，同样可以新建一个Word文档。如果桌面上没有 Word 2016快捷方式图标，可按如下步骤添加：单击“开始”→“所有程序”菜单，右击 Word 2016，在弹出的快捷菜单中依次执行“发送到”→“桌面快捷方式”命令。这时，桌面上就会出现 Word 2016快捷方式图标。

（3）打开已有的 Word 文档。双击计算机中已保存的 Word 2016文档，即可启动程序并打开相应的文档，再按“Ctrl+N”即可新建一个Word 2016文档。还可以在空白位置通过单击鼠标右键，在弹出的快捷菜单中选择“新建”→“DOCX文档”命令，新建一个 Word 2016文档。

2. 输入文本

按住“Ctrl”键不放，再按“Shift”键切换到自己熟悉的输入法输入上图中的文本，打字速度慢的同学可以自己下载“金山打字通”软件练习打字。

3. 格式设置

要编辑和修改文档，首先要学会如何选择文本，在 Word 2016中选择文本的方法有很多而且也非常灵活，下面介绍几种常用的方法。

（1）通过拖动鼠标选择文本。将光标定位到要选择的文本的开始位置，按住鼠标左键不放，拖动到要选择的文本的结束位置，然后松开鼠标左键（或者按住“Shift”键，单击要选择的文本的结束位置），即可选中一块连续的文本区域。这个方法对连续的字、句、行、段的选择都适用。

（2）行的选择。如果觉得使用拖动鼠标的方法选择一行文本是件麻烦的事，那就把鼠标指针移动到行的左侧选择区，当它变成一个指向右上方的箭头时，单击即可选中这一行。如果想选择连续的多行文本，可在单击选择首行（或末行）文本时按住鼠标左键不放，向下（或向上）拖动，在目标位置松开鼠标左键。

（3）段落的选择。选择一段：在段落中的任意位置连续单击三次，就可以选中整个段落。也可将鼠标指针移到段落左侧的选择区，双击即可选中整个段落。还可以通过拖动鼠标的方法选择整个段落。要选择连续的段落：把光标定位到第一段的开始位置，按住“Shift”键的同时单击最后一段的结束位置。要选择不连续的段落：首先选择一个段落，然后按住“Ctrl”键的同时，用拖动鼠标的方法选取需要的段落。

（4）矩形选取。按住“Alt”键不放，单击要选取的文本的开始位置，按住鼠标左键向下拖动，拉出一个矩形选择区域，然后依次松开鼠标左键和“Alt”键。

（5）全文选取。在编辑文档的过程中，常常要对文档中的所有文本进行相同的操作，这时就要先对全文进行选取。单击“开始”选项卡→“编辑”组→“选择”按钮，在下拉列表中选择“全选”选项；也可以按“Ctrl + A”组合键；还可以将鼠标指针移到段落左侧的选择区，连续单击三次，即可选中全文。

4. 字体设置

要设置选中文本的字体格式主要有三种方法：

第一种方法是单击“开始”选项卡，在如图3-1-3所示的“字体”组中选择相应的命令按钮。

第二种方法是选中一段文本后会自动弹出简易的“开始”选项卡（图3-1-4），再选择相应的命令按钮。

第三种方法是单击“字体”组右下角的“字体”对话框按钮（也指向选中的文本右击鼠标，在弹出的下拉列表中选择“字体”命令），弹出如图3-1-5所示的“字体”对话框，再在对话框中选择所需的字体、字号、颜色、下划线、着重号等项目。

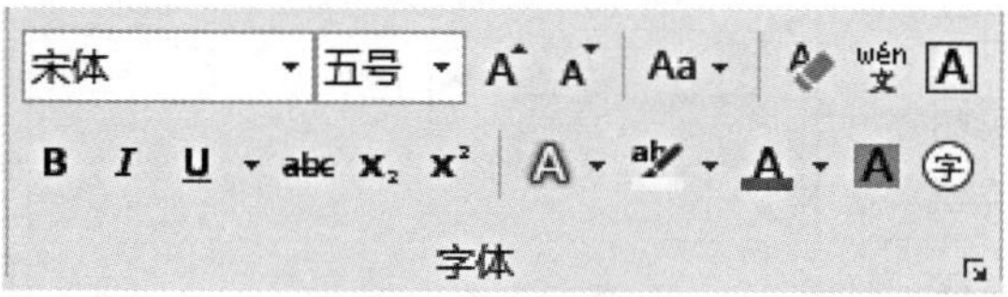

图3-1-3　“字体”组

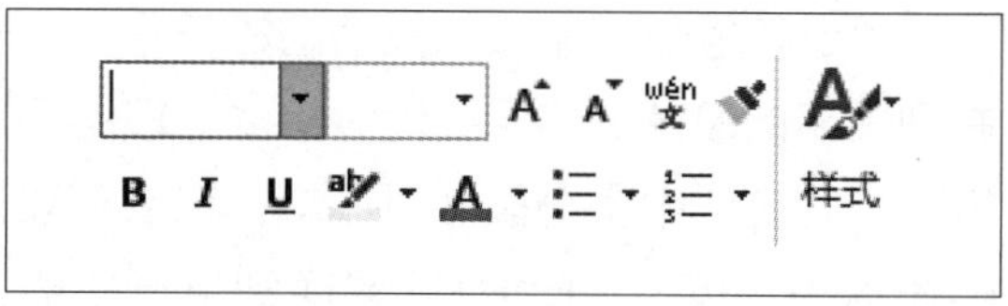

图3-1-4　简易“开始”选项卡

图3-1-5　“字体”对话框

5. 段落设置

要设置段落格式，首先要选中相应的段落（如果只是设置一个段落的格式，只要把光标在这一段任何地方单击即可设置，不用选择这一段），设置段落格式主要有两种方法：第一种方法是在图3-1-6所示的“段落”组选择相应的命令；第二种是单击“段落”组右下角的“段落”对话框按钮（也指向选中的文本右击鼠标，在弹出的下拉列表中选择“段落”命令），弹出如图3-1-7所示的“段落”对话框，再在对话框中选择所需的对齐方式、缩进、特殊格式、间距、行距等项目。

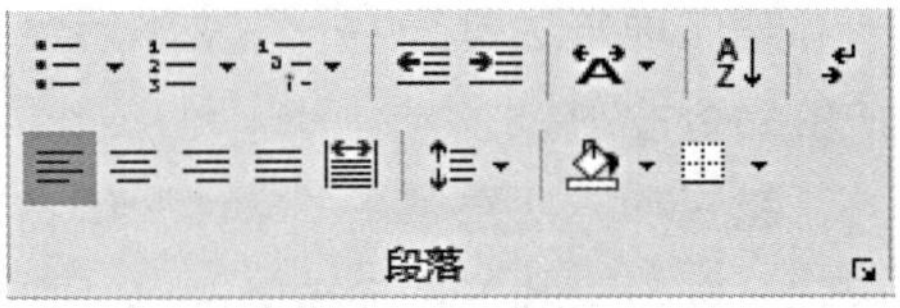

图3-1-6 “段落”组

6. 添加项目符号

项目符号是指添加在段落前的符号，一般用于并列关系的段落。如果要同时给多个段落添加项目符号，则先选中多个段落再添加。在含有项目符号的段落中，按下“Enter”键换到下一段时，会在下一段自动添加相同样式的项目符号，如果直接按下“Backspace”键或者再次按“Enter”键，可以取消自动添加项目符号。添加项目符号的方法是先选中段落，再单击段落组右上角的项目符号向下按钮，在弹出的项目符号库中选择相应的符号即可。如果在项目符号库中没有相应的符号，则需单击“定义新项目符号”命令，弹出如图3-1-8所示的“定义新项目符号”对话框，单击“符号”命令，弹出如图3-1-9所示的“符号”对话框，选择相应的符号，单击“确定”“确定”按钮。如果相应的项目符号没有显示，再操作一遍即可。

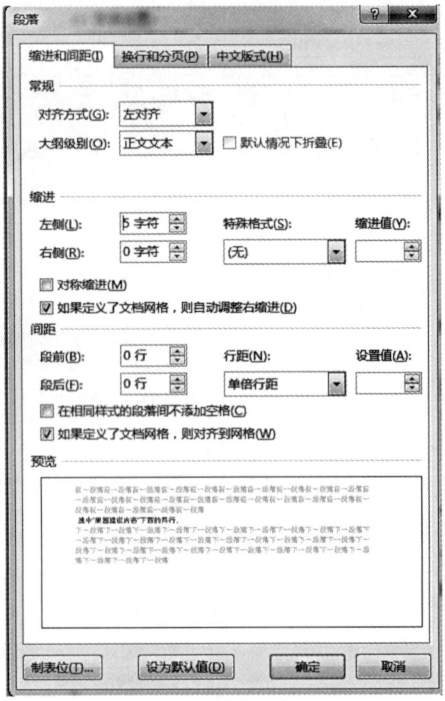

图3-1-7 “段落”对话框

7. 保存、保护文档

按需要将文档保存在磁盘具体位置时，要注意文档名的命名规则。保护文档：制作的会议议程若不希望被别人修改，可以进行修改保护。单击“文件”选项卡，再单击“保护文档”下面的向下按钮，弹出如图3-1-10所示的5个保护文档选项，选择“用密码进行加密”选项，则可设置打开该文档的密码，下次打开这个文档必须输入密码，从而起到保护的作用。

8. 关闭文档

会议议程制作完成后，关闭文档。

退出 Word 2016应用程序的方法有很多，主要有以下几种方法：

（1）单击标题栏中的“关闭”按钮。如果要关闭Word 2016文档，可以直接单击标题栏右侧的“关闭”按钮 。

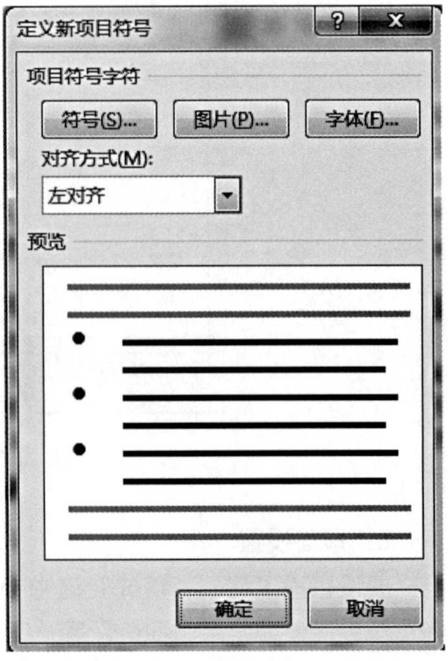

图3-1-8 “定义新项目符号”对话框

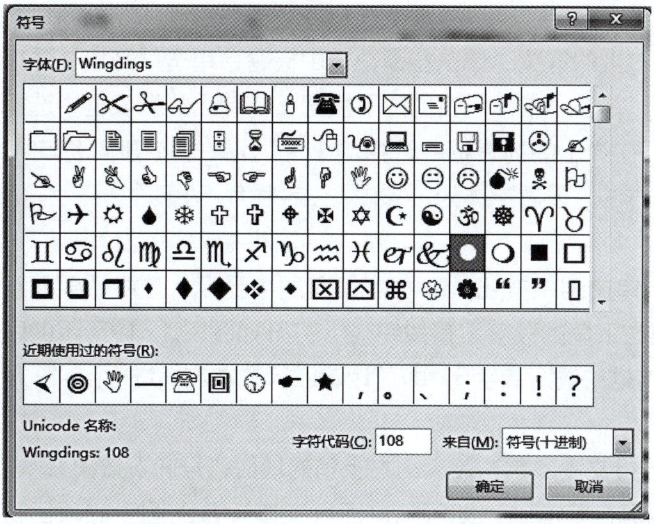

图3-1-9　“符号”对话框

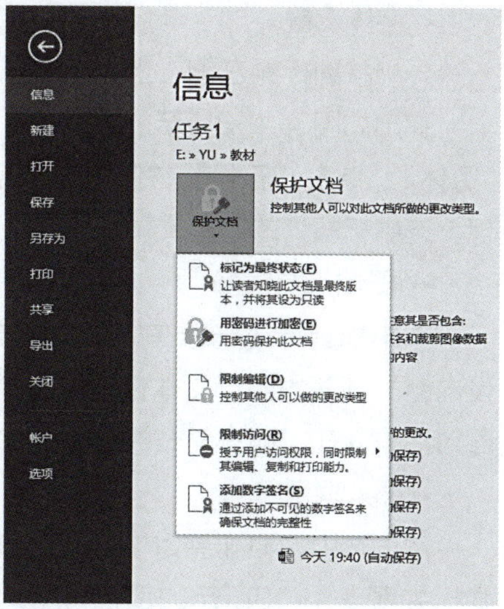

图3-1-10　保护文档选项

（2）单击“文件”选项卡中的“关闭”按钮。在对文档处理完成后，选择文档窗口中的“文件”选项卡，单击“关闭”按钮，即可退出程序。

提示

如果对文档进行了修改但没有保存，在关闭文档时屏幕上会出现如图3-1-11所示的提示对话框，可根据需要选择相应的选项，默认选项为保存。

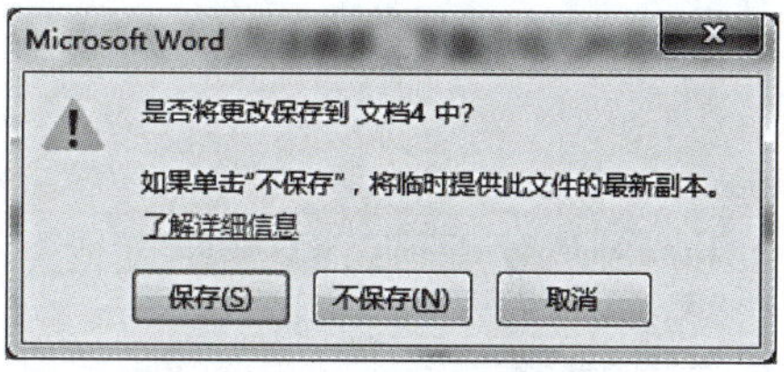

图3-1-11　提示对话框

（3）通过快捷菜单关闭。右击Word 2016窗口的标题栏，在弹出的快捷菜单中执行“关闭”命令，即可退出程序。

（4）使用快捷键关闭。按“Alt + F4”组合键，也可以关闭 Word 2016文档。

注意：若同时打开了多个Word 2016文档，上述“关闭”命令只能关闭当前文档，若要退出Word 2016文档，需要关闭所有Word 2016文档。

二、操作步骤

（1）启动Word 2016创建一个空白文档。采用第1种方法，先启动Word 2016，再单击“空白文档”选项，即可新建一个空白文档。

（2）按照会议议程依次输入会议内容。

（3）格式设置。

• 字体设置

光标移到标题左侧，当光标变成朝右上的箭头时单击左键，选中标题；单击“开始”选项卡，弹出如图3-1-3所示的“字体”组，单击“宋体”右侧向下按钮，在弹出的列表框中选择“黑体”，单击“五号”右侧向下按钮，在弹出的列表框中选择“小二”，单击按钮 B 即可加粗。选中标题外的所有文本，依照上述方法，设置字体为“宋体”、字号为“小四”。

• 段落格式设置

选中标题行或光标在标题行单击，单击居中按钮，标题即可居中显示；选中“果园建设内容”下面的四行文本，单击段落组右下角的段落设置按钮，打开如图3-1-12所示的段落对话框，在“缩进”-“左侧”的文本框中输入数字5，即可让这四行文本左缩进5个字符。

• 插入项目符号

依旧选中“果园建设内容”下面的四行文本，单击段落组右上角的项目符号向下按钮，弹出如图3-1-13所示的项目符号对话框，单击，即可给这四行文本设置上图中的项目符号。同样的方法可以设置“果园投资估算与保障措施”下面三行文本的项目符号。

• 保存、保护文档

由于是刚刚新建的文档，对文档内容进行了修改，所以必须把文档保存到硬盘上，这样文档才不会丢失。单击左上角保存按钮，再单击“浏览”按钮弹出如图3-1-14所示的“另存为”对话框。在 组织 下面的列表框中，往下拖动滚动条，选择“D：”下面的“会议”文件夹，文件名默认为标题文字，也可自己输入文件名，最后单击“保存”按钮，即完成了文档的保存操作。

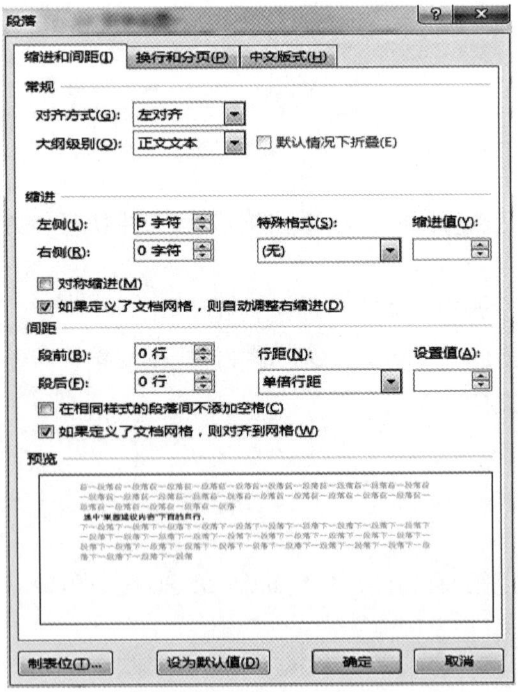

图3-1-12 段落对话框

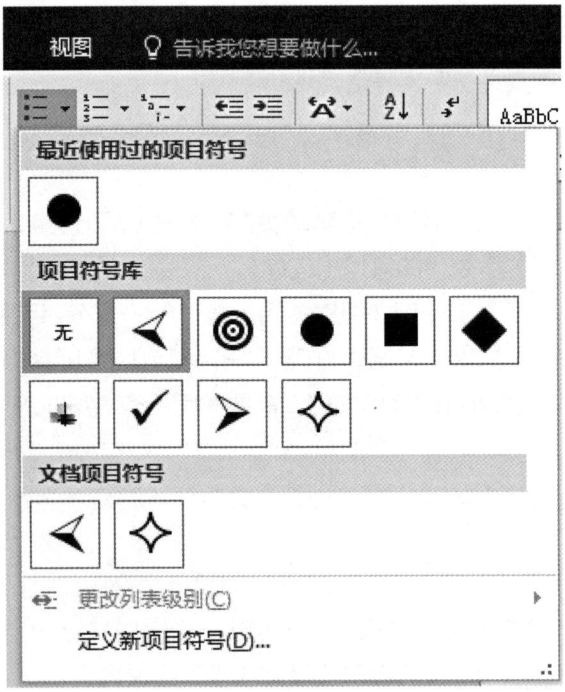

图3-1-13 项目符号对话框

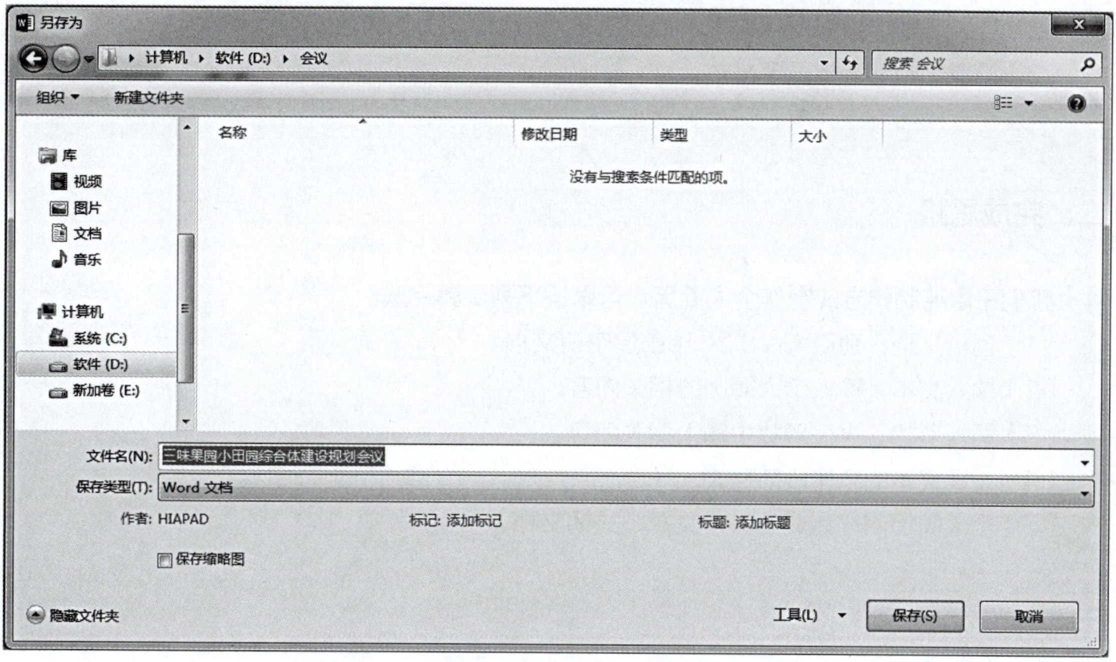

图3-1-14　“另存为”对话框

• 关闭文档

制作会议议程结束，需要把文档关闭。最简单的操作是单击Word 2016右上角的关闭按钮×。

能力拓展

根据以上学习的知识，以及掌握的技能，依照图3-1-15所示，制作一份个人简历。

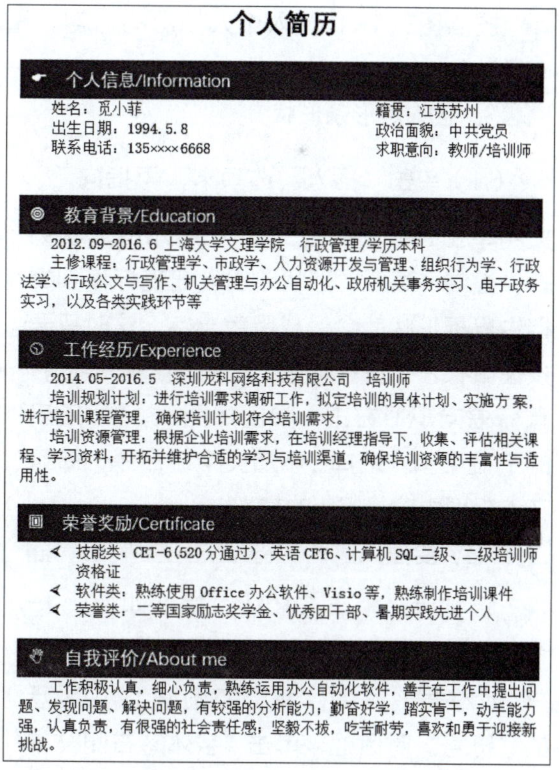

个人简历

个人信息/Information

姓名：觅小菲　　籍贯：江苏苏州
出生日期：1994.5.8　　政治面貌：中共党员
联系电话：135××××6668　　求职意向：教师/培训师

教育背景/Education

2012.09-2016.6 上海大学文理学院　行政管理/学历本科
主修课程：行政管理学、市政学、人力资源开发与管理、组织行为学、行政法学、行政公文与写作、机关管理与办公自动化、政府机关事务实习、电子政务实习，以及各类实践环节等

工作经历/Experience

2014.05-2016.5　深圳龙科网络科技有限公司　培训师
培训规划计划：进行培训需求调研工作，拟定培训的具体计划、实施方案，进行培训课程管理，确保培训计划符合培训需求。
培训资源管理：根据企业培训需求，在培训经理指导下，收集、评估相关课程、学习资料；开拓并维护合适的学习与培训渠道，确保培训资源的丰富性与适用性。

荣誉奖励/Certificate

- 技能类：CET-6（520分通过）、英语CET6、计算机SQL二级、二级培训师资格证
- 软件类：熟练使用Office办公软件、Visio等，熟练制作培训课件
- 荣誉类：二等国家励志奖学金、优秀团干部、暑期实践先进个人

自我评价/About me

工作积极认真，细心负责，熟练运用办公自动化软件，善于在工作中提出问题、发现问题、解决问题，有较强的分析能力；勤奋好学，踏实肯干，动手能力强，认真负责，有很强的社会责任感；坚毅不拔，吃苦耐劳，喜欢和勇于迎接新挑战。

图3-1-15　个人简历

一、任务分解

分析这份个人简历，我们需要完成下列任务：

（1）创建一个空白文档，输入个人简历中的文本。

（2）插入形状，再在形状中输入相关信息。

（3）设置文档的字体段落格式。

（4）个人简历制作完成，保存关闭。

二、完成思路

我们采用纯制作方式制作个人简历，可以按下列步骤完成：

（1）创建文档：利用Word 2016创建空白文档。

（2）输入文本：输入个人简历的相关内容。

（3）插入形状，再在形状中输入相关信息。

（4）设置文本的字体段落格式。

（5）个人简历制作完成后保存文档，关闭文档。

三、操作步骤

1. 创建空白文档

先启动Word 2016，再单击“空白文档”选项，即可新建一个空白文档。

2. 输入内容

按照图3-1-15输入个人简历的内容。先输入“个人简历”，按两下回车键，可以空出一行。

3. 插入矩形条形状

（1）单击“插入”选项卡，再指向形状按钮单击，弹出如图3-1-16所示的形状列表，指向“矩形”形状单击，把光标移到文档中光标形状就会变成黑色十字，这时只要按住鼠标左键并拖动鼠标往右画一个矩形，鼠标指向矩形右击，弹出如图3-1-17所示的下拉菜单，选择“添加文字”命令，即可在该矩形中输入相应的文本。

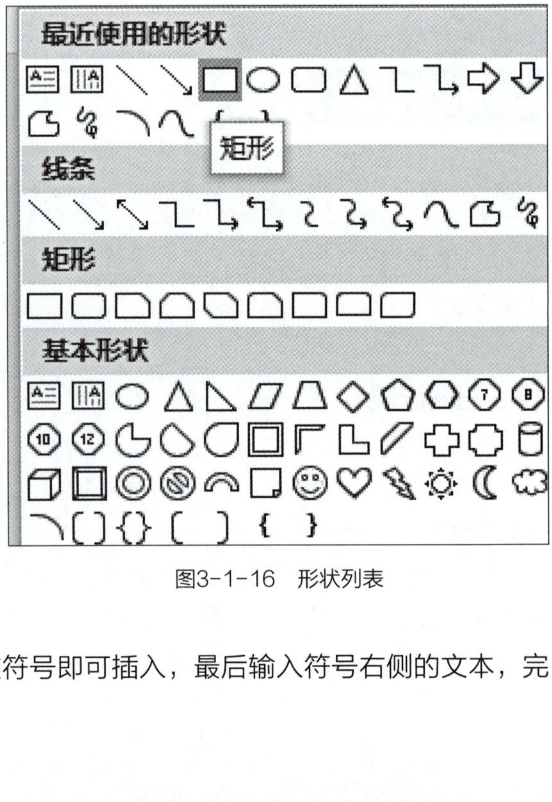

图3-1-16 形状列表

（2）要插入“☛”符号，只要单击“插入”选项卡，单击Ω符号按钮，弹出如图3-1-18所示的“插入符号”对话框，再单击“其他符号”命令，弹出如图3-1-19所示的“符号”对话框，单击“字体”右侧文本框中的向下按钮，把滚动条拖到底，选择“Wingdings 2”选项即可找到该符号，双击该符号即可插入，最后输入符号右侧的文本，完成矩形条的制作。

（3）下面三个矩形形状大家可以选中刚完成的矩形条，单击“开始”选项卡中的“复制”命令，然后单击三下“粘贴”，即可复制出三个矩形条，依次把它们拖到相应位置，再修改一下矩形条中的文本。最后在每个矩形条下输入相应的文本。

（4）格式设置。

①字体格式设置选中标题“个人简历”，单击“开始”选项卡，在“字体”组中，单击“宋体”右侧向下按钮，在弹出的列表框中选择“黑体”，单击“五号”右侧向下按钮，在弹出的列表框中选择“小二”，单击按钮 B 即可加粗。光标移到“个人信息”这一行左侧，当光标变成朝右上的箭头时，单击左键选中这一行，同时按住“Ctrl”键不放，依次移到下面三个矩形条左侧选中其他三行文本，依照上述方法，设置字体为“宋体”、字号为“三号”。最后设置正文文本为“宋体”“小四”。

②段落格式设置选中标题行或光标在标题行单击，单击“段落”级组中的居中按钮，标题即可居中显示；依次选中矩形条下面的文本，单击段落组右下角的段落设置按钮，打开如图3-1-12所示的段落对话框，单击“特殊格式”下面的向下按钮，选择“首行缩进”，使正文文本首行缩进2个字符。最后选择“荣誉奖励”矩形条下面的三行，单击段落组右上角的项目符号向下按钮，在项目符号对话框中，单击，即可给这三行文本设置对应的项目符号。

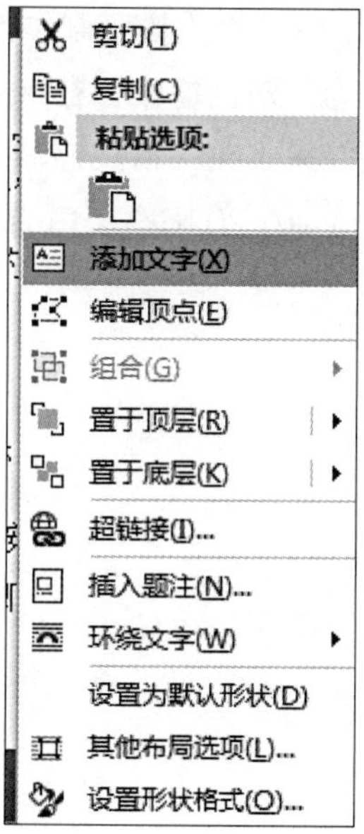

图3-1-17　形状下拉菜单

图3-1-18　“插入符号”对话框

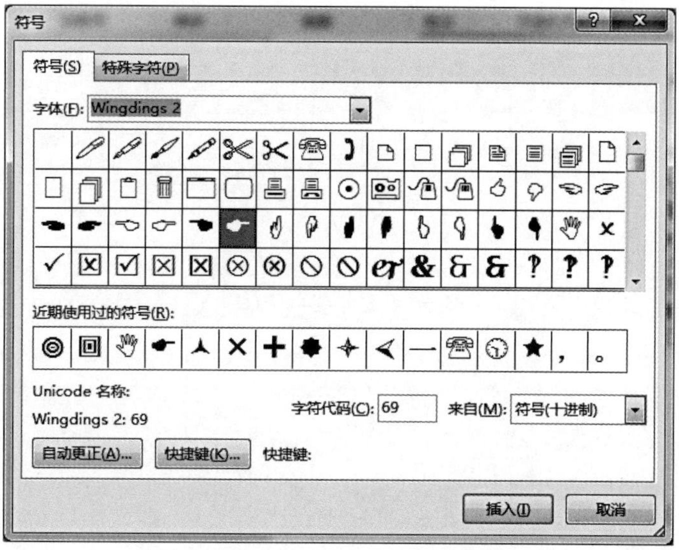

图3-1-19　“符号”对话框

（5）个人简历制作完成。单击左上角的保存按钮，再单击“浏览”按钮，在弹出的“另存为”对话框中，在组织▾下面的列表框中，往下拖动滚动条，选择“D：”下面的“会议”文件夹，文件名我们输入“任务1”，最后单击“保存”按钮，即完成了文档的保存操作。单击Word 2016右上角的关闭按钮，关闭Word 2016，结束本次操作。

任务3.2 制作项目建设预算表

任务描述

吴江三味果园生态农业发展有限公司小田园综合体建设规划即将申报，请你协助秘书小张制作一张项目建设预算表。有以下几个要求：

（1）按样张制作表格。

（2）表格文字的录入、编辑。

（3）设置表格格式，做出精美表格。

任务展示

本次任务完成后，制作的表格，如图3-2-1所示。

项目建设预算表

序号	功能区	建设内容	项目名称	总价（万元）	备注
1	林果生产区	果树新品种引进	引进优良葡萄、桃树等新品种	5.0	
2		设施大棚建设	连栋大棚建设	100.0	8000m²
3		农田灌排设施、设备建设	改建泵房一座	4.0	含水泵
4			铺设到农田的进水管道	7.0	PVC管、滴管
5	垂钓区	现有园内水面改造、升级	池塘开挖、整理	16.0	约3.5亩
6			木桩护岸工程	2.0	
7			架设木桥	4.0	1座
8	茶憩区	棚式茶憩区建设	避雨棚建设	3.0	约300m²
9			地面硬化	2.0	约300m²
10			购置配套桌椅	2.0	
11	停车场（含入园大门）	生态停车场	生态停车场	9.0	约900m²
12		园区入口升级、改造	入口门楼	7.0	
13			入园道路两侧景观美化	2.0	
合计				163	

图3-2-1　项目建设预算表

任务分解

分析上面的工作情境，我们需要完成下列任务：

（1）先制作表格框架。

（2）完成表格文字的录入、编辑。

（3）设置表格格式，做出精美表格。

（4）完成表格中数据的计算。

完成思路

Word 2016不仅可以对文字进行处理，还可以制作表格，如课程表、奖学金评定表、授课计划表、工资表、产品销售统计表等。本任务是制作一张“项目建设预算表”。制作这样的表格大概思路如下：新建一个Word 2016空白文档，输入表格标题，创建表格，录入基本的数据，对表格进行格式化设置，设置边框底纹，利用Word 2016表格提供的公式进行数据统计，还可以对数据进行排序，最后保存关闭。

任务实现

一、知识导航

在Word 2016中制作表格有很多种方式，推荐使用“插入表格”的方法，对初学者来说比较简单，表格制作完成只需要再输入相应的内容就可以了。

1. 创建表格

（1）用“插入表格”对话框创建表格。单击“插入”选项卡→“表格”组→“表格”下拉按钮，弹出如图3-2-2所示的“插入表格”下拉列表，在下拉列表中选择“插入表格”，弹出如图3-2-3所示的“插入表格”对话框，如果要制作上面的预算表，大家只要根据需要输入相应的列数6和行数18，单击“确定”按钮即可创建一张6列18行的空白表格。

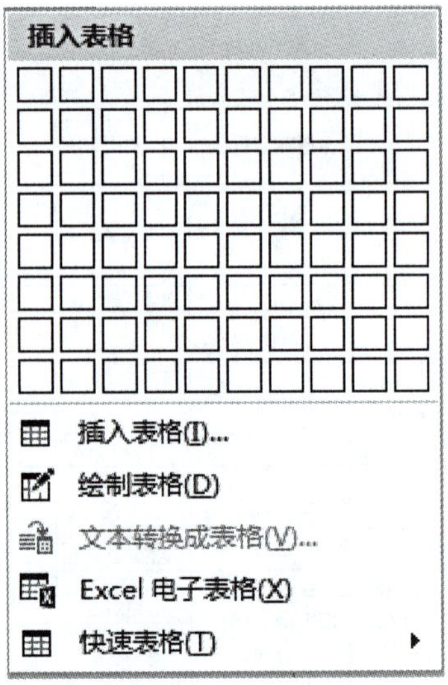

图3-2-2 “插入表格”下拉列表

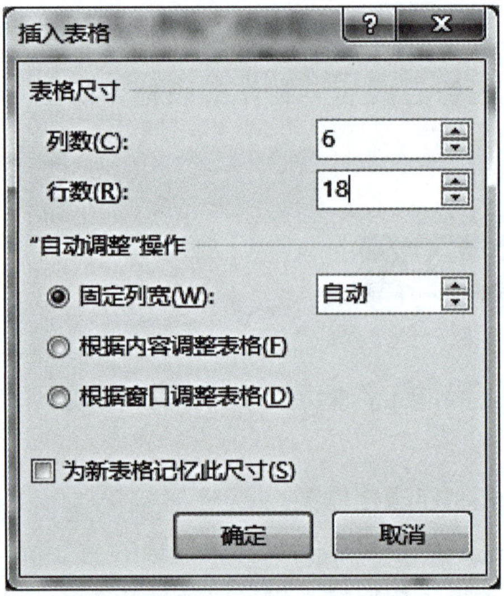

图3-2-3 “插入表格”对话框

注意：输入表格行数和列数时，要记住先输入的是列数，而不是行数。

（2）绘制表格。

①单击“插入”选项卡→“表格”组→“表格”下拉按钮，在下拉列表中选择“绘制表格”选项；

②将鼠标指针移至编辑区，当它变成铅笔的形状时，按住鼠标左键不放，在文档的空白处从左上朝右下拖动鼠标，画一个矩形就可以绘制出表格的外边框；

③按住鼠标左键不放，从左边框向右拖动鼠标到右边框，可在表格中绘制出一条横框线，根据需要，光标移到不同的位置可以画出多条横框线；

④按住鼠标左键不放，从上边框向下拖动鼠标到下边框，可在表格中绘制出一条条竖框线。

（3）用内置网格创建表格。单击“插入”选项卡→“表格”组→“表格”下拉按钮，在下拉列表中将鼠标指针移到内置网格上，如图3-2-4所示的“内置表格”对话框，鼠标指针拖动过的区域变为橙色，同时在网格上方显示选择的列数和行数，文档中也会即时显示插入的表格效果，当显示所需的列数和行数时单击网格，如图3-2-4所示即可将一个8列5行的表格插入文档中。

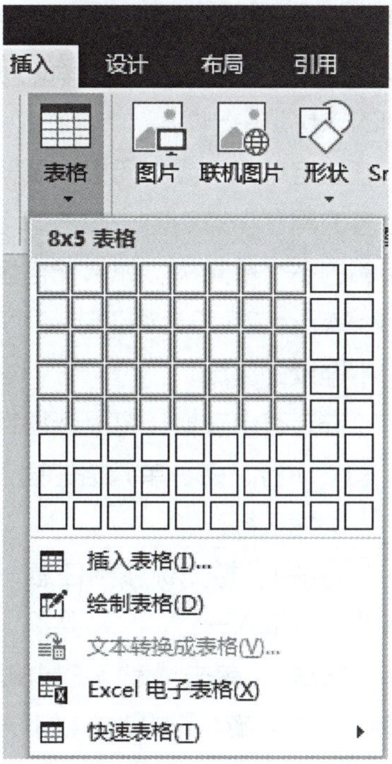

图3-2-4　“内置表格”对话框

（4）将文本转换成表格。Word 2016可以实现文档中的文字与表格间的相互转换，如一次性将多行文字转换为表格，或将表格转换为文字。将文本转换成表格的方法为：选中所需转换的文本，然后单击“插入”选项卡→“表格”组→“表格”下拉按钮，在下拉列表中选择“文本转换成表格”选项，打开“将文字转换成表格”对话框，然后设置表格的列数、文字分隔位置，单击“确定”按钮即可。如果要将表格转换成文字，则选中要转换的表格时，单击“布局”选项卡→“数据”组→“转换为文本”按钮，在打开的对话框中选择文字分隔符，单击“确定”按钮即可。

注意：如果要将表格转换成文字的方法，则选中要转换的表格，表格的标题不要选。

（5）使用快速表格。Word 2016提供了一个快速表格库，其中包含一组预先设计好格式的表格，用户可以从中选择一种表格，这样大大节省了创建表格的时间。操作方法如下：单击“插入”选项卡→“表格”组→“表格”下拉按钮，在下拉列表中选择“快速表格”选项；打开系统内置的快速表格库，根据需要选择一种合适的表格。

2. 编辑表格

（1）数据录入。表格中行和列交叉处的小方格称为单元格，将光标定位在单元格中，可以输入数据；按“Tab”键或方向键可将光标移到下一个单元格中，继续输入内容。在单元格中输入文字的操作与其他文本段落一样，单元格的边界作为文本的边界，当输入内容达到单元格右边界时，文本自动换行，行高也自动调整。在单元格中除了可以输入文字，还可以插入图片、图形、自动序列、图表和表格等。

（2）行、列、单元格和表格的选择。

选定行：将鼠标指针移动到一行的最左端，当它变成指向右上方的箭头时，单击即可选定一行。按住鼠标左键向上或向下拖动，可以选定表中相邻的多行。要选择不连续的行只要按住Ctrl键不放，再指向要选择的行单击即可。也可以从某一行的第一个单元格按住左键不放拖到行的末尾选中一行。

选定列：将鼠标指针移到一列的最上端，当它变成向下的黑色小箭头时，单击即可选定一列。按住鼠标左键向左或向右拖动，可以选定表中相邻的多列。要选择不连续的列只要按住Ctrl键不放，再指向要选择的列单击即可。也可以从某一列的第一个单元格按住左键不放拖到列的末尾选中一列。

选定单元格或单元格区域：将鼠标指针移动到要选定的单元格的左下角，当它变成指向右上方的黑色小箭头时，单击即可选中该单元格。按住鼠标左键向上、下、左、右拖动，可选定相邻的多个单元格，即单元格区域。

Word 2016允许选定多个不连续的区域，方法为按住Ctrl键不放，拖动鼠标可以选中多个不连续的区域。

选定整个表格：将鼠标指针指向表格，单击表格左上角的标记，可选定整个表格。

（3）行、列、单元格的插入。

①插入行。

方法1：将光标移到任意一行的末尾（表格外）单击，再单击一次Enter键，即可在当前行的下方插入一行。

方法2：单击“表格工具|布局”选项卡→“行和列”组→“在上方插入”或“在下方插入”按钮，即可在当前的上方或下方插入一行。

方法3：光标指向某一行右击，在弹出的快捷菜单中选择“插入”→“在上方插入行”或“在下方插入行”命令，即可在当前的上方或下方插入一行。

②插入列。

插入列的方法也很多，与插入行的方法2、方法3类似，不同的是要选择在左侧或右侧插入列。

③插入单元格。

选定某一单元格，单击“表格工具|布局”选项卡→“行和列”组→对话框启动器，或者在右键快捷菜单中执行“插入单元格”命令，打开“插入单元格”对话框，选择“活动单元格右移”或“活动单元格下移”单选按钮，单击“确定”按钮，即可在原来选定的单元格位置插入一个单元格。

提示

“活动单元格右移”表示原来选定的单元格往右边移动一格；“活动单元格下移”表示原来选定的单元格往下边移动一格。

④ 行、列、单元格、表格的删除。

方法1：选择要删除的表格区域，单击“表格工具|布局”选项卡→“行和列”组→“删除”下拉按钮，在下拉列表中选择删除单元格、列、行或者表格。

提示

行、列、表格都可以直接删除，如果要删除的是单元格，则会打开“删除单元格”对话框，选择“右侧单元格左移”或“下方单元格上移”，再单击“确定”按钮。

方法2：选择要删除的区域，按“Backspace”键。

提示

如果按“Delete”键，则清空选定区域中的内容。

方法3：选择要删除的区域，在右键快捷菜单中选择对应的删除命令。

⑤行、列的互换。

在Word 2016中可以轻松实现表格中行与行或列与列的互换，先把光标移到一行的左侧单击，选中整行，指向选中行的第一个单元格，按住左键往上或往下拖动即可实现行与行的互换。列与列互换的方法同上，光标指向某一列上方慢慢往下移动，出现黑色向下箭头时单击，选中整列，指向的是选中列的第一个单元格，按住左键往左或往右拖动即可实现列与列的互换。

注意：要完成行、列的互换，最好在合并或拆分单元格之前完成。

⑥合并和拆分单元格。

在规则表格的基础上，可以通过对单元格的合并和拆分构造比较复杂的不规则的表格。

合并单元格：选中多个连续的单元格，单击“表格工具|布局”选项卡→“合并”组→“合并单元格”按钮，或者在右键快捷菜单中执行“合并单元格”命令，即可将多个单元格合并为一个单元格。

拆分单元格：将光标定位在需要拆分的单元格中，单击“表格工具|布局”选项卡→“合并”组→“拆分单元格”按钮，或者在右键快捷菜单中执行“拆分单元格”命令，打开“拆分单元格”对话框，然后在“列数”和“行数”文本框中输入相应的数字即可拆分单元格。

3. 设置表格格式

（1）自动套用格式。除默认的网格式表格外，Word 2016还提供了很多内置的表格样式，这些表格样式包括边框、底纹、字体、颜色的设置等，使用样式可以快速格式化表格。选定整个表格，单击“表格工具|设计”选项卡→“表格样式”组→内置表格库右下角的“其他”下拉按钮，弹出如图3-2-5所示的“表格样式”下拉列表，图中选的是“网格表4，着色1”内置的表格样式。

样式基准是指当前创建的样式以Word 2016表格库中的样式为基础来创建，换句话说，当前样式将以“样式基准”中所选的样式为格式设置起点来继续设置当前样式的格式。具体方法如下，如果表格已自动套用“网格表4，着色1”表格样式，再单击上图中“修改表格样式”命令，弹出如图3-2-6所示的“修改样式”对话框，在样式基准右侧的文本框中选择需要的样式基准，如图中的“流行型”，单击“确定”按钮。

（2）边框和底纹。除了使用内置的表格样式外，用户还可以自定义表格外观，最常用的是为表格添加边框和底纹。

方法1：通过“表格工具|设计”选项卡进行设置。

添加底纹：选择需要添加底纹的区域，单击“表格工具|设计”选项卡→“表格样式”

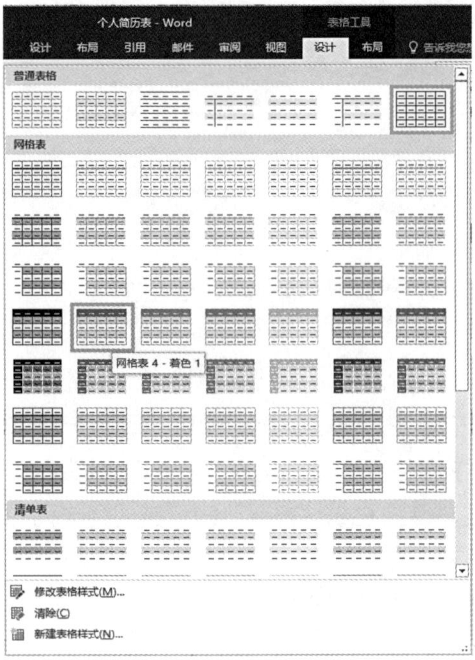

图3-2-5　“表格样式”下拉列表

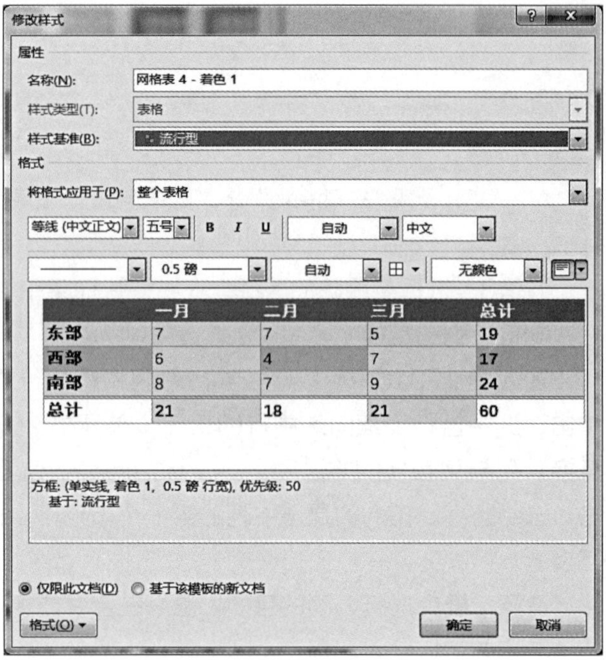

图3-2-6　“修改样式”对话框

组→“底纹”下拉按钮，在下拉列表中选择一种颜色，如图3-2-7中选的“蓝色，个性色1，淡色80%”底纹。

添加边框：选择需要添加边框的区域，在“表格工具|设计”选项卡的“边框”组中进行设置。例如，为表格添加绿色的1.5磅双实线外边框：选中整个表格，单击“笔样式”下拉按钮，选择“双实线”选项；单击“笔画粗细”下拉按钮，选择“1.5磅”选项；单击“笔颜色”下拉按钮，选择“绿色”选项；单击“边框”下拉按钮，选择“外侧框线”选项，如图3-2-7所示即完成了表格边框线的设置。

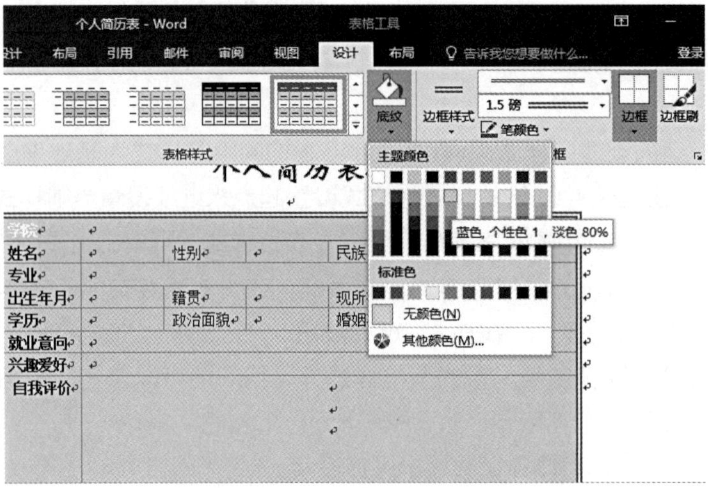

图3-2-7　设置表格边框和底纹

方法2：通过“边框和底纹”对话框进行设置。

选择需要添加底纹或边框的区域，单击“表格工具|设计”选项卡→“表格样式”组→对话框启动器，打开“边框和底纹”对话框，按要求进行设置。例如，设置表格内部框线为红色的1磅单实线：在“边框和底纹”对话框中选择样式为“单实线”，颜色为标准色“红色”，宽度为“1.0磅”，然后在“预览”区域中单击“内部横框线”和“内部竖框线”按钮（要单击两次，先取消原来的框线，然后应用新的框线）。

（3）表格中文本格式的设置。表格中的文本同样可以设置字体、字号、字形、颜色和对齐方式等格式。

设置对齐方式：选中表格内容，单击“表格工具|布局”选项卡，在如图3-2-8所示的“对齐方式”组中选择所需的对齐方式，共有9种对齐方式，从上到下依次是“靠上”“中部”“靠下”，从左到右是“两端对齐”“居中”“右对齐”，中间那个叫“水平居中”，其实不仅是水平居中，并且是垂直居中。

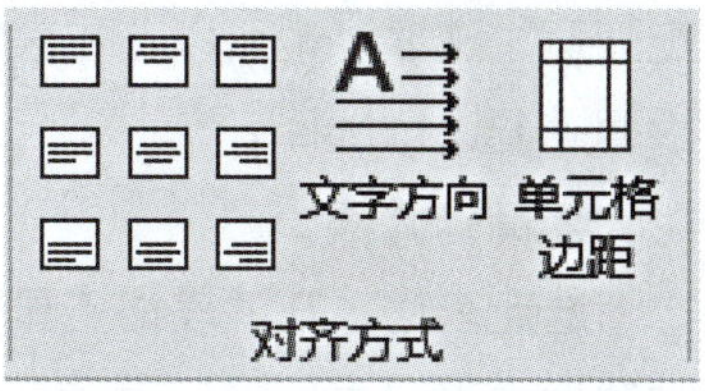

图3-2-8 “对齐方式”组

设置单元格边距：选中表格，单击“表格工具|布局”选项卡→“对齐方式”组→“单元格边距”按钮，打开“表格选项”对话框，可以设置单元格边距。

提示

单元格边距是指单元格中的内容与边框的距离；单元格间距是指单元格之间的距离。

（4）调整表格的位置和大小。

①粗调。

调整表格大小：将鼠标指针移到表格上，表格的右下角出现一个拖动标记，单击该标记，按住鼠标左键拖动，可以改变整个表格的大小，单元格的大小也会跟着改变。

②调整表格位置：单击表格左上角的图标，按住鼠标左键拖动，即可调整表格的位置。

③精确调整。

将光标定位到表格中的任意位置，单击“表格工具|布局”选项卡→“表”组→“属性”按钮，或者在右键快捷菜单中执行“表格属性”命令，打开如图3-2-9所示的“表格属性”对话框。在“表格”选项卡中选择“指定宽度”复选框，设置行的宽度；还可以设置表格的对齐方式和文字环绕方式。

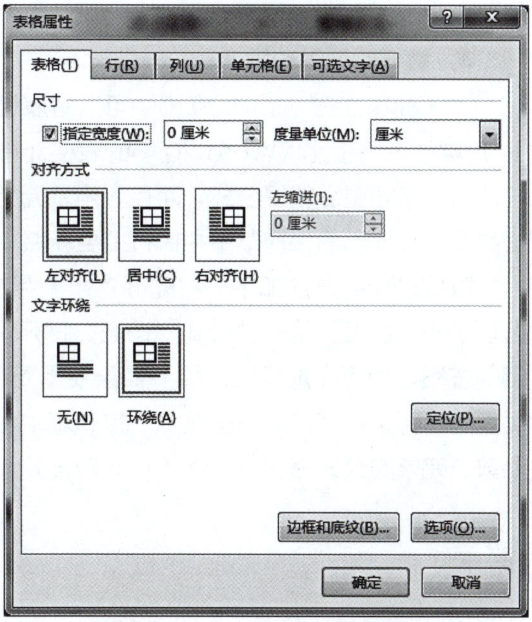

图3-2-9 “表格属性”对话框

（5）调整行高和列宽。

①局部调整。

将鼠标指针移到表格的竖框线上，当它变成左右双箭头形状时，按住鼠标左键左右拖动，就可以改变列宽。将鼠标指针移到表格的横框线上，当它变成上下双箭头形状时，按住鼠标左键上下拖动，就可以改变行高。

②自动调整。

选定表格，单击“表格工具|布局”选项卡→“单元格大小”组→“自动调整”下列按钮，在下拉列表中可以根据需要选择“根据内容自动调整表格”“根据窗口自动调整表格”或“固定列宽”选项。也可以右击表格，在弹出的快捷菜单中执行“自动调整”命令，在其子菜单中根据需要进行选择。

③精确调整。

选定表格，在“表格工具|布局”选项卡→“单元格大小”组→“高度”微调框和“宽度”微调框中设置具体的行高和列宽。也可以单击“单元格大小”组右下角的对话框启动器，打开“表格属性”对话框，切换到“行”选项卡，然后指定行高；再切换到“列”选项卡，指定列宽。

（6）标题行跨页重复。

当表格很长或表格正好处于两页的分界处时，表格会被分成两个部分，出现跨页的情况。Word 2016提供了两种处理跨页表格的方法：一种是跨页分断表格（适用于大表格），使下页中的表格仍然保留上页表格的标题；另一种是禁止表格分页（适用于小表格），让表格处在同一页上。允许表格跨页的操作方法如下：右击表格，在弹出的快捷菜单中执行“表格属性”命令，打开“表格属性”对话框，在“行”选项卡中选择“允许跨页断行”复选框和“在各页顶端以标题行形式重复出现”复选框。如果表格跨页显示，为了方便查看表格中每一列对应的内容，需要指定要重复出现的标题行，操作方法如下：选中表格的标题行，然后单击“表格工具|布局”选项卡→“数据”组→“重复标题行”按钮。

4. 数据的计算和排序

（1）计算。在 Word 2016中可以对表格数据进行求和、求平均值等计算。但是与 Excel 2016电子表格相比，Word 2016的表格计算自动化能力较弱，当不同单元格进行同种功能的统计时，必须重复编辑公式，而且，当单元格的数据发生变化时，结果不能自动更新，必须右击数据，在弹出的快捷菜单中执行“更新域”命令。

数据求和的方法如下：将光标置于要存放计算结果的单元格中，单击“表格工具|布局”选项卡→“数据”组→“公式”按钮，打开“公式”对话框；默认的函数为 SUM，单击“确定”按钮，即可完成求和运算。如果要重复进行求和运算，可按“F4”键。如果要进行其他类型的计算，可在“粘贴函数”下拉列表中选择合适的公式，如“MAX”，然后在公式中输入参数，完整的公式为“=MAX（ABOVE）”。

提示

函数的参数中，LEFT 表示左边所有单元格中的数据；ABOVE 表示上方所有单元格中的数据。也可以输入要计算的单元格地址，地址之间用逗号分隔。

（2）排序。表格排序的关键字最多有三个：主要关键字、次要关键字和第三关键字。只有主要关键字排序遇到相同的数据时，才会根据次要关键字排序，如果次要关键字也相同，则看第三关键字。

排序方法如下：选中表格，单击“表格工具|布局”选项卡→“数据”组→“排序”按钮，打开“排序”对话框，设置排序的关键字、排序方式，单击“确定”按钮即可。

二、操作步骤

1. 创建空白文档

先启动Word 2016，再单击“空白文档”选项，即可新建一个空白文档。

2. 输入表格标题

输入表格标题“项目建设预算表”，单击回车键两下。

3. 创建新表格

创建新表格，我们采用插入表格的方法：

（1）单击“插入”选项卡→“表格”下拉按钮，在弹出的下拉列表中选择“插入表格”命令，在弹出“插入表格”对话框中，列数输入6，行数输入18，最后单击“确定”，即可创建一张6列18行的表格。

（2）按照样表分别在各单元格中输入相应的文本，看到第三行行高比较高，只须把光标移到这一行中单击，然后单击回车键，空三行就打两下回车，空四行就打三下，依次类推。

4. 表格字体段落格式设置

（1）先设置表格标题的格式，选中标题文字，在“开始”选项卡的“字体”组中进行设置，字体为黑体，字号为小二，再单击“段落”组中的居中按钮；依照同样方法，选中表格第一行，设置字体为华文仿宋，字号为四号；选中除第一行外的其余各行，设置字体为宋体，字号为四号。

（2）选中整个表格，单击“表格工具|布局”选项卡，在如图3-2-10所示的“边框”组中，选择“水平居中”命令，即可令表格中所有文本水平居中，垂直居中。

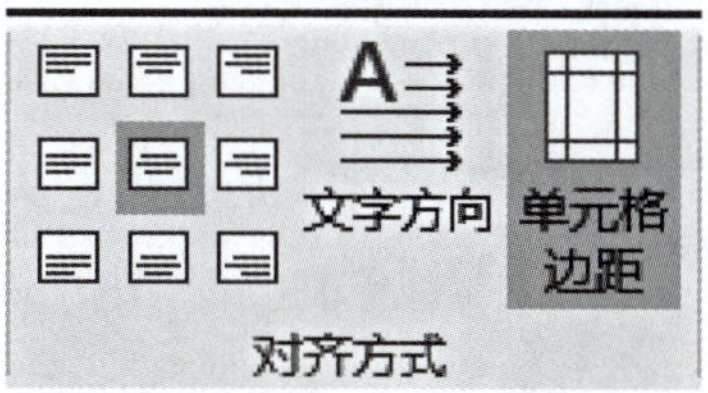

图3-2-10　表格中文本对齐方式

5. 合并单元格

看到表格中功能区下面的五个单元格并在一起，只要选中这五个单元格，单击“表格工具|布局”选项卡→“合并单元格”按钮，或者在右键快捷菜单中执行“合并单元格”命令，即可将这五个单元格合并为一个单元格，其他要合并单元格都依照上述方法。

6. 添加边框底纹

选择需要添加边框的区域，在“表格工具|设计”选项卡的“边框”组中进行设置。按样表要为表格添加1.5磅橙色双实线外边框，选中整个表格，单击“边框样式”下拉按钮，选择“双实线”选项；单击“笔画粗细”下拉按钮，选择“1.5磅”选项；单击“笔颜色”下拉按钮，选择“橙色”选项；单击“边框”下拉按钮，选择“外侧框线”选项。依照同样的方法设置内

部框线，选中整个表格，单击“边框样式”下拉按钮，选择“实线”选项；单击“笔画粗细”下拉按钮，选择“1磅”选项；单击“笔颜色”下拉按钮，选择“深蓝”选项；单击“边框”下拉按钮，选择“内部框线”选项即可。添加底纹，选择需要添加底纹的区域，这里选择表格中第一行单击“表格工具|设计”选项卡→“表格样式”组→“底纹”下拉按钮，在下拉列表中选择一种颜色，如“白色，背景1，深色15%”，如图3-2-11所示。

图3-2-11 表格工具中的“边框”组

7. 表格中数据的计算

光标移到合计右侧第四个单元格单元，在“表格工具|布局”选项卡，在如图3-2-12所示“数据”组中，单击公式按钮，弹出如图3-2-13所示的“公式”对话框，看到公式下方的文本框中默认的“=SUM（ABOVE）”，单击“确定”，即完成了预算总价的计算。

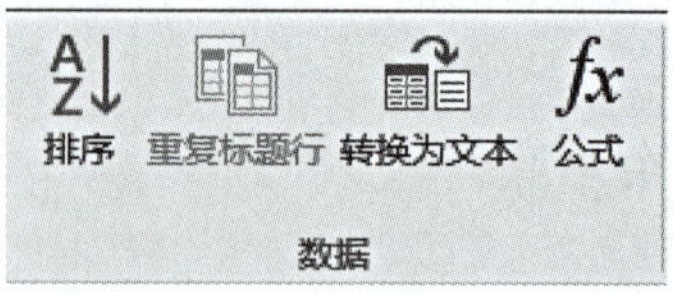

图3-2-12 “数据”组

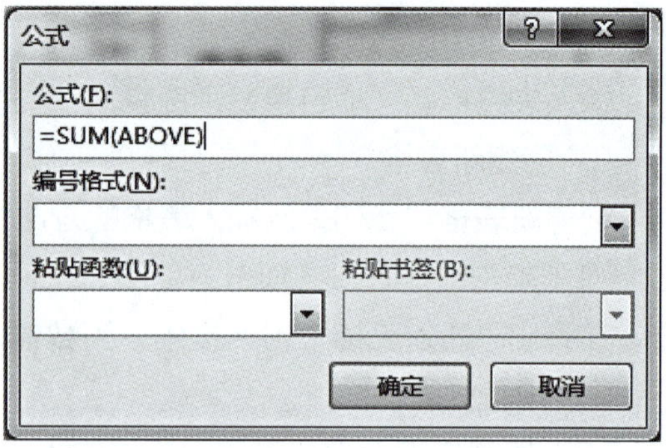

图3-2-13 “公式”对话框

8. 表格完成

上述样表创建完成，单击保存，选择存放位置，输入文件名，最后关闭文档。

能力拓展

根据以上学习的知识，以及掌握的技能，依照图3-2-14所示，制作一份个人简历表。

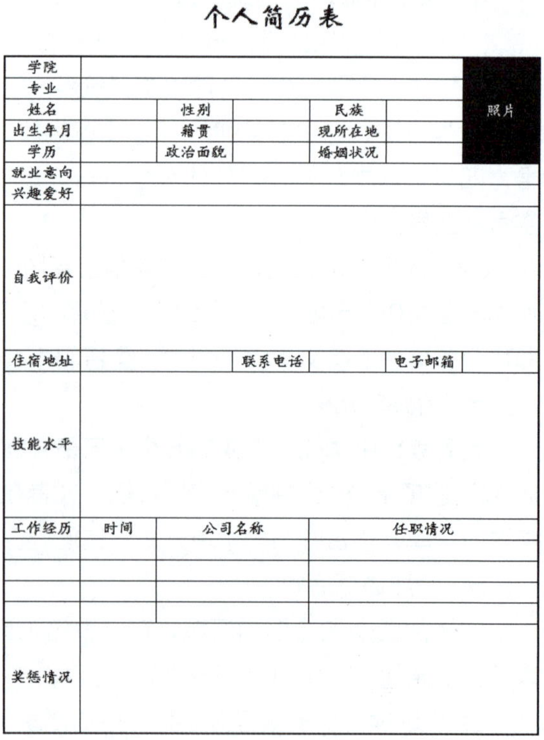

图3-2-14 个人简历表

一、任务分解

分析这份个人简历，我们需要完成下列任务：

（1）创建一个空白文档，输入表格标题。

（2）插入表格。

（3）美化表格。

（4）个人简历表制作完成，保存关闭。

二、完成思路

本任务是制作一张“个人简历表”。制作这样的表格大概思路如下：新建一个Word 2016空白文档，输入表格标题，创建表格，采用“插入表格”方式制作个人简历表，然后进行单元格合并，录入基本的数据，对表格进行格式化设置，设置表格边框底纹，最后保存关闭。

三、操作步骤

（1）启动Word 2016创建一个空白文档。

先启动Word 2016，再单击“空白文档”选项，即可新建一个空白文档。

（2）输入表格标题“个人简历表”，单击回车键两下。

（3）创建新表格，采用插入表格的方法。

单击“插入”选项卡→“表格”下拉按钮，在弹出的下拉列表中选择“插入表格”命令，在弹出“插入表格”对话框中，列数输入7，行数输入16，最后单击“确定”，即可创建一张7列16行的表格。

（4）合并单元格，看到第一行“学院”右边5个单元格并在一起，就合并单元格，只要选中这五个单元格，单击“表格工具|布局”选项卡→“合并单元格”按钮，或者在右键快捷菜单中执行“合并单元格”命令，即可将这五个单元格合并为一个单元格，其他要合并单元格都依照上述方法；看到“自我评价”这一行的行高比较高，只须把光标移到这一行中单击，然后单击回车键，空三行就打两下回车，空四行就打三下，依次类推，按照样表分别在各单元格中输入相应的文本。

（5）表格字体段落格式设置。

①设置表格标题的格式。选中标题文字，在“开始”选项卡的“字体”组中进行设置，字体为华文新魏，字号为二号，再单击“段落”组中的居中按钮；依照同样方法，选中整个表格，设置字体为楷体，字号为四号。

②选中整个表格。在“表格工具|布局”选项卡的“边框”组中，选择“水平居中”命令，即可令表格中所有文本水平居中。

（6）添加边框底纹。选择需要添加边框的区域，在“表格工具|设计”选项卡的“边框”组中进行设置。按样表要为表格添加1.5磅紫色实线外边框，选中整个表格，单击“笔样式”下拉按钮，选择“实线”选项；单击“笔画粗细”下拉按钮，选择“1.5磅”选项；单击“笔颜色”下拉按钮，选择“紫色”选项；单击“边框”下拉按钮，选择“外侧框线”选项。依照同样的方法设置内部框线，选中整个表格，单击“边框样式”下拉按钮，选择“实线”选项；单击“笔画粗细”下拉按钮，选择“1磅”选项；单击“笔颜色”下拉按钮，选择“蓝色”选项；单击“边框”下拉按钮，选择“内部框线”选项即可。添加底纹，把照片单元格设为蓝底白字，移动光标到照片单元格左下角，当光标出现朝右上的黑箭头时单击左键选择照片单元格，

单击“表格工具|设计”选项卡→“表格样式”组→“底纹”下拉按钮，在下拉列表中选择“其他颜色”→“自定义”，弹出如图3-2-15所示的“颜色”对话框，在红色、绿色、蓝色右侧文本框中分别输入65、54、106，单击“确定”即可设置蓝色底纹，再单击“开始”选项卡，设置字体颜色为白色。

（7）个人简历表制作完成，单击保存，选择存放位置，输入文件名，最后关闭文档。

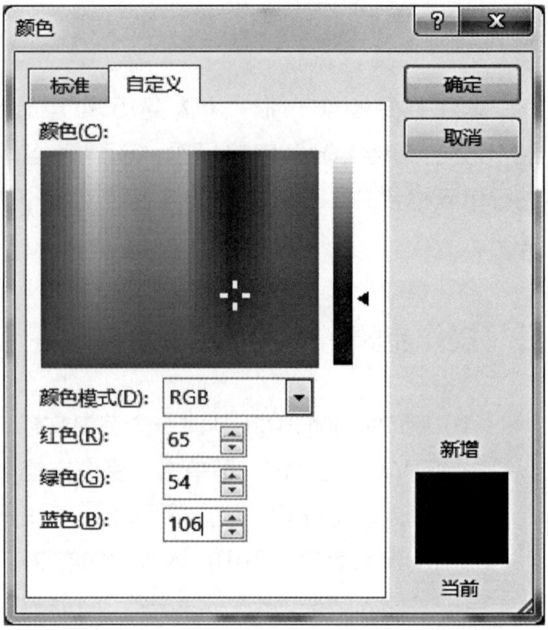

图3-2-15 “颜色”对话框

任务3.3 制作果园宣传海报

任务描述

利用Word 2016提供的插入图片、页眉、页码、文本框、艺术字等功能可以制作个性鲜明的图章、图标、名片、杂志封面、宣传彩页以及教学需要的图形，制作出来的图形与利用其他专业图形软件设计的作品相比毫不逊色。本任务是制作一张果园宣传海报，需要掌握页眉、页码、脚注的插入方法，图片的插入、缩放和环绕方式的设置方法，分栏、边框底纹的设置方法，艺术字的插入、格式设置方法。

吴江三味果园生态农业发展有限公司为了更好地宣传，需要制作一张如图3-3-1所示的宣传海报，请你协助秘书小张完成海报。有以下几个要求：

（1）海报中有页眉、页码、脚注。

（2）海报中有艺术字、图片。

（3）海报中有分栏、边框与底纹。

任务展示

本次任务完成后，制作的海报，如图3-3-1所示。

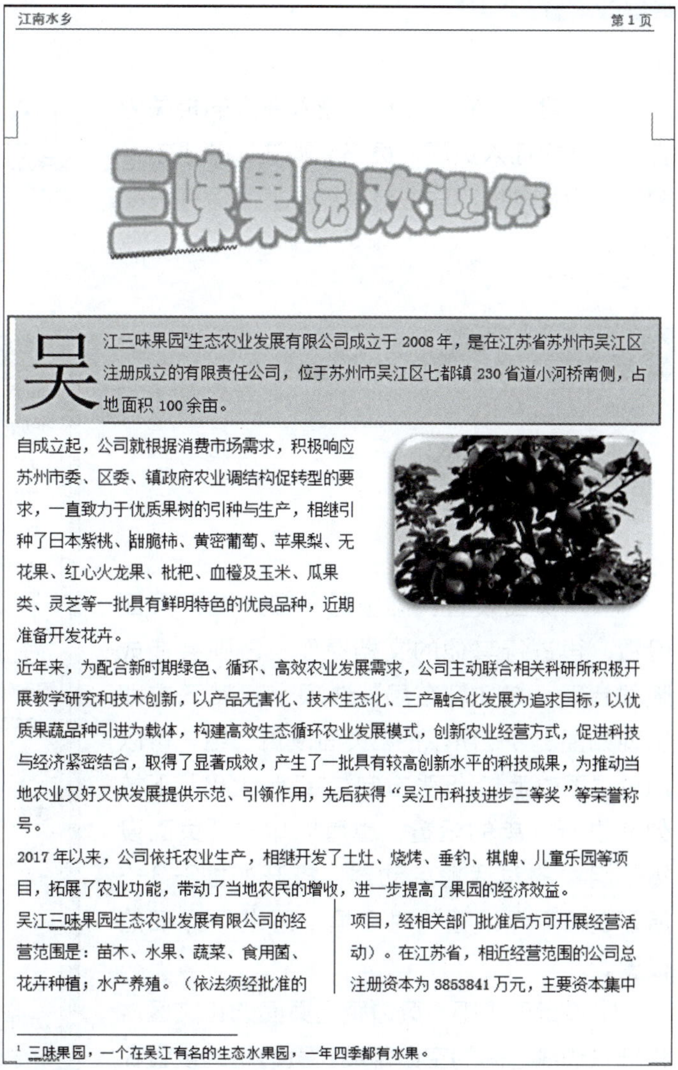
江南水乡　第 1 页

三味果园欢迎你

吴江三味果园[1]生态农业发展有限公司成立于 2008 年，是在江苏省苏州市吴江区注册成立的有限责任公司，位于苏州市吴江区七都镇 230 省道小河桥南侧，占地面积 100 余亩。

自成立起，公司就根据消费市场需求，积极响应苏州市委、区委、镇政府农业调结构促转型的要求，一直致力于优质果树的引种与生产，相继引种了日本紫桃、甜脆柿、黄密葡萄、苹果梨、无花果、红心火龙果、枇杷、血橙及玉米、瓜果类、灵芝等一批具有鲜明特色的优良品种，近期准备开发花卉。

近年来，为配合新时期绿色、循环、高效农业发展需求，公司主动联合相关科研所积极开展教学研究和技术创新，以产品无害化、技术生态化、三产融合化发展为追求目标，以优质果蔬品种引进为载体，构建高效生态循环农业发展模式，创新农业经营方式，促进科技与经济紧密结合，取得了显著成效，产生了一批具有较高创新水平的科技成果，为推动当地农业又好又快发展提供示范、引领作用，先后获得“吴江市科技进步三等奖”等荣誉称号。

2017 年以来，公司依托农业生产，相继开发了土灶、烧烤、垂钓、棋牌、儿童乐园等项目，拓展了农业功能，带动了当地农民的增收，进一步提高了果园的经济效益。

吴江三味果园生态农业发展有限公司的经营范围是：苗木、水果、蔬菜、食用菌、花卉种植；水产养殖。（依法须经批准的项目，经相关部门批准后方可开展经营活动）。在江苏省，相近经营范围的公司总注册资本为 3853841 万元，主要资本集中

[1] 三味果园，一个在吴江有名的生态水果园，一年四季都有水果。

图3-3-1　宣传海报

任务分解

分析上面的工作情境，我们需要完成下列任务：

（1）文档中文本输入。

（2）插入页眉、页码、脚注。

（3）插入艺术字、图片。

（4）设置分栏、边框与底纹。

（5）保存关闭文档。

完成思路

先创建一个空白文档，输入海报的相关内容，再依次插入页眉、页码、脚注、艺术字、图片，设置分栏、边框与底纹，最后保存关闭文档。

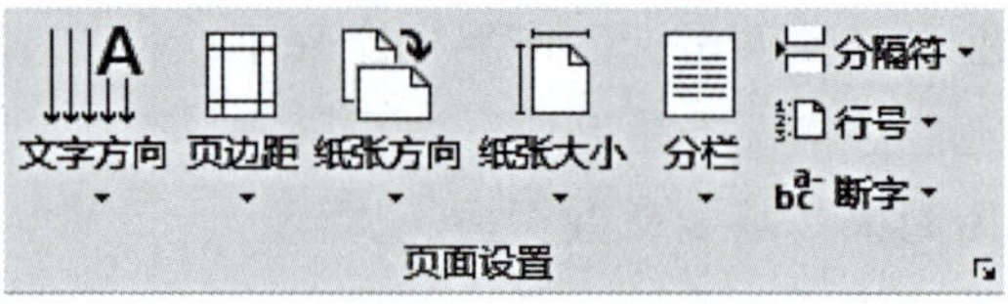

图3-3-2 “页面设置”组

任务实现

一、知识导航

1. 页面布局与设计

（1）页面设置。排版时，应先进行页面设置，再进行其他的文档操作，否则会造成版式错乱。单击“布局”选项卡，其下方即出现如图3-3-2所示的“页面设置”组，可以通过“页边距”“纸张方向”“纸张大小”下拉列表进行简单的设置，也可以单击“页面设置”组中的对话框启动器，打开如图3-3-3所示的“页面设置”对话框，再进行详细的设置。

①设置页边距。页边距是页面的正文区域和纸张边缘之间的空白距离。页边距的设置在文档排版中是十分重要的，页边距太窄，会影响文档的装订；太宽，又会影响文档的美观且

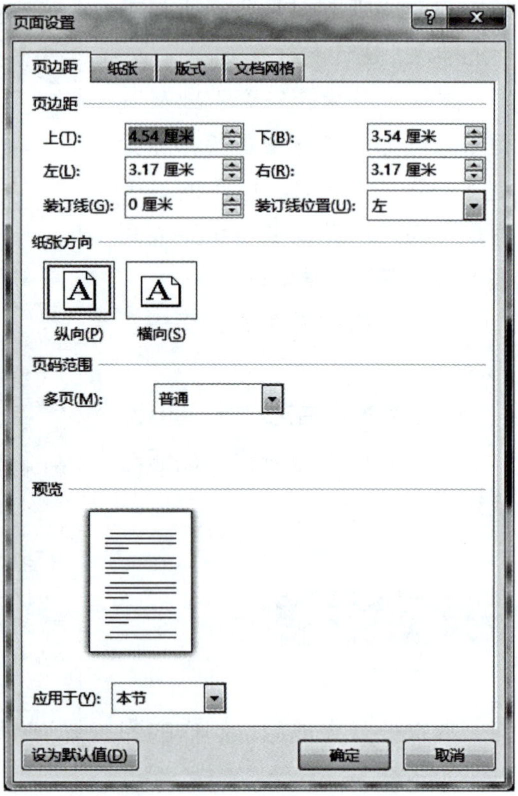

图3-3-3 “页面设置”对话框

浪费纸张。设置页边距的方法为：打开“页面设置”对话框，切换到“页边距”选项卡，可以在“页边距”选项区域的“上”“下”“左”“右”微调框中设置具体的值。也可以直接单击“页面设置”组中的“页边距”按钮进行设置。

②设置纸张大小。在“页面设置”对话框中单击“纸张”选项卡，在“纸张大小”下拉列表中选择需要的尺寸，如果没有需要的尺寸，可以选择“自定义大小”选项，在下方的“宽度”和“高度”微调框中进行具体的设置。

③设置页眉和页脚的布局。通常页眉和页脚到正文区域有一定的距离，如果修改了上、下页边距，通常也要修改页眉和页脚到边界的距离。将“页面设置”对话框切换到“布局”选项卡，在“距边界”右侧的“页眉”和“页脚”微调框中分别设置页眉到上边界的距离和页脚到下边界的距离。在“页眉和页脚”选项区域中还可以设置奇、偶页的页眉和页脚是否不同，首页是否与其他页不同。

④设置文档网格。网格在日常生活中很常见，人们常用的信纸、笔记本、作业本上都有。在 Word 2016文档中同样可以设置网格，方法为：将“页面设置”对话框切换到“文档网格”选项卡，在“网格”选项区域中有四个选项，可根据实际需要进行选择；若要显示网格线，则单击“绘图网格”按钮，在“绘图网格”对话框中选中“在屏幕上显示网格线”复选框，单击“确定”按钮即可。

（2）设置页面背景。

①添加页面边框。添加页面边框的方法如下：单击“设计”选项卡→“页面背景”组→“页面边框”按钮，弹出“边框和底纹”对话框，在“页面边框”选项卡中可以设置普通的样式，也可在“艺术型”下拉列表中选择图案。

②设置页面颜色。在编辑文档的过程中如果觉得白色背景刺眼，可以为页面填充背景颜色、图案、纹理或图片等，但背景不可打印。设置页面颜色的方法为：单击“设计”选项卡→“页面背景”组→“页面颜色”下拉按钮，在下拉列表中选择一种颜色，进行纯色填充，如“橙色，个性色6，淡色80%”；也可以选择“填充效果”选项，弹出“填充效果”对话框，从“渐变”“纹理”“图案”“图片”中选择一种类型。

③设置文本的边框和底纹。除了给页面设置边框和填充色，还可以为选中的文本、段落添加边框和底纹，以突出显示某个部分。具体操作是：单击“开始”选项卡→“段落”组→“边框”下拉按钮，选择“边框和底纹”选项，弹出“边框和底纹”对话框，分别在“边框”和“底纹”选项卡中进行相应的设置。

（3）分栏。为了节省版面，人们往往会将页面分成两栏或多栏。分栏在“布局”选项卡中设置，具体步骤如下：

①在文档中选中要分栏的内容。

②单击“布局”选项卡→“页面设置”组→“分栏”按钮，在下拉列表中选择一种预置的分栏样式。预设样式的栏间距为2.02字符，栏间无分隔线，两栏和三栏默认栏宽相等。

③如果要设置更多栏数、栏宽、栏间距、分隔线，则执行“更多栏”命令，在打开的“栏”对话框中进行设置。

提示

在分栏时最后一段的段落标记不要选，否则会出现所有内容都在左栏而右栏没有内容的情况。如果要取消分栏，或者将分栏后的某些段落设置为通栏，只需要选择要设置的内容，在“栏”下拉列表中选择“一栏”选项。

2. 插入图形

在 Word 2016中，可以单击“插入”选项卡→“插图”组→“形状”下拉按钮来选择各种图形。“形状”下拉列表包括线条、矩形、基本形状、箭头总汇、公式形状、流程图、星与旗帜、标注8类形状，如图3-3-4所示。选择一种需要的形状（如矩形），此时鼠标指针变成形状“+”，按下鼠标左键，拖动鼠标至合适的位置后松开左键，即可插入一个矩形。如果在画矩形或椭圆时按住Shift键不放，可以画出正方形或圆。

插入图形后，自动在功能区中显示“绘图工具|格式”选项卡，其中有6个组。通过该选项卡可以完成插入形状、形状样式、对齐方式、对图形进行组合、旋转，设置图形的大小等。

提示

如果绘制的图形由多个形状组成，可以在“形状”下拉列表中选择“新建画布”选项，在画布中添加各种形状。画布相当于一个“图形容器”。画布中的所有对象可作为一个整体移动和调整大小，还能避免分页时出现图形异常。

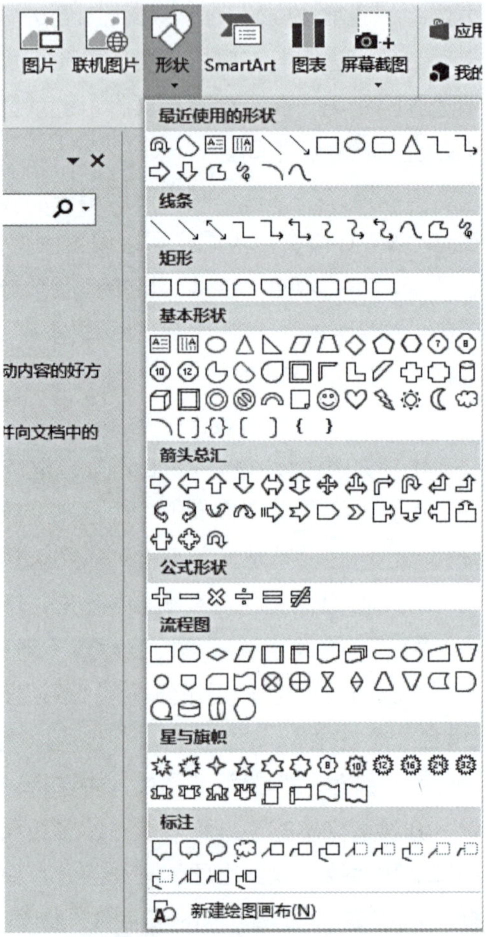

图3-3-4 Word 2016形状图

3. 插入图片

在 Word 2016中可以插入多种格式的图片，如 BMP、TIF、PNG、JPG 和 ICO 等格式。

（1）插入文件中的图片。单击“插入”选项卡→“插图”组→“图片”按钮，打开如图3-3-5所示的“插入图片”对话框，在图片库中找到一个合适的图片，这里选择了“菊花”图片，单击“插入”按钮，图片就插入文档中了。

选择插入的图片，Word 2016会在功能区中自动显示“图片工具|格式”选项卡，可对图片进行各种调整和编辑。也可打开“设置图片格式”窗格，对图片进行设置。

图3-3-5 “插入图片”对话框

图3-3-6 插入的图片

“调整”组：用于调整图片的亮度、对比度、颜色饱和度，删除图片的背景，为图片添加艺术效果，以及压缩、更改或重设图片。

“图片样式”组：主要用于更改图片的外观样式。

“排列”组：用于设置图片的位置、文字环绕方式、层次、对齐方式，以及组合和旋转图片等。

“大小”组：主要用于指定图片的大小和裁剪图片。

（2）裁剪图片。右击图片，在浮动工具栏中单击“裁剪”按钮，此时图片的边缘和四角处显示黑色的裁剪图柄。将侧边裁剪图柄向内拖动，可以裁剪某一边；将角落处的裁剪图柄向内拖动，可同时裁剪相邻的两边；按住“Ctrl”键的同时将侧边裁剪图柄向内拖动，可同时等量裁剪平行的两条边；按住“Ctrl”键的同时将任意一个角落处的裁剪图柄向内拖动，可同时等量裁剪四条边。

（3）设置环绕文字方式。对于插入的图片，其默认的文字环绕方式是嵌入型。修改文字环绕方式的常用方法有三种。

方法1：选中图形，单击右侧出现的布局选项按钮，在打开的列表中选择一种文字环绕方式，如“上下型环绕”。

方法2：选中图形，单击“绘图工具|格式”选项卡→“排列”组→“环绕文字”下拉按钮，在下拉列表中选择一种文字环绕方式。

方法3：右击图形，在弹出的快捷菜单中执行“环绕文字”命令，在其子菜单中选择一种文字环绕方式。

（4）设置图片样式。选中图片，单击“图片工具|格式”选项卡→“图片样式”组→“其他”下拉按钮，在内置的样式库中选择一种图片样式，如“柔化边缘椭圆”，效果如图3-3-7所示。

4. 插入文本框

文本框是一种位置可移动、大小可调整的“对象容器”，可以将文字、图形、图片、表格

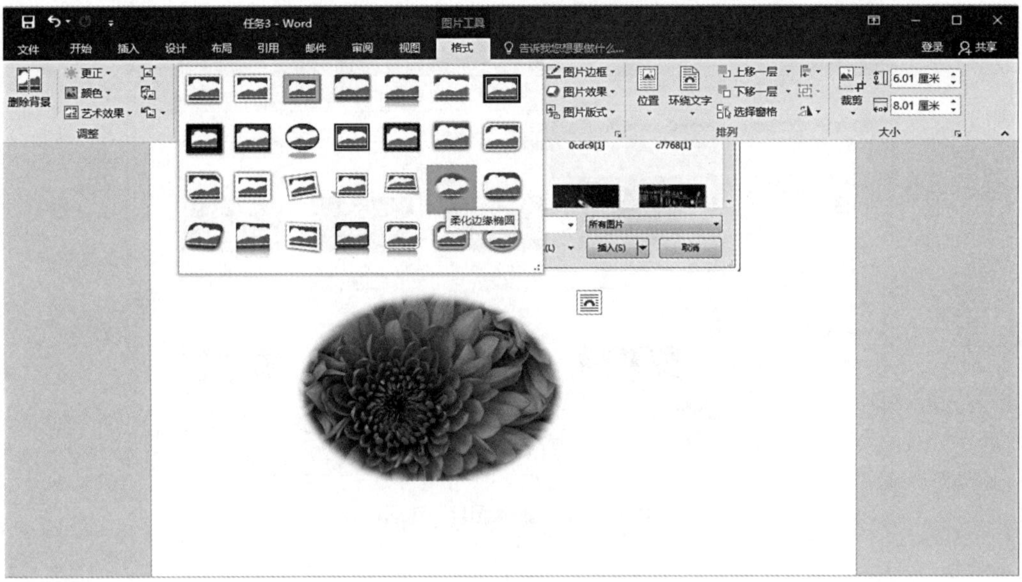

图3-3-7　设置图片样式

等对象添加到文本框中，在页面中独立于正文放置，并方便定位。像正文一样，文本框中的内容可以任意调整。Word 2016内置了一系列具有特定样式的文本框。

（1）插入文本框。单击“插入”选项→“文本”组→“文本框”按钮，弹出如图3-3-8所示的内置文本框，单击左键选择一种内置的文本框样式，如“简单文本框”，即可插入一个文本框；也可以选择“绘制文本框”或“绘制竖排文本框”选项，光标移到编辑区即会出现黑十字“**十**”，按住左键拖动鼠标向右下拖动即可插入一个文本框。

（2）隐藏文本框的边框。实际应用中，往往要求隐藏文本框的边框，此时可以选中文本框，在“设置形状格式”窗格中单击线条，在弹出的下拉列表中选择“无线条”命令。也可以单击“绘图工具|格式”选项卡→“形状样式”→“形状轮廓”下拉按钮，选择“无轮廓”选项。

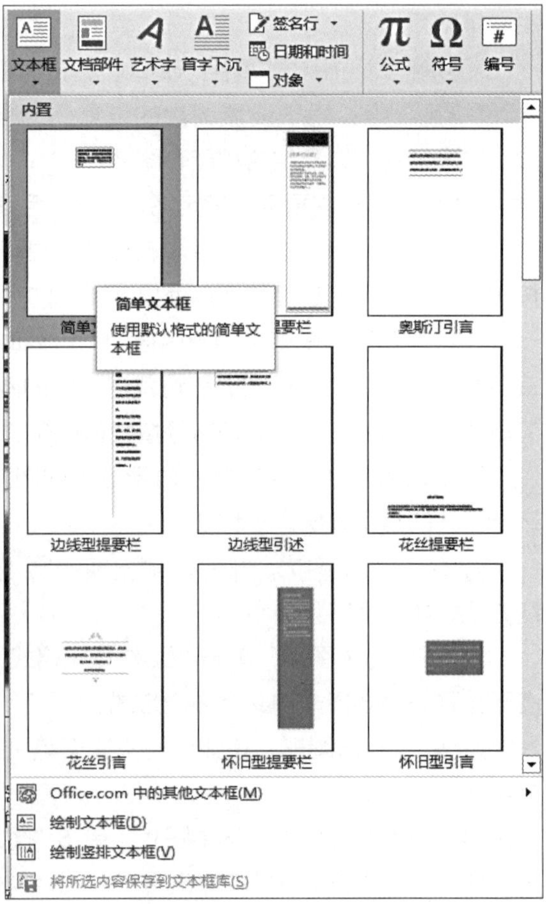

图3-3-8　内置文本框

5. 插入艺术字

艺术字是指具有艺术效果的文字，如带阴影的、扭曲的、旋转的和拉伸的文字等。

（1）插入艺术字。首先选择要换成艺术字的文本，单击“插入”选项卡→“文本”组→“艺术字”下拉按钮，在下拉列表（图3-3-9）中选择一种艺术字样式，如选择第二行第三列的“渐变填充-金色，着色4，轮廓-着色4”即可。

（2）设置艺术字格式。插入艺术字后会在功能区自动显示“绘图工具|格式”选项卡，通过该选项卡可以设置艺术字的样式、文本填充、文本轮廓和文本效果。

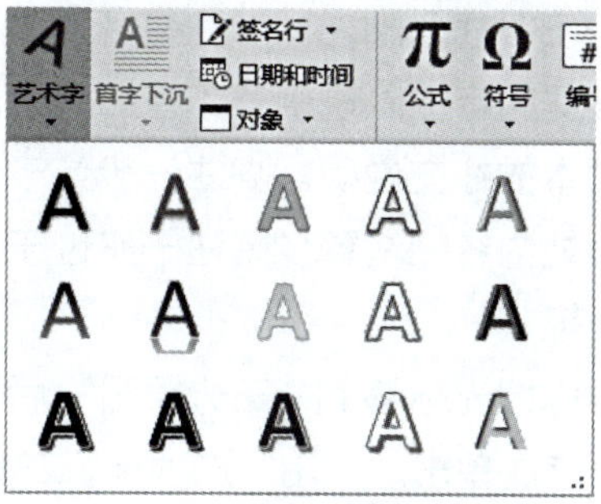

图3-3-9　“艺术字”下拉列表

二、操作步骤

1. 页面布局

本海报仅设置了上下页边距，具体操作如下：单击“布局”选项卡，其下方即出现如图3-3-2所示的“页面设置”组，单击“页面设置”组中的对话框启动器，打开的如图3-3-3所示的“页面设置”对话框中，选择“页边距”选项，在“上”“下”右侧文本框输入“4.54”“3.54”，最后单击“确定”即可。

2. 插入页眉、页码、脚注

（1）插入页眉。单击“插入”选项卡，在其右侧下方即出现“页眉页脚”组，单击“页眉”按钮，弹出如图3-3-10所示的页眉下拉列表，选择“空白三栏”，在页面顶端出现一条横线上有三个“[在此处键入]”，选中最左边那个“[在此处键入]”，直接输入“江南水乡”，页眉设置完成。

（2）插入页码。接着插入页眉后，删除中间的“[在此处键入]”，选中右侧的“[在此处键入]”，直接输入第页，光标移到第页中间，单击右上角“页眉页脚”组中“页码”命令，在下拉列表中选择“当前位置”→“普通数字”命令，即完成了页码的插入。

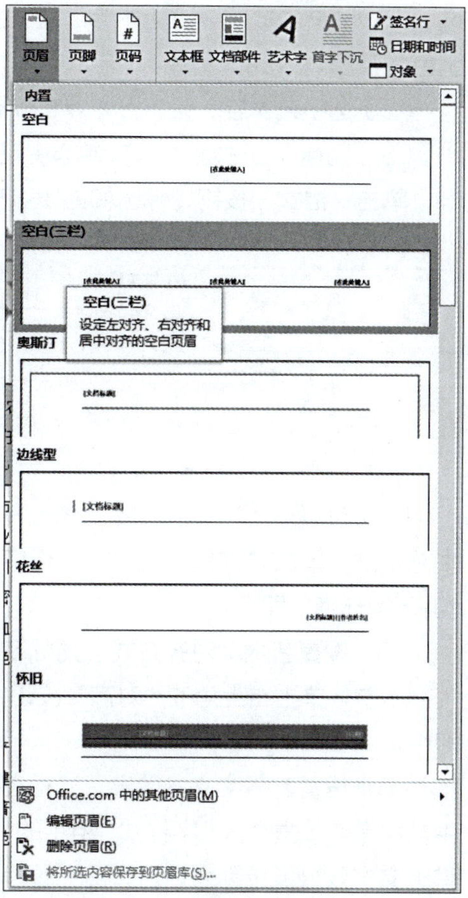

图3-3-10　页眉下拉列表

提示

上面的页码千万不能直接输入数字1，因为直接输入数字，就是页眉，当切换到下一页时，数字1仍旧是1，不会自动变成2，所以记住页码一定要插入才行。

（3）插入脚注。脚注是可以附在文章页面的最底端的，对某些内容加以说明，印在书页下端的注文。脚注和尾注是对文本的补充说明。脚注一般位于页面的底部，可以作为文档某处内容的注释；尾注一般位于文档的末尾，列出引文的出处等。

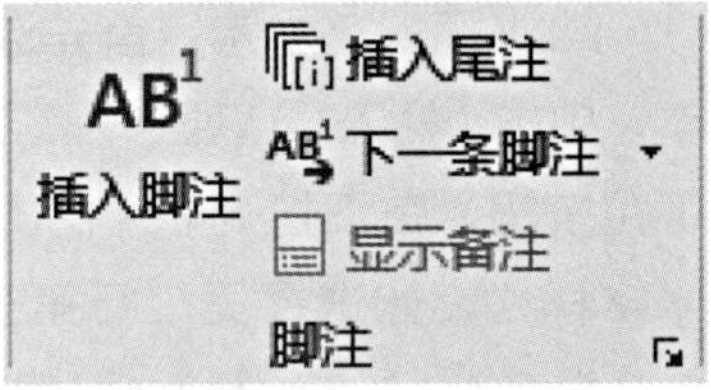

图3-3-11　“脚注”组

先把光标移到“三味果园”后面或者选中“三味果园”四个字，单击“引用”选项卡，在其左下方即出现如图3-3-11所示的“脚注”组，单击“插入脚注”命令，光标即跳转到这一页的底端，出现在1的后面，直接输入“三味果园，一个在吴江有名的生态水果园，一年四季都有水果。”即可。

3. 设置艺术字

（1）选中标题文字“三味果园欢迎你”，后面的段落标记回车符不要选中，单击“插入”选项卡→“文本”组→“艺术字”下拉按钮，在下拉列表中选择第二行第三列的“渐变填充-金色，着色4，轮廓-着色4”艺术字样式。

（2）选中艺术字，设置艺术字的字体为“华文琥珀”，字号为“初号”。

（3）光标在艺术字中单击或选中艺术字后，会在功能区自动显示“绘图工具|格式”选项卡，单击“格式”按钮，弹出如图3-3-12所示的艺术字工具组。

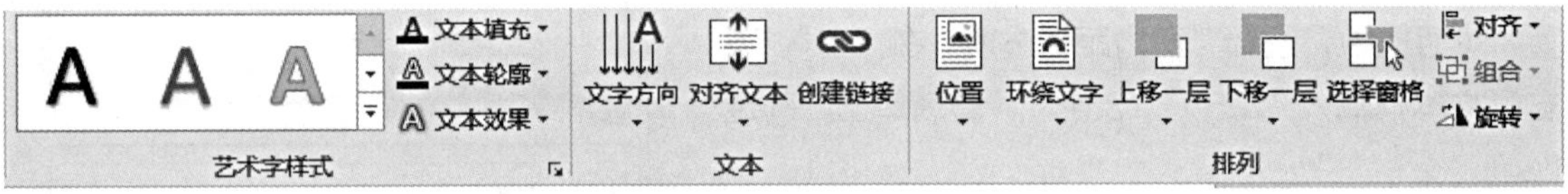

图3-3-12　艺术字工具组

（4）设置艺术字环绕方式。光标在艺术字中单击或选中艺术字，单击“排列”组中的“环绕文字”按钮，选择“上下型环绕”即可。

（5）设置艺术字对齐方式。光标在艺术字中单击或选中艺术字，单击右上角的“对齐”按钮，选择“水平居中”即可。

（6）设置艺术字文本效果。光标在艺术字中单击或选中艺术字，单击“艺术字样式”组中的“文本效果”按钮，弹出文本效果下拉列表，再单击“转换”命令，弹出艺术字转换下拉列表，如图3-3-13所示。选择左下角的“左近右远”即可。

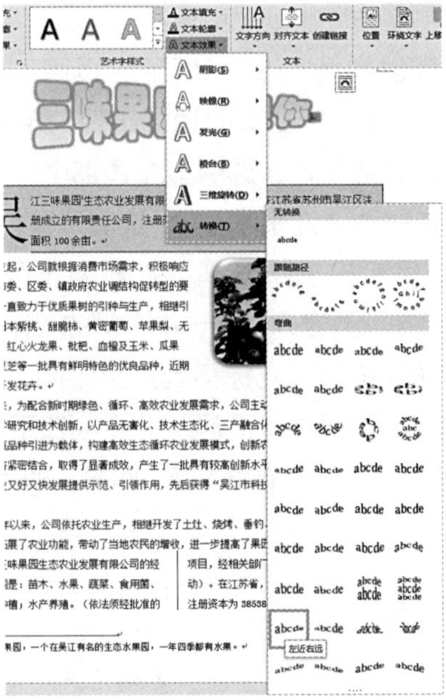
图3-3-13　艺术字转换下拉列表

4. 设置边框底纹和首字下沉

（1）边框底纹。选中文档中第一段，记住一定要把回车符选中，单击“开始”选项卡，再单击如图3-3-14所示“段落”组右下角的“边框”按钮，弹出边框下拉列表，

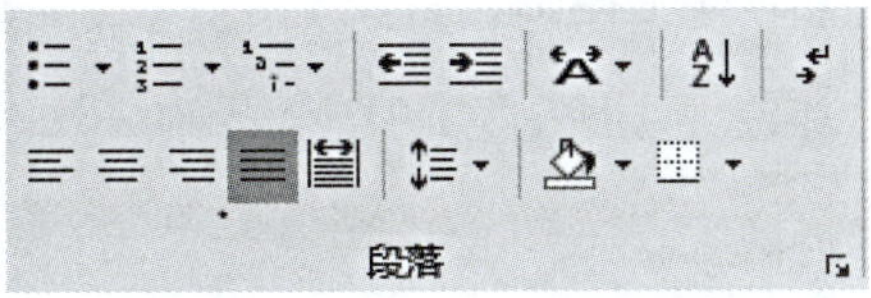

图3-3-14 “段落”组

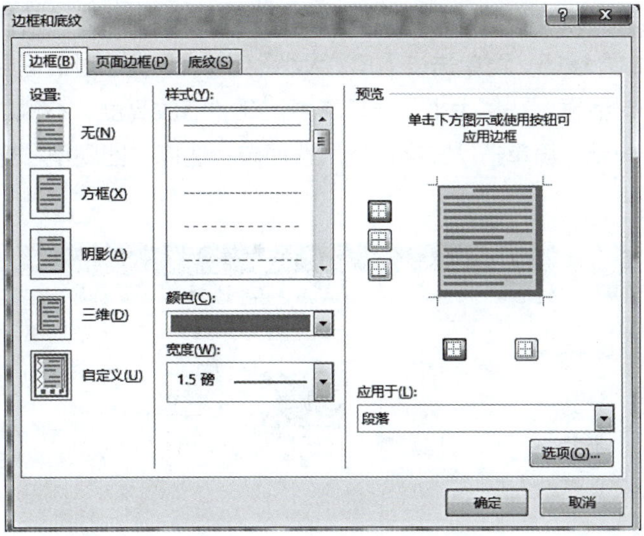

图3-3-15 “边框和底纹”对话框

选择最后一行的“边框和底纹”命令，打开如图3-3-15所示的“边框和底纹”对话框，选择“方框”，选择“单实线”样式，颜色为标准色中“浅蓝”，宽度为“1.5磅”，边框设置完成，再单击“底纹”选项卡，设置底纹为图案样式“10%”即可。

提示

在设置边框底纹时一定要选中整个段落，段落最后的回车符一定要选中，如果回车符没有选中，则在设置边框底纹时，一定要在“应用于”下方的列表框中选择“段落”。

（2）首字下沉。首字下沉就是一段文字的第一个字占用了两行或者四五行的位置，一下子变大了，主要是用来对字数较多的文章标示章节。

光标移到某一段中或者选中一段，单击“插入”选项卡，在右侧“文本”组中，再单击“首字下沉”按钮，弹出如图3-3-16所示的“首字下沉”对话框，有三种选择，这里选“下沉”，默认下沉3行，单击“确定”即可。

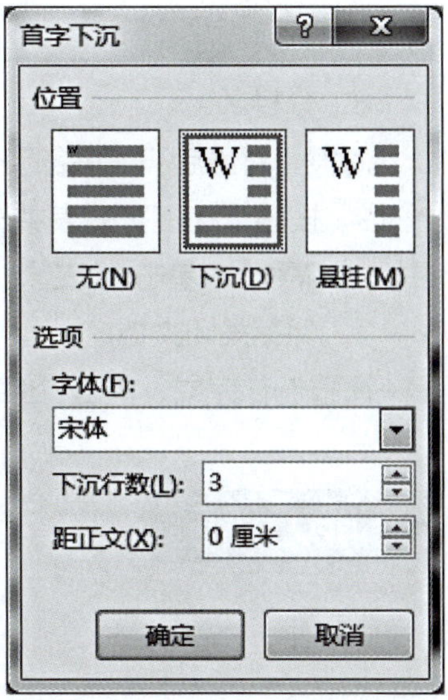

图3-3-16 “首字下沉”对话框

5. 插入图片

（1）插入图片。海报中有一幅“丰收的果园”图片，光标在文档中任意位置单击，单击“插入”选项卡，在下方“插图”组中，再单击“图片”按钮，弹出如图3-3-17所示的“插入图片”对话框，选择图片所在位置，单击图片图标，再单击“插入”命令或双击图片图标，即可插入图片。

（2）设置图片格式。选中图片，会在功能区自动显示“绘图工具|格式”选项卡，单击“格式”按钮，再单击右上角“大小”组中“布局”对话框启动器，弹出如图3-3-18所示的“布局”对话框，在“大小”选项卡中，在“缩放高度”右侧的文本框输入“50%”，即可让图片缩小一半；再单击“文字环绕”选项卡，选择“四周型”环绕方式，单击“确定”按钮。

图3-3-17 “插入图片”对话框

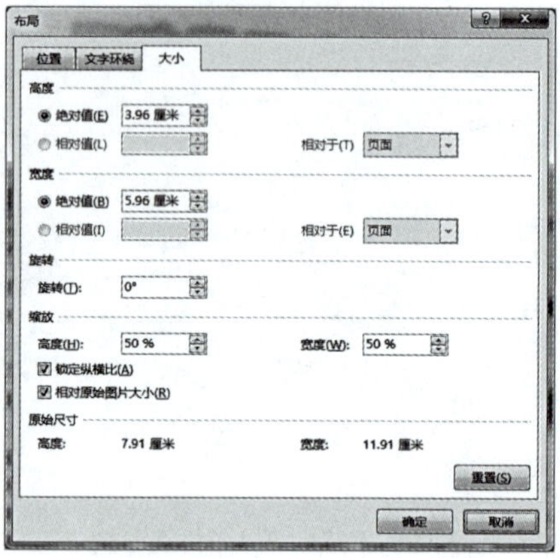

图3-3-18 “布局”对话框

（3）设置图片样式。选中图片，单击“图片工具|格式”选项卡→“图片样式”组→“其他”下拉按钮，在内置的样式库中选择“棱台矩形”图片样式。

提示

Word 2016默认图片的高度和宽度“锁定纵横比”，意思就是高度和宽度同步放大或缩小。

6. 分栏

海报中对最后一段进行了分栏。选中最后一段，单击“布局”选项卡→“页面设置”组→“分栏”按钮，在下拉列表中选择“更多分栏”命令，在打开的“分栏”对话框中，选择“两栏”“分隔线”，单击“确定”。

7. 保存关闭文档

海报制作完成，单击“保存”按钮，再关闭文档。

能力拓展

根据以上学习的知识，以及掌握的技能，依照图3-3-19所示，制作一张海报。

云南旅游

美丽的丽江古城

丽江[1]古城，又名大研古城，是一座风景秀丽，历史悠久和文化灿烂的名城，也是中国罕见的保存相当完好的少数民族古镇。丽江古城位于中国云南省丽江市，坐落在丽江坝中部、玉龙雪山下，北倚象山、金虹山，西枕狮子山。

丽江古城是中国历史文化名城中唯一两个没有城墙的古城之一、第二批被批准的中国历史文化名城之一、中国仅有的以整座古城申报世界文化遗产获得成功的两座古县城之一（另一座为山西平遥古城），与四川阆中、山西平遥、安徽歙县并称为“保存最为完好的四大古城”。

有别于中国任何一座王城，丽江古城未受“方九里，旁三门，国中九经九纬，经途九轨”的中原建城影响。城中无规矩的道路网，无森严的城墙，古城布局中的三山为屏、一川相连；水系利用中的三河穿城、家家流水；街道布局中“经络”设置和“曲、幽、窄、达”的风格；建筑物的依山就水、错落有致。

丽江古城是古城风貌整体保存完好的典范。依托三山而建的古城，与大自然产生了有机的统一，古城瓦屋，鳞次栉比，四周苍翠的青山，把紧连成片的古城紧紧环抱。城中民居朴实生动的造型、精美雅致的装饰是纳西族文化与技术的结晶。古城所包含的艺术来源于纳西人民对生活的深刻理解，体现了人民群众的聪明智慧，是地方民族文化技术交流融汇的产物，是中华民族宝贵建筑遗产的重要组成部分。

丽江古城的繁荣已有 800 多年的历史，已逐渐成为滇西北经济文化中心，为文化的发展提供了良好的环境条件。不论是古城的街道、广场牌坊、水系、桥梁还是民居装饰、庭院小品、槛联匾额、碑刻条石，都渗透着地方人的文化修养和审美情趣，充分体现地方宗教、美学、文学等多方面的文化内涵、意境和神韵，展现历史文化的深厚和丰富内容。

[1] 丽江市，位于云南省西北部云贵高原与青藏高原的衔接地段。

第 1 页

图3-3-19　海报样张

一、任务分解

要完成上面的海报，我们需要完成下列任务：

（1）文档中文本输入（为节省时间，操作时提供已录入完毕的文档）。

（2）页面设置、插入页眉、页码、脚注。

（3）插入艺术字。

（4）设置分栏、边框与底纹。

（5）插入图片，设置图片格式。

（6）保存关闭文档。

二、完成思路

因为有现存的文档，所以先打开文档A4，进行页面设置，再依次插入页眉、页码、脚注、艺术字、图片，设置分栏、边框与底纹，最后保存关闭文档。

三、操作步骤

1. 启动Word 2016

启动Word 2016，打开A4这个文档。

2. 页面设置

这里要设置“纸张大小为信纸，上下、左右页边距分别为3厘米和3.7厘米”。

具体操作如下：单击“布局”选项卡，其下方即出现“页面设置”组，单击“页面设置”组中的“纸张大小”按钮，打开如图3-3-20所示的纸张大小下拉列表，单击第一项“信纸”即可；也可打开“页面设置”对话框，选择“纸张”选项，往上拖动滚动条，选择第一项“信纸”。再选择“页边距”选项，在“上”“下”右侧文本框输入“3”“3.7”，最后单击“确定”即可。

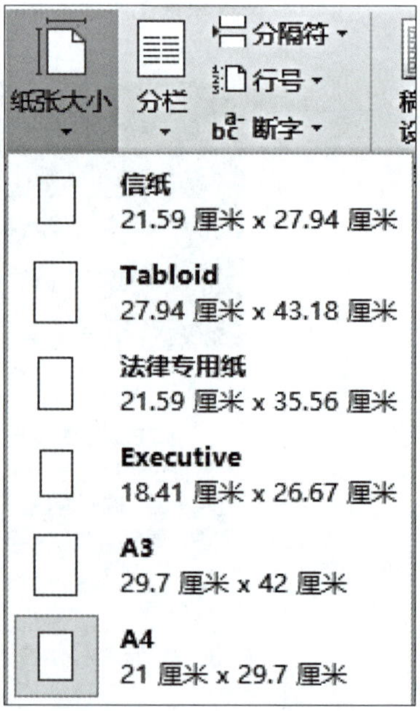

图3-3-20 纸张大小下拉列表

3. 插入页眉、页码、脚注

（1）插入页眉。单击“插入”选项卡，在其右侧下方即出现“页眉页脚”组，单击“页眉”按钮，在弹出页眉下拉列表中选择“空白”，在页面顶端出现一条横线中间有一个“[在此处键入]”，选中“[在此处键入]”，直接输入“云南旅游”，页眉设置完成。

（2）插入页码。接着插入页眉后，观察海报，页码在页面底端，单击“导航”组中的“转到页脚”按钮，直接输入“第页”，光标移到“第页”中间，单击右上角“页眉页脚”组中“页码”命令，在下拉列表中选择“当前位置”→“普通数字”命令，即完成了页码的插入，最后单击“开始”选项卡，选择“段落”组中的“居中”即可。

（3）插入脚注。先把光标移到第一段中“丽江”后面或者选中“丽江”两个字，单击“引用”选项卡，在其左下方即出现的“脚注”组，单击“插入脚注”命令，光标即跳转到这一页的底端，出现在1的后面，直接输入“丽江市，位于云南省西北部云贵高原与青藏高原的衔接地段。”即可。

4. 插入艺术字

（1）选中标题文字“美丽的丽江古城”，后面的段落标记回车符不要选中，单击“插入”选项卡→“文本”组→“艺术字”下拉按钮，在下拉列表中选择第三行第三列的“填充-蓝色，着色1，轮廓-背景1，清晰阴影-着色1”艺术字样式。

（2）选中艺术字，设置艺术字的字体为“华文琥珀”，字号为“48磅”。

（3）光标在艺术字中单击或选中艺术字后，会在艺术字右上方出现“布局”选项，单击“布局”，选择第一个“嵌入型”；也可以在自动显示的功能区“绘图工具|格式”选项卡中，单击“格式”按钮，设置艺术字环绕方式，单击“排列”组中的“环绕文字”按钮，选择“嵌入型”即可。

（4）设置艺术字文本效果。光标在艺术字中单击或选中艺术字，单击“艺术字样式”组中的“文本效果”按钮，弹出文本效果下拉列表，单击“阴影”选项，在弹出的阴影列表选择“阴影”下面第一个“右下斜偏移”。再单击“转换”命令，弹出艺术字转换下拉列表，如图3-3-21所示。选择左下角的“桥形”即可。

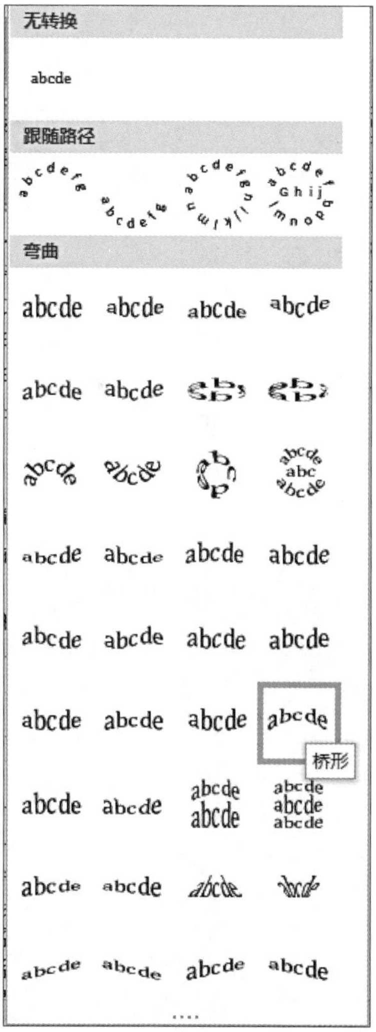

图3-3-21　“桥形”转换

5. 设置分栏、边框与底纹

（1）分栏。海报中对最后二三四段进行了分栏。选中二三四段，单击“布局”选项卡→“页面设置”组→“分栏”按钮，在下拉列表中选择“更多分栏”命令，在打开的“分栏”对话框中，选择“两栏”“分隔线”，单击“确定”。

（2）边框底纹。选中文档中第一段，记住一定要把回车符选中，单击“开始”选项卡，再单击“段落”组右下角的“边框”按钮，弹出边框下拉列表，选择最后一行的“边框和底纹”命令，打开“边框和底纹”对话框，选择“方框”，“双实线”样式，颜色为标准色中“浅绿”，宽度为“1.5磅”，边框设置完成，再单击“底纹”选项卡，设置底纹，打开“填充”下拉列表，选择“其他颜色”→“自定义”，分别在红、绿、蓝三色右侧文本框中输入“251，212，180”即可。

6. 插入图片，设置图片格式

（1）插入图片。海报中有一幅图片，光标在文档中任意位置单击，单击“插入”选项卡，在下方“插图”组中，再单击“图片”按钮，弹出“插入图片”对话框，选择图片所在位置，单击图片图标，再单击“插入”命令或双击图片图标，即可插入图片。

（2）设置图片格式。选中图片，会在功能区自动显示“绘图工具|格式”选项卡，单击“格式”按钮，再单击右上角“大小”组中“布局”对话框启动器，弹出“布局”对话框，在“大小”选项卡中，在“缩放高度”右侧的文本框输入“30%”；再单击“文字环绕”选项卡，选择“四周型”环绕方式，单击“确定”按钮。

（3）设置图片样式。选中图片，单击“图片工具|格式”选项卡→“图片样式”组→“其他”下拉按钮，在内置的样式库中选择“圆形对角，白色”图片样式。

7. 保存关闭文档

海报制作完成，单击“保存”按钮，再关闭文档。

任务3.4 制作邀请函

任务描述

吴江三味果园生态农业发展有限公司小田园综合体建设项目即将竣工了，请你协助秘书小张拟定一份项目验收专家邀请函。有以下几个要求：

（1）确定邀请函模板。

（2）收集专家名单。

（3）能一次性完成若干份邀请函。

任务展示

本次任务完成后，制作的会议议程，如图3-4-1所示。

项目验收邀请函

江苏省农业农村工作委员会：

吴江三味果园生态农业发展有限公司小田园综合体建设项目已完成设计文件合同约定的内容，工程资料完整，工程质量符合国家规定及相关技术标准要求，具备竣工验收的条件，现定于 2023 年 10 月 8 日上午 9 点在吴江三味果园生态园第一会议室进行竣工验收，邀请贵单位王军　处长参加，特此邀请。

吴江三味果园生态农业发展有限公司小田园综合体建设项目组

2023. 9. 15

图3-4-1　邀请函样张

任务分解

分析上面的工作情境，我们需要完成下列任务：

（1）制作一份邀请函模板。

（2）收集专家名单，存放到Excel表格中。

（3）通过Word邮件合并功能一次性完成若干份邀请函。

（4）保存关闭文档。

完成思路

通过上网搜索相关邀请函的模板，根据本单位实际情况，制作一份邀请函模板，也称为主文档；收集拟邀请专家的单位、姓名、职务职称，存放到一张Excel表格中；通过Word邮件合并功能一次性完成若干份邀请函的制作；任务结束，保存关闭文档。

任务实现

1. 制作主文档

新建一个空白的 Word 2016文档，在文档中输入如图3-4-2所示的内容，将此文档保存为“邀请函.docx”。

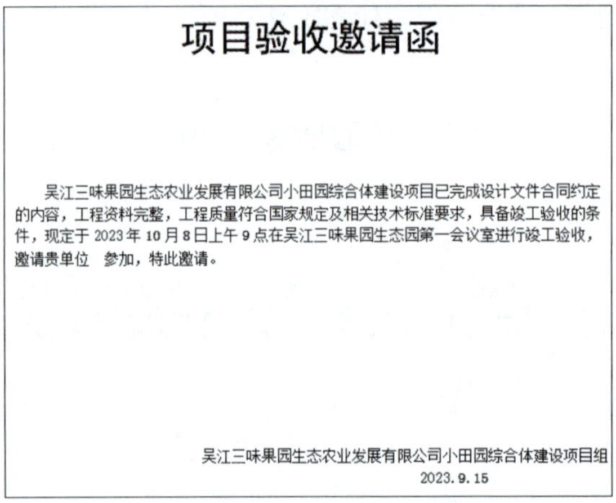

项目验收邀请函

吴江三味果园生态农业发展有限公司小田园综合体建设项目已完成设计文件合同约定的内容，工程资料完整，工程质量符合国家规定及相关技术标准要求，具备竣工验收的条件，现定于 2023 年 10 月 8 日上午 9 点在吴江三味果园生态园第一会议室进行竣工验收，邀请贵单位 参加，特此邀请。

吴江三味果园生态农业发展有限公司小田园综合体建设项目组

2023.9.15

图3-4-2 主文档

2. 邮件合并

（1）单击“邮件”选项卡→“开始邮件合并”组→“开始邮件合并”按钮，弹出如图3-4-3所示的“开始邮件合并”下拉列表，单击下拉列表中最后一项“邮件合并分步向导”，弹出如图3-4-4所示的“邮件合并”窗格；也可以不用邮件合并分步向导，直接单击“信函”。

（2）在“选择文档类型”区域中选择“信函”单选按钮，单击“下一步：开始文档”链接。

（3）在“选择开始文档”区域中选择“使用当前文档”单选按钮，单击“下一步：选取收件人”链接。

图3-4-3　“开始邮件合并”下拉列表

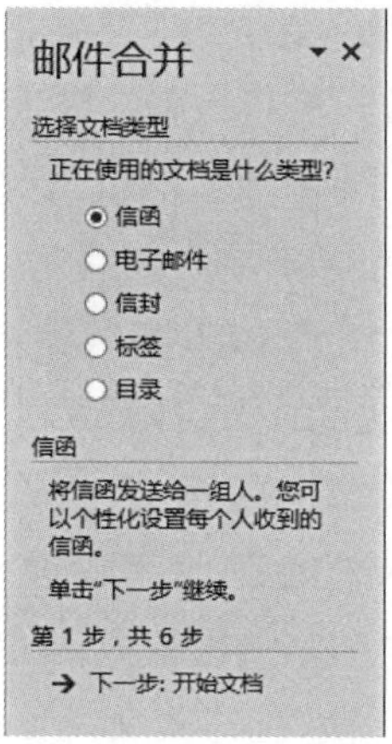

图3-4-4　“邮件合并”窗格

（4）在“选择收件人”区域中选择“使用现有列表”单选按钮，弹出如图3-4-5所示的“选取数据源”对话框，打开数据源文件所在路径，本例中是“E:\YU\教材”，选择“专家名单.xlsx”作为数据源，单击“打开”按钮；打开“选择表格”对话框，选择保存数据的工作表，单击“确定”按钮；打开“邮件合并收件人”对话框，单击“确定”按钮，完成数据源的选择。（也可以单击“开始邮件合并”组→“选择收件人”按钮，再单击下拉列表中“使用现有列表”，同样打开“选取数据源”对话框，选择“专家名单.xlsx”作为数据源。）接着打开“选择表格”对话框，直接单击“确定”按钮；打开“邮件合并收件人”对话框，单击“确定”按钮，完成数据源的选择。

（5）在“邮件合并”窗格中单击“下一步：撰写信函”链接，将插入点光标定位到 Word 2016文档中需要添加信息的位置。然后在“邮件合并”窗格中单击“其他项目”超链接，打开“插入合并域”对话框（图3-4-6），选择要插入的域。也可以单击“邮件”选项卡→“编

图3-4-5　“选取数据源”对话框

写和插入域”组→“插入合并域”下拉按钮，弹出如图3-4-7所示的“插入合并域”下拉列表，在下拉列表中选择要插入的域。插入域后，文档中就会出现域标记。

（6）在本邀请函中需要依次插入“所在单位”“专家姓名”和“职务职称”三个域，插入完成后，单击“下一步：预览信函”链接，单击“<<”或“>>”按钮，可以查看不同人名的邀请函，如邀请函样张所示。

（7）预览输出文档后，若有错误，可返回上一步进行修改，修改完成后再预览输出效果；确认没有错误后，单击“下一步：完成合并”链接。

（8）单击“打印”链接开始打印信函；也可以单击“编辑单个信函”链接，将所有信函合并到一个新文档中。

（9）单击“编辑单个信函”链接后，打开“合并到新文档”对话框，在“合并记录”选项区域中选择“全部”单选按钮，单击“确定”按钮。这样 Word 2016会将 Excel 中存储的信息自动添加到主文档中，合并生成一个新文档。在该文档中，每页中的域信息均由数据源自动创建生成。

（10）将合并后的文档保存为“合并后的邀请函.docx”，完成邮件的合并。

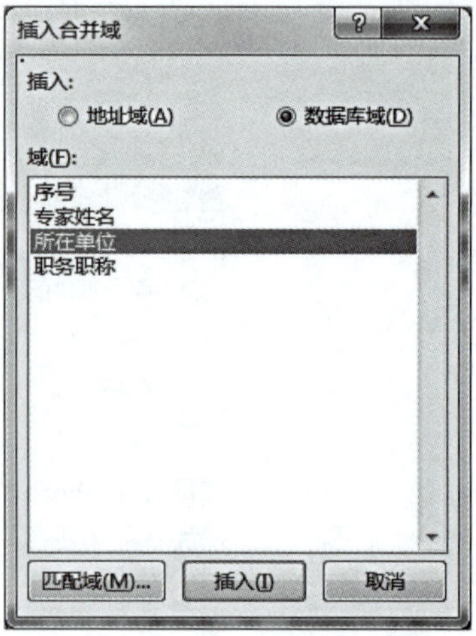

图3-4-6　“插入合并域”对话框

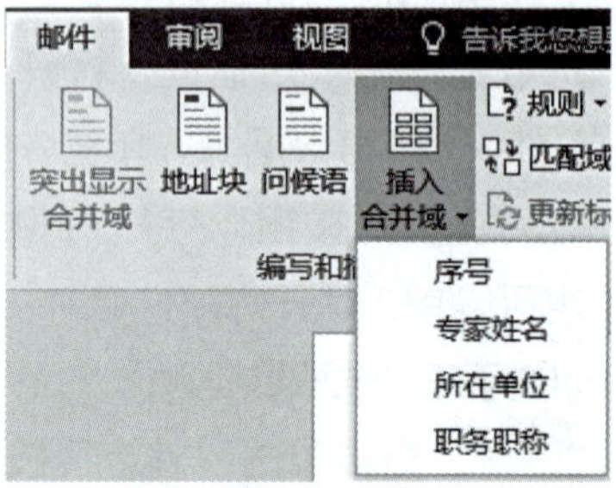

图3-4-7　“插入合并域”下拉列表

能力拓展

根据以上学习的知识，以及掌握的技能，依照图3-4-8所示，制作职员工作证。该任务来源于OSTA模拟盘办公自动化中级第三套。

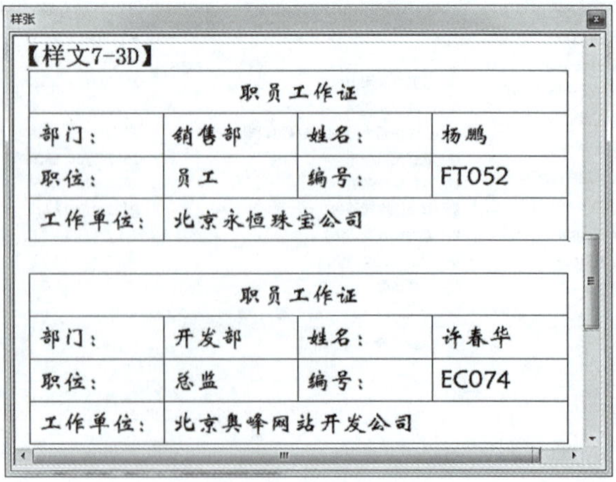

样张

【样文7-3D】

职员工作证			
部门：	销售部	姓名：	杨鹏
职位：	员工	编号：	FT052
工作单位：	北京永恒珠宝公司		

职员工作证			
部门：	开发部	姓名：	许春华
职位：	总监	编号：	EC074
工作单位：	北京奥峰网站开发公司		

图3-4-8　职员工作证样张

一、任务分解

分析这张职员工作证，我们需要完成下列任务：

（1）创建一个空白文档，创建样张中的表格，输入相应文本。

（2）插入形状，再在形状中输入相关信息。

（3）通过Word 2016邮件合并功能一次性完成若干张职员工作证。

（4）保存关闭文档。

二、完成思路

要成批制作职员工作证，我们的思路就是利用Word 2016中的邮件合并功能。具体思路如下：创建一个空白文档，在文档中创建一个表格，输入相应的文本，通过Word 2016邮件合并功能一次性完成若干张职员工作证，保存关闭文档。

三、操作步骤

1. 制作主文档

在练习中可以为同学们提供主文档和数据源。新建一个空白的Word文档，打开路径“C:\ATA_MSO\testing\201458-60E1\WORD\TO3_GO1”下的文件TF7-3B.docx，如图3-4-9所示，将此文档另存为“A-7B.docx”，将该文档作为主文档。

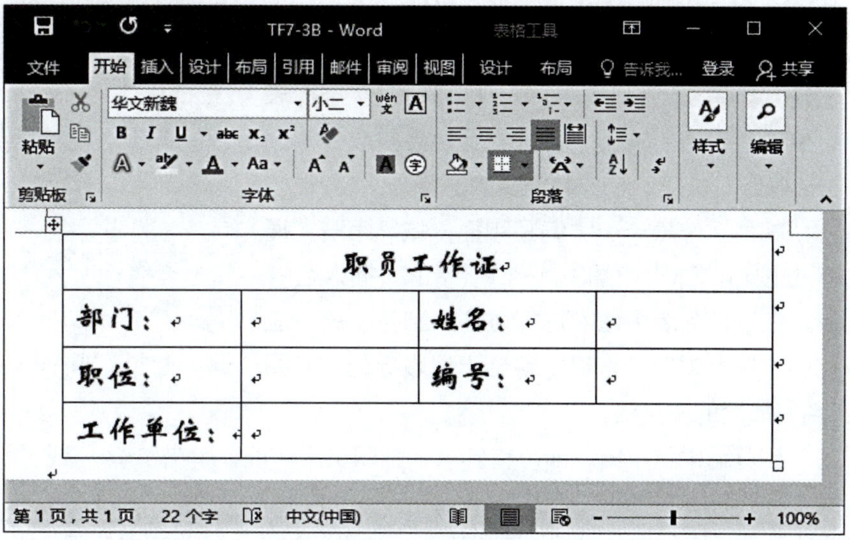

图3-4-9　主文档

2. 邮件合并

（1）单击“邮件”选项卡→“开始邮件合并”组→“开始邮件合并”按钮，弹出“开始邮件合并”下拉列表，单击下拉列表中第一项“信函”。

（2）单击“选择收件人”按钮，弹出“选择收件人”下拉列表，单击第二项“使用现有列表”按钮，弹出如图3-4-10所示的“选取数据源”对话框。

图3-4-10　“选取数据源”对话框

（3）打开路径“C:\ATA_MSO\testing\201458-60E1\WORD\TO3_GO1”，双击数据源文件“TF7-3C.XLSX”或单击这个文件，再单击“打开”命令，即可打开“选择表格”对话框，单击“确定”按钮；打开“邮件合并收件人”对话框，单击“确定”按钮，完成数据源的选择。

（4）单击“邮件”选项卡→“编写和插入域”组→“插入合并域”下拉按钮，弹出如图3-4-11所示的“插入合并域”下拉列表，在下拉列表中依次选择域插入到各字段对应的右侧单元格中。插入域后，表格中就会出现域标记。如图3-4-12插入合并域后的主文档。

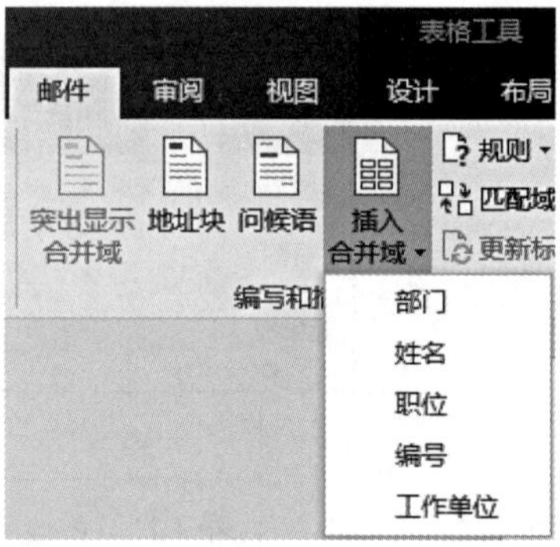

图3-4-11　“插入合并域”下拉列表

（5）单击“预览结果”按钮，即可看到第一张职员工作证，单击“<<”或“>>”按钮，可以查看不同人名的职员工作证，如图3-4-8所示。

（6）预览输出文档后，若有错误，可返回上一步进行修改，修改完成后再预览输出效果。

（7）单击“打印”链接开始打印信函；也可以单击“编辑单个信函”链接，将所有信函合并到一个新文档中。

（8）单击“编辑单个信函”链接后，打开“合并到新文档”对话框，在“合并记录”选

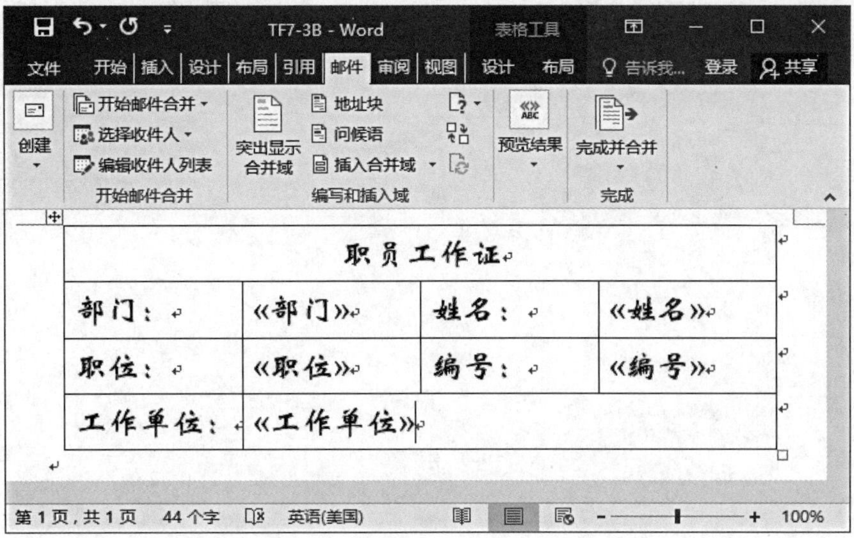

图3-4-12　插入合并域后的主文档

项区域中选择“全部”单选按钮，单击“确定”按钮。这样 Word 2016会将 Excel 中存储的信息自动添加到主文档中，合并生成一个新文档。在该文档中，每页中的域信息均由数据源自动创建生成。将合并后的文档保存为“A8-C.docx”，完成邮件的合并。

（9）最后保存并关闭文档，结束本次任务。

项目四

04 Excel 2016 表格计算与分析

知识目标

❶ Excel 2016 的启动和退出。
❷ Excel 2016 中表格的创建、编辑和保存等基本操作。
❸ Excel 2016 中工作表的格式设置。
❹ Excel 2016 中函数和公式的应用。
❺ Excel 2016 中数据的筛选、排序、分类汇总、透视分析和处理。
❻ Excel 2016 中图表的建立和编辑。

能力目标

❶ 掌握 Excel 2016 中工作表和工作簿的操作。
❷ 掌握 Excel 2016 中公式和函数的使用。
❸ 掌握 Excel 2016 中数据的处理，以及图表分析和数据展示。

素质目标

❶ 能以多种数字化方式对信息、知识进行简单的展示交流。
❷ 提高自身信息化办公能力，形成个人可持续发展能力。

电子表格是人们常用的办公软件，它是一类模拟纸上表格的计算机程序，可以显示由一系列行和列构成的网格，用于帮助用户制作各种复杂的表格文档，以及进行烦琐的数据计算。本项目以Microsoft Office Excel 2016（简称 Excel 2016）为例，介绍电子表格基础知识、公式和函数的使用、图表分析与数据展示和数据处理等内容。

知识储备

一、启动Excel 2016

安装Excel 2016程序后，可以通过多种方法启动，操作类似于Word 2016的启动。

方法1：依次执行“开始”→“所有程序”→Excel 命令，启动Excel 2016，如图4-0-1所示。与Word 2016类似，此时只打开“开始”后台视图，并没有新建工作簿。选择一种内置的模板或者“空白工作簿”选项，即可新建一个工作簿。

方法2：创建一个Excel 桌面快捷方式，双击快捷方式图标即可启动Excel 2016。

方法3：双击已有的Excel 文档，也可以启动Excel 2016程序，同时打开该文档。

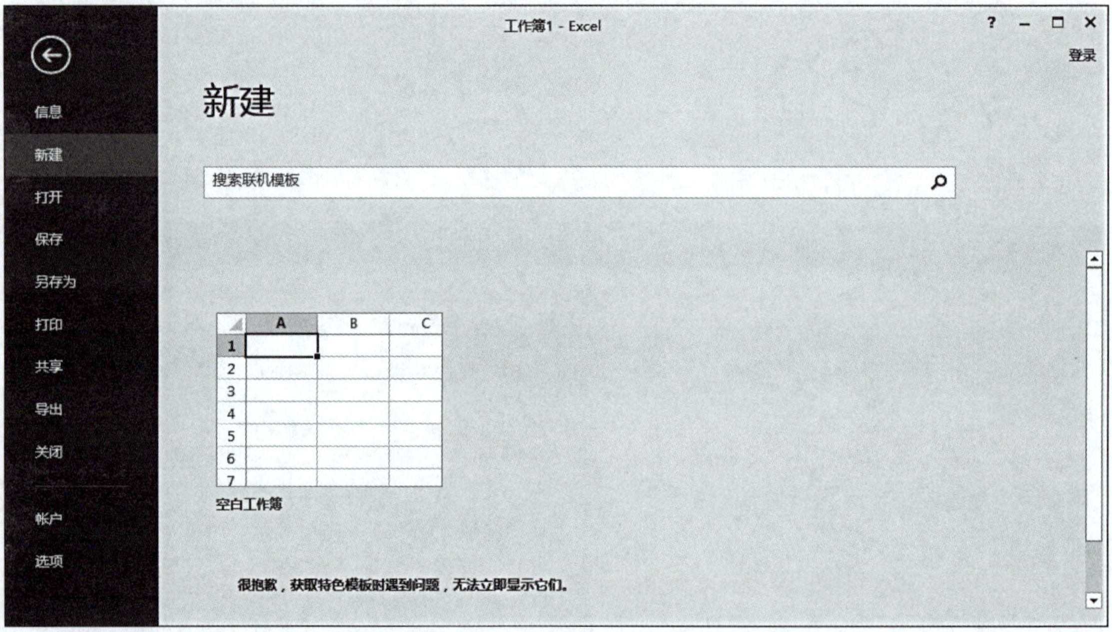

图4-0-1 新建Excel 工作簿

Excel 2016工作界面主要包括快速访问工具栏、标题栏、数据编辑区（名称框、3个编辑按钮、编辑栏）、工作表编辑区（“全选”按钮、活动单元格、工作表标签、行号、列标）、功能区选项卡和状态栏等，如图4-0-2所示。

1. 数据编辑区

数据编辑区有名称框、“取消”按钮 ×、“输入”按钮 ✓、“插入函数”按钮 fx、编辑栏，如图4-0-3所示。

名称框：用来显示当前活动单元格或单元格区域的地址。

“取消”按钮 ×：单击“取消”按钮，将取消数据的输入或编辑，同时当前活动单元格

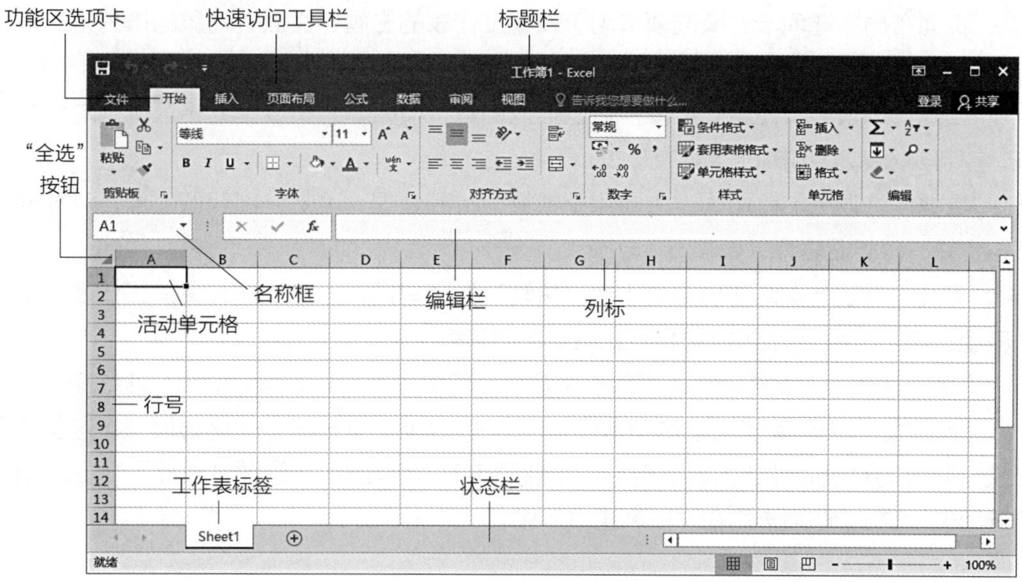

图4-0-2 Excel 窗口界面

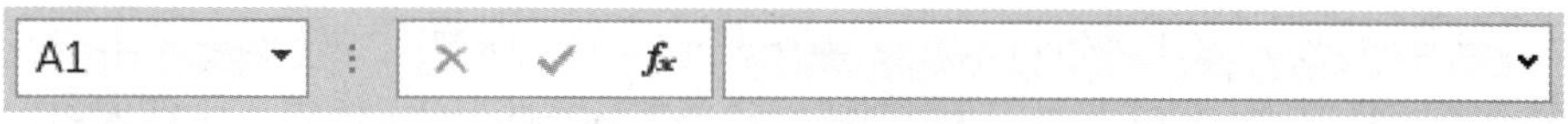

图4-0-3 数据编辑区

中的内容也随之消失。

“输入”按钮 ✓：单击“输入”按钮，将结束数据的输入或编辑，同时将数据存储在当前单元格内。

“插入函数”按钮 fx：单击“插入函数”按钮，可弹出“插入函数”对话框。

编辑栏：用来输入或编辑数据，数据同时显示在当前活动单元格中。

2. 工作表编辑区

（1）“全选”按钮。单击“全选”按钮，可以选中整张工作表，也可以使用组合键“Ctrl+A”。

（2）活动单元格。单元格是工作表的最小组成部分。活动单元格是指当前选中的单元格，它的四周有深绿色的边框。可以编辑单元格中的数据，也可以对数据进行移动或复制等操作。

（3）工作表标签。工作表标签用于显示一个工作簿中工作表的名称。单击不同的标签，可以切换到不同的工作表。当前的工作表标签以白底绿字显示，其他工作表标签以灰底黑字显示。

3. 功能区选项卡

（1）“开始”选项卡。该选项卡用于设置文字的字体格式、对齐方式，设置数据的类型，为表格或单元格套用样式，插入、删除单元格，进行简单的数据分析和处理等工作。

（2）“插入”选项卡。通过此选项卡可在工作表中插入需要的对象——表、图、图表、符号等，常用的功能是插入图表。

（3）“页面布局”选项卡。该选项卡用于设置工作表的主题、页面、对象的排列方式等，常用的功能是页面设置。

（4）“公式”选项卡。使用此选项卡可以插入函数，命名单元格或单元格区域，对公式进行审核，控制Excel 2016执行计算的方式。

（5）“数据”选项卡。此选项卡主要用于数据分析和处理，可从外部获取数据，对数据进行排序、合并、分类汇总等。

（6）“审阅”选项卡。此选项卡用于检查拼写、翻译单词、添加批注、保护工作表和工作簿、隐藏墨迹等，常用的功能是添加批注、保护工作表。

（7）“视图”选项卡。此选项卡主要用于设置工作簿的视图方式，拆分窗口，冻结窗口等。

（8）上下文选项卡。除了上述选项卡外，Excel 2016还有一些上下文选项卡，这些选项卡只在操作对应的对象时才会出现。例如，创建图表时，会出现“设计”“布局”“格式”3个上下文选项卡，这3个选项卡均在“图表工具”中。

二、工作簿与工作表的概念

在Excel 2016中，一个文件即为一个工作簿，一个工作簿由一张或多张工作表组成。在新建的空白工作簿中，Excel 2016自动创建一张名为Sheet1的工作表。工作表可以用来存放各种数据信息。

工作表是Excel 2016完成一项工作的基本单位，其中可以输入字符串（包括汉字）、数字、日期、公式等丰富的信息，还可以插入图表等对象。工作表由多个按行和列排列的单元格组成。

提示

对于Excel 2016，一个工作簿可以包含任意数量的工作表，建立的工作表数量受计算机内存的影响。一张工作表最多可以有1048576行、16384列数据。

单元格是Excel 2016工作簿最小的组成单位，在单元格内可以存放简单的字符或数据，也可以存放多达268435456个字符的信息，单元格可通过地址来标识，即一个单元格可以用列标和行号来标识，如B2。

三、退出Excel 2016

退出Excel 2016程序有如下几种常用的方法。

方法1：单击“文件”选项卡中的“关闭”按钮。

方法2：单击标题栏右端的“关闭”按钮。

方法3：右击标题栏，在弹出菜单中执行“关闭”命令。

方法4：按“Alt+F4”组合键。

任务4.1 数据录入：公司苗木销售业绩报表

任务描述

A公司需要对第一季度、第二季度的各类苗木销售情况进行整体分析，所以需要创建第一季度、第二季度苗木销售业绩报表，同时为了使表格更加易于查看，需要对该表格进行美化修饰处理。

任务展示

制作完成的第一季度苗木销售业绩报表如图4-1-1所示。

	A	B	C	D	E	F
1	第一季度苗木销售业绩报表					
2	品名	规格	苗株大小	进价	销售里（株）	售价
3	罗汉松	罗汉松A	高100公分	¥5.00	1000	¥6.00
4	罗汉松	罗汉松B	高200公分	¥26.00	1600	¥32.00
5	罗汉松	罗汉松C	高300公分	¥66.00	690	¥72.00
6	黑松	黑松A	高150公分	¥12.00	1200	¥15.00
7	黑松	黑松B	高250公分	¥50.00	2800	¥58.00
8	黑松	黑松C	高300公分	¥90.00	880	¥100.00
9	油松	油松A	高150公分	¥12.00	1200	¥16.00
10	油松	油松B	高200公分	¥25.00	3560	¥30.00
11	油松	油松C	高300公分	¥90.00	2100	¥110.00
12	马尾松	马尾松A	高150公分	¥12.00	2980	¥18.00
13	马尾松	马尾松B	高200公分	¥25.00	5600	¥32.00
14	马尾松	马尾松C	高300公分	¥90.00	1870	¥112.00
15	红叶石楠	红叶石楠A	高30-50公分	¥1.20	3020	¥2.00
16	红叶石楠	红叶石楠B	高60-70公分	¥5.00	8000	¥9.00
17	红叶石楠	红叶石楠C	高70-120公分	¥23.00	7800	¥32.00

图4-1-1　任务完成展示效果图

技能目标

通过本次任务，我们将掌握以下技能：

（1）工作簿的基本操作：创建、打开、保存和关闭等。

（2）工作表的基本操作：切换、插入、删除、重命名、移动、复制、冻结、显示及隐藏。

（3）输入文本：数据录入的技巧。

（4）单元格、行列的操作：单元格的设置、行列的设置。

（5）页面及打印：页面布局、打印设置及预览。

任务分解

分析上面的工作情境，我们需要完成下列任务：

（1）苗木销售业绩报表的创建。

（2）苗木销售业绩报表的美化。

（3）苗木销售业绩报表的打印设置。

完成思路

首先新建空白工作簿，并命名为苗木销售业绩报表，然后依次按下列步骤完成：

（1）在Sheet1工作表中输入相关信息。

（2）修改工作表Sheet1名称为苗木销售业绩报表。

（3）设置报表标题格式。

（4）编辑报表中数据格式，以便能直观地查看和分析数据。

（5）对表格进行页面及打印设置。

任务实现

操作步骤	知识导航
（1）启动 Excel 2016 创建一个空白工作簿。	
（2）在“文件”选项卡中单击“新建”按钮，在“新建”面板中选择“空白工作簿”选项，新建一个空白工作簿，如图4-1-2 所示。 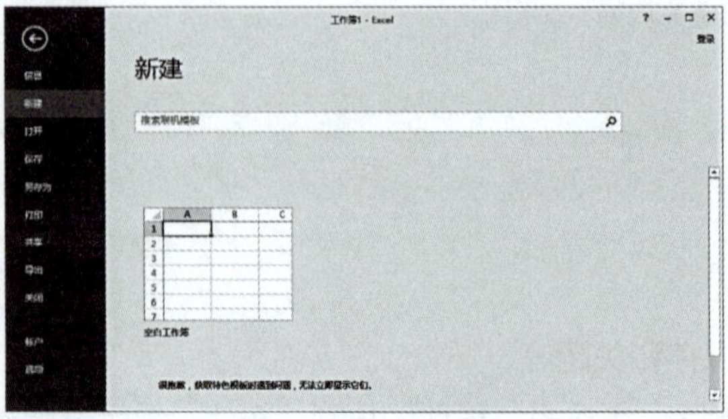 图4-1-2　新建空白工作簿	◆ 创建空白工作簿的其他方式 方法 1：双击桌面上的快捷方式建立一个新的 Excel 2016 工作簿。 方法 2：在桌面空白处右击，从弹出的快捷菜单中选择“新建”→“Microsoft Excel 工作表”命令。

续表

操作步骤	知识导航
（3）单击快速访问工具栏上的“保存”按钮，在弹出的对话框中选择保存路径，并输入文件名“苗木销售业绩报表”，选择保存类型，如图 4-1-3 所示。	◆ 保存空白工作簿的其他方法 方法 1：在“文件”选项卡中单击“另存为”按钮，在“另存为”面板中首先选择要保存的位置，然后在弹出的“另存为”对话框中输入文件名（如“苗木销售业绩报表”），设置保存类型为“Excel 工作簿（*.xlsx）”。 方法 2：在“文件”选项卡中单击“保存”按钮，还可以按“Ctrl + S”组合键。如果工作簿未保存过，则会打开“另存为”面板，操作与方法 1 相同；否则会直接保存。

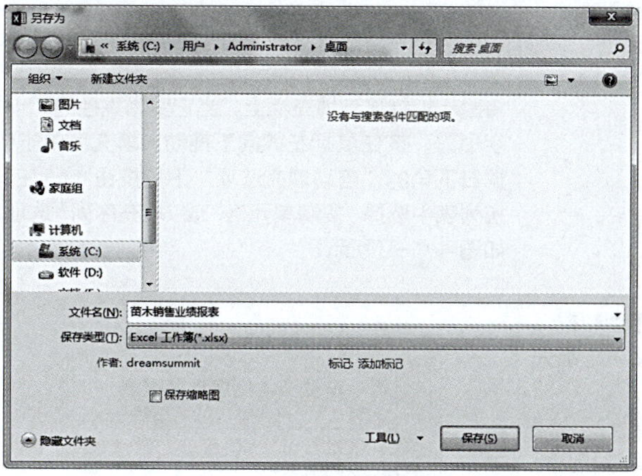

图4-1-3　保存工作簿

操作步骤	知识导航
（4）输入报表标题及数据报表的标题行。 单击 A1 单元格，直接输入数据报表的标题内容“第一季度苗木销售业绩报表”，输入完毕后按 Enter 键，即输入成功。 在数据表中，标题行指由报表数据的列标题构成的一行信息。根据样张数据，从 A2 至 F2 单元格依次输入“品名、规格、苗株大小、进价、销售量（株）、售价”，如图 4-1-4 所示。	Excel 2016 的数据类型有常规、数值、货币、日期、时间、百分比、分数、科学记数、文本、自定义等，下面主要介绍几种常用的数据类型的输入。 ◆ 常规输入 如果要在指定的单元格中输入数据，应先选定单元格，然后输入数据。输入完毕，按“Enter”键确认，同时活动单元格自动下移。 ◆ 数值的输入 输入数值时，按键盘上的数字键即可。如果要输入分数，先输入“0”和一个空格，然后输入分数，如“0 1/2”。如果不输入 0 和空格，Excel 2016 会把该数据当作日期格式处理，存储为 1 月 2 日。 一般文本可直接输入，如果要将数字当作文本处理，则需要在数字之前输入一个英文单引号“'”，如“' 01002”。如果不加英文单引号，则显示为数字“1002”。 ◆ 日期的输入 输入日期有很多种方法，如果输入的日期格式与默认的格式不一致，就会把它转换成默认的日期格式。如输入“2021 年 3 月 18 日”这个日期，可以输入如下形式的日期： 21/3/18 21-3-18 21-3/18 21/3-18 2021/3/18 2021-3-18 2021-3/18 2021/3-18

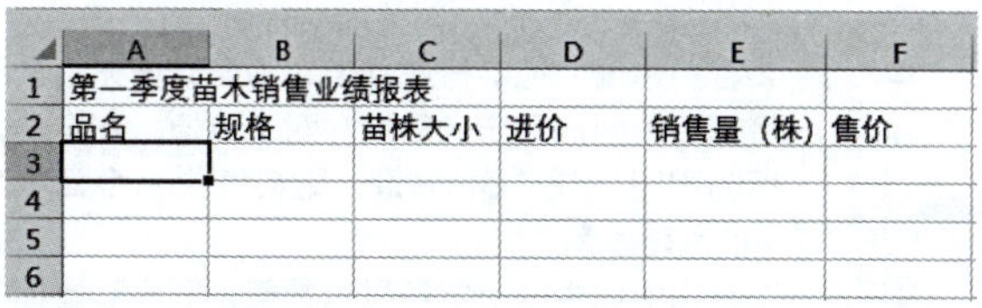

图4-1-4　标题行的输入

（5）输入其他各项数据。
①输入“品名”数据列。首先选择 A3 单元格，输入“罗汉松”，然后将鼠标指针移到 A3 单元格的右下角，直至鼠标指针变成黑色十字形状，按住鼠标左键并拖动到 A5 单元格，释放鼠标，即可完成填充，如图 4-1-5 所示。

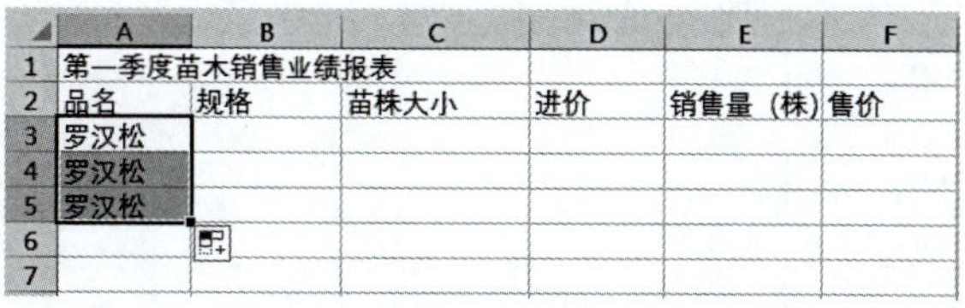

图4-1-5　填充输入相同的数据

续表

操作步骤

②输入“规格”和“苗株大小”数据列，完成后结果如图 4-1-6 所示。

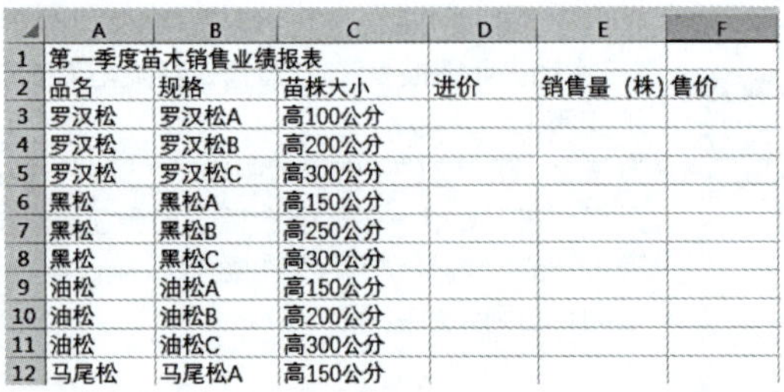

	A	B	C	D	E	F
1	第一季度苗木销售业绩报表					
2	品名	规格	苗株大小	进价	销售量（株）	售价
3	罗汉松	罗汉松A	高100公分			
4	罗汉松	罗汉松B	高200公分			
5	罗汉松	罗汉松C	高300公分			
6	黑松	黑松A	高150公分			
7	黑松	黑松B	高250公分			
8	黑松	黑松C	高300公分			
9	油松	油松A	高150公分			
10	油松	油松B	高200公分			
11	油松	油松C	高300公分			
12	马尾松	马尾松A	高150公分			

图4-1-6 文本数据输入

③输入“进价”和“售价”数据列。该两列数据为货币型数据，需要注意格式及小数点的保留。为了方便起见，在输入之前先设置其单元格格式。

按住“Ctrl”键，选择 D 列和 F 列，鼠标右击，在弹出的快捷菜单中选择“设置单元格格式”，弹出“设置单元格格式”对话框。在“数字”选项卡中的“分类”列表框中选择“货币”选项，在“小数位数”数值框中设置数值为“2”，如图 4-1-7 所示。设置完成后，单击“确定”按钮，然后按照样张输入对应数值，结果如图 4-1-8 所示。

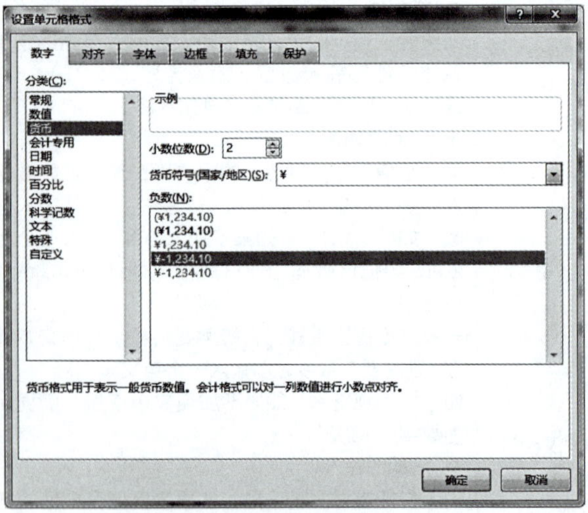

图4-1-7 货币类型设置对话框

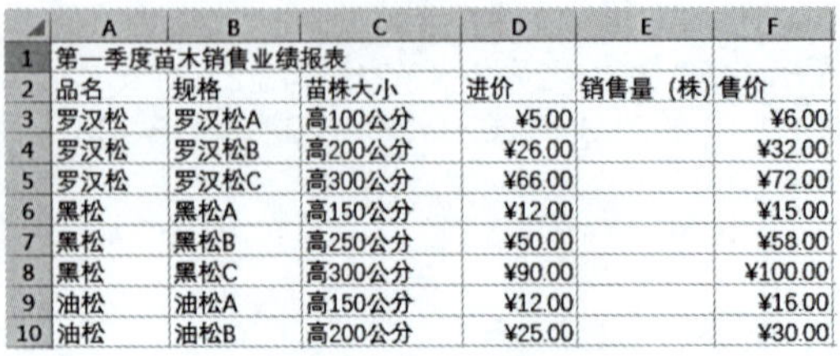

	A	B	C	D	E	F
1	第一季度苗木销售业绩报表					
2	品名	规格	苗株大小	进价	销售量（株）	售价
3	罗汉松	罗汉松A	高100公分	¥5.00		¥6.00
4	罗汉松	罗汉松B	高200公分	¥26.00		¥32.00
5	罗汉松	罗汉松C	高300公分	¥66.00		¥72.00
6	黑松	黑松A	高150公分	¥12.00		¥15.00
7	黑松	黑松B	高250公分	¥50.00		¥58.00
8	黑松	黑松C	高300公分	¥90.00		¥100.00
9	油松	油松A	高150公分	¥12.00		¥16.00
10	油松	油松B	高200公分	¥25.00		¥30.00

图4-1-8 完成效果图

知识导航

◆ 数据的自动填充

在制作表格时，用户经常会遇到前后单元格数据相关联的情况，如文本相同，序数 1、2、3、…，连续的日期等。此时，可使用填充操作完成此过程。

①选中填好数据的单元格，在单元格的右下角出现一个实心小方块，这个小方块称为填充柄。

将鼠标指针移到填充柄上，当它变为黑色的“十”字形时，按住鼠标左键向下拖动，填充后单击数据右下角的“自动填充选项”下拉按钮，在下拉列表中选择“复制单元格”或“填充序列”选项，如图 4-1-9 所示。

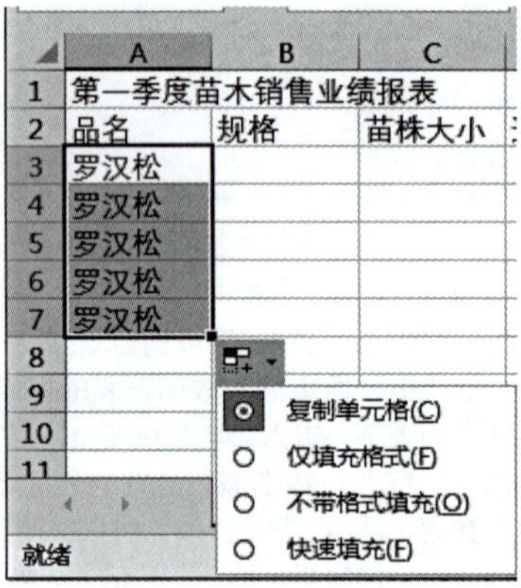

图4-1-9 自动填充选项

②若初始值为纯字符或数值，则自动填充相当于将初始值向拖动方向复制。对于数值，在拖动鼠标的同时按住“Ctrl”键，则会产生一个公差为 1 的等差序列。

③若初始值中既有字符又有数值，则拖动鼠标向下填充时，字符不变，数字递增（如果字符串中有多个数字，则右侧的数字递增）。若在拖动鼠标的同时按住“Ctrl”键，则数值不变，相当于向拖动方向进行复制。

④也可以通过其他方式填充等差序列。例如，在两个相邻的单元格中输入序列的第一个和第二个值，然后选中这两个单元格，再将鼠标指针指向填充柄，按住鼠标左键进行拖动，即可完成等差序列的填充。

续表

操作步骤	知识导航

④输入“销售量（株）”数据列。这列数据直接输入即可，输入完成后效果如图 4-1-10 所示：

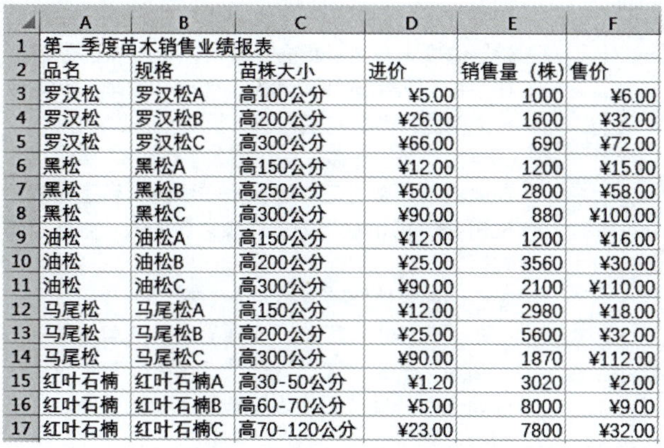

	A	B	C	D	E	F
1	第一季度苗木销售业绩报表					
2	品名	规格	苗株大小	进价	销售量（株）	售价
3	罗汉松	罗汉松A	高100公分	¥5.00	1000	¥6.00
4	罗汉松	罗汉松B	高200公分	¥26.00	1600	¥32.00
5	罗汉松	罗汉松C	高300公分	¥66.00	690	¥72.00
6	黑松	黑松A	高150公分	¥12.00	1200	¥15.00
7	黑松	黑松B	高250公分	¥50.00	2800	¥58.00
8	黑松	黑松C	高300公分	¥90.00	880	¥100.00
9	油松	油松A	高150公分	¥12.00	1200	¥16.00
10	油松	油松B	高200公分	¥25.00	3560	¥30.00
11	油松	油松C	高300公分	¥90.00	2100	¥110.00
12	马尾松	马尾松A	高150公分	¥12.00	2980	¥18.00
13	马尾松	马尾松B	高200公分	¥25.00	5600	¥32.00
14	马尾松	马尾松C	高300公分	¥90.00	1870	¥112.00
15	红叶石楠	红叶石楠A	高30-50公分	¥1.20	3020	¥2.00
16	红叶石楠	红叶石楠B	高60-70公分	¥5.00	8000	¥9.00
17	红叶石楠	红叶石楠C	高70-120公分	¥23.00	7800	¥32.00

图4-1-10　完成效果图

◆ 数字格式的设置

如果单元格要输入的是数字格式，可以选择单元格后，鼠标右击，在弹出的快捷菜单中选择“设置单元格格式”，弹出“设置单元格格式”对话框。在“数字”选项卡中的“分类”列表框中选择“数字”选项进行设置。如图 4-1-11 所示。

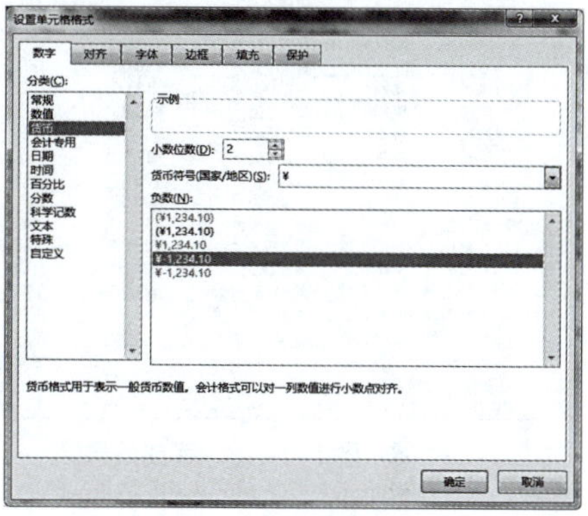

图4-1-11　设置数字格式

（6）工作表的设置。

鼠标右击 Sheet1 工作表标签，在弹出的菜单中选择“重命名”选项，如图 4-1-12 所示，输入新的名称“苗木销售业绩报表”并按 Enter 键即可，修改后的效果图如图 4-1-13 所示。

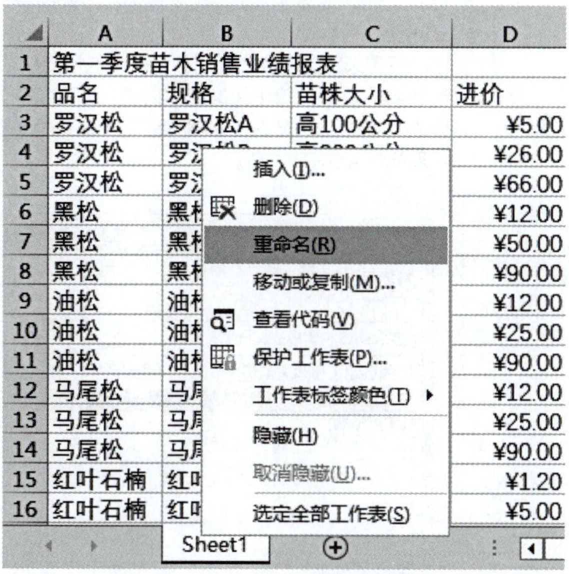

图4-1-12　工作表重命名

◆ 工作表重命名的其他方法

方法 1：直接重命名工作表

双击工作表标签，直接输入新的名称，按“Enter”键确认即可。

方法 2：通过“开始”选项卡重命名工作表

选择工作表标签，单击“开始”选项卡→“单元格”组→“格式”按钮，从下拉列表（图 4-1-14）中选择“重命名工作表”选项，然后输入新的名称。

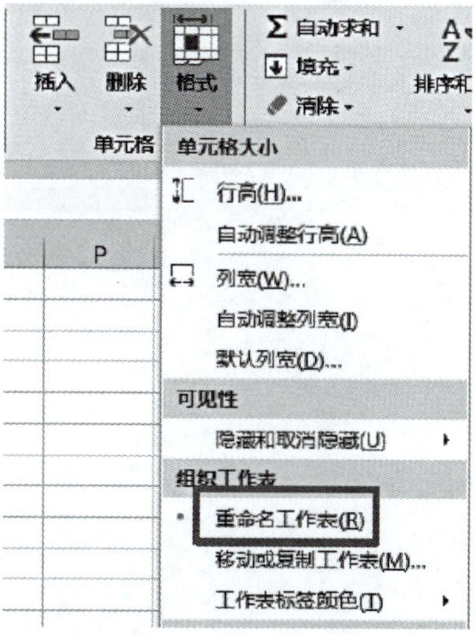

图4-1-14　“格式”下拉列表

续表

操作步骤

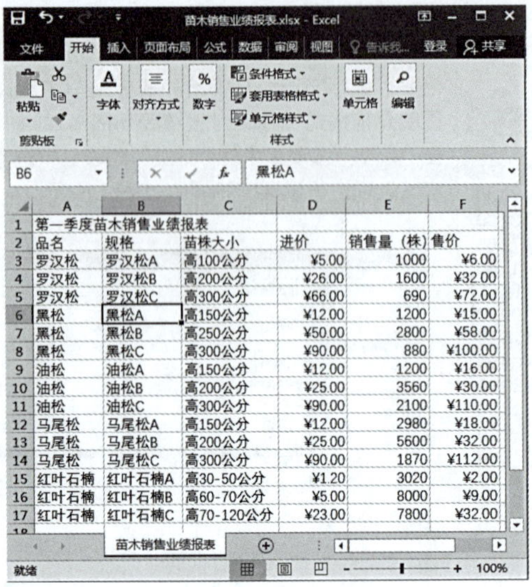

	A	B	C	D	E	F
1	第一季度苗木销售业绩报表					
2	品名	规格	苗株大小	进价	销售量（株）	售价
3	罗汉松	罗汉松A	高100公分	¥5.00	1000	¥6.00
4	罗汉松	罗汉松B	高200公分	¥26.00	1600	¥32.00
5	罗汉松	罗汉松C	高300公分	¥66.00	690	¥72.00
6	黑松	黑松A	高150公分	¥12.00	1200	¥15.00
7	黑松	黑松B	高250公分	¥50.00	2800	¥58.00
8	黑松	黑松C	高300公分	¥90.00	880	¥100.00
9	油松	油松A	高150公分	¥12.00	1200	¥16.00
10	油松	油松B	高200公分	¥25.00	3560	¥30.00
11	油松	油松C	高300公分	¥90.00	2100	¥110.00
12	马尾松	马尾松A	高150公分	¥12.00	2980	¥18.00
13	马尾松	马尾松B	高200公分	¥25.00	5600	¥32.00
14	马尾松	马尾松C	高300公分	¥90.00	1870	¥112.00
15	红叶石楠	红叶石楠A	高30-50公分	¥1.20	3020	¥2.00
16	红叶石楠	红叶石楠B	高60-70公分	¥5.00	8000	¥9.00
17	红叶石楠	红叶石楠C	高70-120公分	¥23.00	7800	¥32.00

图4-1-13　完成效果图

知识导航

◆ 工作表的插入

①通过“开始”选项卡插入工作表。

打开 Excel 文档，选中 Sheet 1 工作表，单击“开始”选项卡→“单元格”组→“插入”下拉按钮，在下拉列表中选择“插入工作表”选项，就可以在当前工作表之前插入一张新工作表。

②单击“新工作表”按钮插入工作表。

在窗口下方单击工作表标签右侧的“新工作表”按钮⊕，即可在当前工作表之后插入一张新工作表。

③通过右键快捷菜单插入工作表。

右击“工作表”标签，在弹出的快捷菜单中执行“插入”命令。弹出“插入”对话框，在“常用”选项卡中选择“工作表”选项，单击“确定”按钮即可。

◆ 移动复制工作表

①通过拖动快速移动或复制工作表。

移动工作表：单击工作表标签，按住鼠标左键将其拖动至合适的位置。

复制工作表：单击工作表标签，按住“Ctrl”键的同时将其拖动到合适的位置。

②使用对话框移动或复制工作表。

打开工作簿，右击所要移动或复制的工作表标签，在弹出的快捷菜单中执行“移动或复制”命令，打开“移动或复制工作表”对话框，如图 4-1-15 所示。

在“下列选定工作表之前”列表框中选择要移动 / 复制到的位置，单击“确定”按钮，即可实现工作表的移动；如果选择“建立副本”复选框，则实现的是工作表的复制。

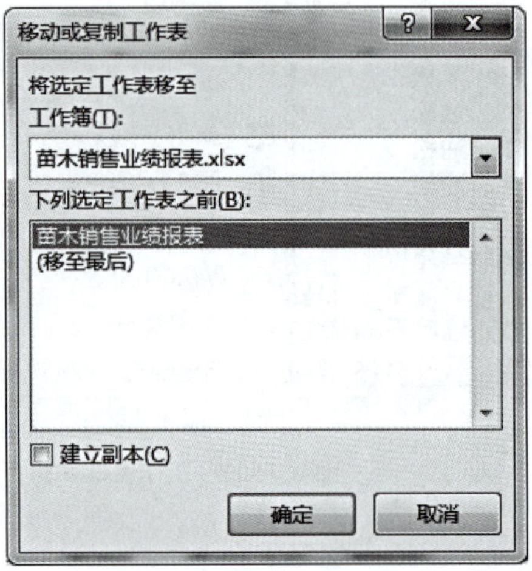

图4-1-15　移动或复制工作表

续表

<table>
<tr><th>操作步骤</th><th>知识导航</th></tr>
<tr><td></td><td>◆ 显示或隐藏工作表
①隐藏工作表：右击要隐藏的工作表，在弹出的快捷菜单中执行“隐藏”命令。也可以单击“开始”选项卡→“单元格”组→“格式”下拉按钮，在下拉列表中依次选择“隐藏和取消隐藏”→“隐藏工作表”选项。
②显示隐藏的工作表：隐藏和显示是相对的，显示工作表的方法与隐藏类似：右击任意一个工作表标签，在弹出的快捷菜单中执行“取消隐藏”命令，弹出“取消隐藏”对话框，选择要取消隐藏的工作表，单击“确定”按钮即可。单击“开始”选项卡→“单元格”组→“格式”下拉按钮，在下拉列表中依次选择“隐藏和取消隐藏”→“取消隐藏工作表”选项，也可以打开“取消隐藏”对话框。</td></tr>
<tr><td>（7）修饰、美化工作表。
①合并单元格。
选择 A1:F1 单元格区域，然后在“开始”选项卡→“对齐方式”组→单击“合并后居中”按钮，如图 4-1-16 所示。
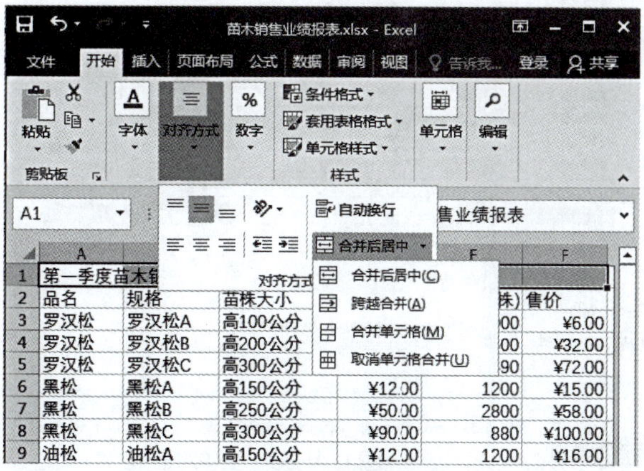

图4-1-16 合并后居中

②设置字体格式。
选中合并后的A1单元格，切换到“开始”选项卡→“字体”组（图4-1-17）中设置字体为“微软雅黑”，字号为“16”，颜色为“绿色”，对齐方式为“垂直居中”，设置结果如图 4-1-18 所示。
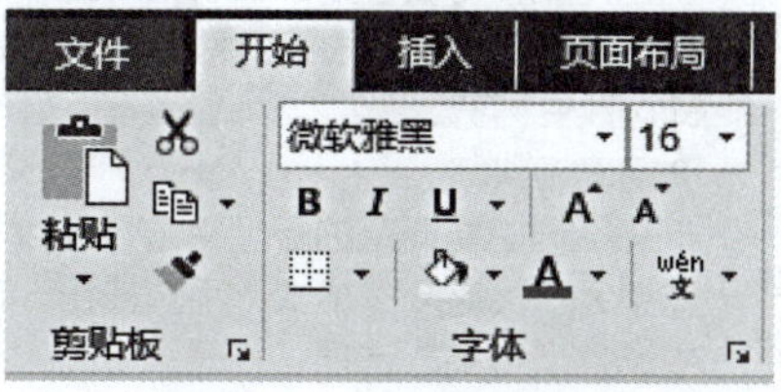

图4-1-17 字体格式组</td><td>◆ 单元格
（1）选择单个单元格。
方法 1：直接单击单元格，就能将其选中，被选中的单元格周围会出现深绿色的边框。
方法 2：如果要选择的单元格没有出现在当前屏幕中，可以在名称框中输入需要选择的单元格地址，按“Enter”键即可。
（2）选择整行。
只要在工作表上单击某行的行号，即可选择整行；按住鼠标左键向上或向下拖动，可以选择多行。
（3）选择整列。
在工作表上单击列标，即可选择整列；按住鼠标左键向左或向右拖动，可以选择多列。
（4）选择单元格区域。
单元格区域是指由多个相邻的单元格构成的矩形区域。用户可以利用鼠标或组合键来选择一个单元格区域或多个不相邻的单元格区域。
①选择一个连续区域。
方法 1：单击待选区域的第一个单元格，按住鼠标左键向右下方拖动，直至所有待选的单元格都被选中，然后松开鼠标左键，即可选中该区域，选中的区域除了第一个单元格显示为白色，其余均显示为灰色。
方法 2：选中待选区域的第一个单元格，按住“Shift”键的同时，单击待选区域的最后一个单元格。
方法 3：在名称框中输入起止单元格的地址，如“A3:G6”，按“Enter”键即可。</td></tr>
</table>

续表

操作步骤

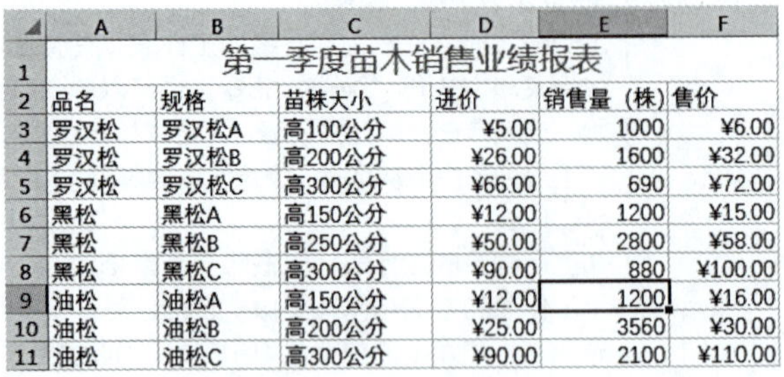

	A	B	C	D	E	F
1	第一季度苗木销售业绩报表					
2	品名	规格	苗株大小	进价	销售量（株）	售价
3	罗汉松	罗汉松A	高100公分	¥5.00	1000	¥6.00
4	罗汉松	罗汉松B	高200公分	¥26.00	1600	¥32.00
5	罗汉松	罗汉松C	高300公分	¥66.00	690	¥72.00
6	黑松	黑松A	高150公分	¥12.00	1200	¥15.00
7	黑松	黑松B	高250公分	¥50.00	2800	¥58.00
8	黑松	黑松C	高300公分	¥90.00	880	¥100.00
9	油松	油松A	高150公分	¥12.00	1200	¥16.00
10	油松	油松B	高200公分	¥25.00	3560	¥30.00
11	油松	油松C	高300公分	¥90.00	2100	¥110.00

图4-1-18　效果展示图

参照以上方法，设置 A2:F2 单元格区域的字体为“宋体”，字号为“10”，加粗显示，颜色为“白色”，填充色为“绿色，个性色 6，深色 25%”，对齐方式为“水平垂直居中”。其余字体为“等线”，字号“10”，完成效果如图 4-1-19 所示。

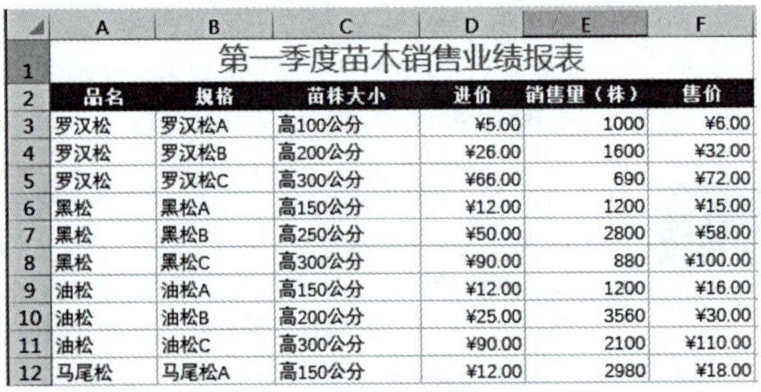

	A	B	C	D	E	F
1	第一季度苗木销售业绩报表					
2	品名	规格	苗株大小	进价	销售量（株）	售价
3	罗汉松	罗汉松A	高100公分	¥5.00	1000	¥6.00
4	罗汉松	罗汉松B	高200公分	¥26.00	1600	¥32.00
5	罗汉松	罗汉松C	高300公分	¥66.00	690	¥72.00
6	黑松	黑松A	高150公分	¥12.00	1200	¥15.00
7	黑松	黑松B	高250公分	¥50.00	2800	¥58.00
8	黑松	黑松C	高300公分	¥90.00	880	¥100.00
9	油松	油松A	高150公分	¥12.00	1200	¥16.00
10	油松	油松B	高200公分	¥25.00	3560	¥30.00
11	油松	油松C	高300公分	¥90.00	2100	¥110.00
12	马尾松	马尾松A	高150公分	¥12.00	2980	¥18.00

图4-1-19　效果展示图

③设置行高列宽。

选中 A1 单元格所在行并右击，在弹出的快捷菜单中选择“行高”选项，在弹出的对话框中输入“28”，如图 4-1-20 所示，单击“确定”按钮。

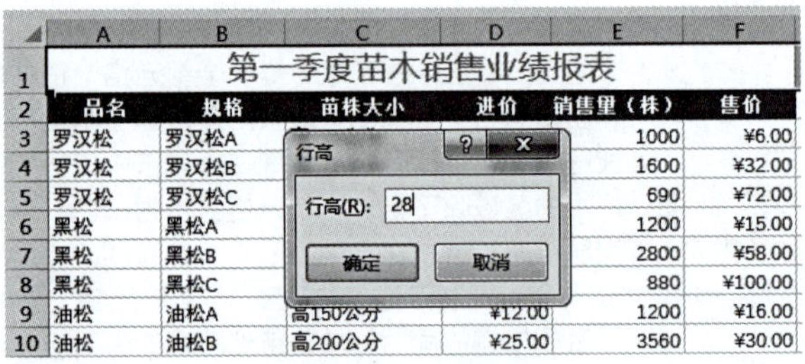

图4-1-20　行高设置

④设置边框。

选中区域 A2:F17，单击“开始”选项卡→“字体”组→“边框”下拉按钮，在下拉列表中有多种边框可供选择（图 4-1-21），这里选择“所有框线”选项，为数据区域所有单元格添加边框。

知识导航

②选择不连续的单元格区域。

方法 1：通过鼠标拖动选择第一个区域；然后按住“Ctrl”键不放，选择其他区域。

方法 2：在名称框中输入要选择的单元格地址，不连续地址之间用半角逗号隔开，如“A3, B6:G6”，按“Enter”键，即可选择单元格 A3 和单元格区域 B6:G6。

◆ 字体格式的其他设置方法

方法 1：选中需要进行格式设置的数据区域并右击，在浮动工具栏中进行，如图 4-1-22 所示。

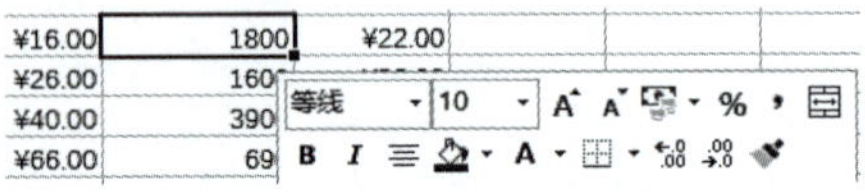

图4-1-22　浮动工具栏

方法 2：单击“字体”组右下角的对话框启动器，在打开的“设置单元格格式”对话框中进行设置，如图 4-1-23 所示。

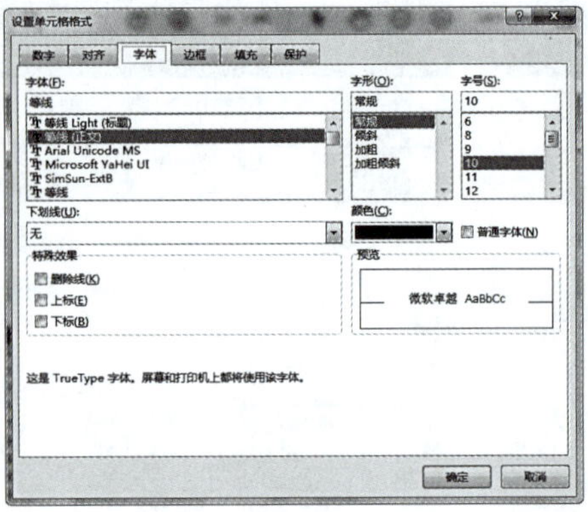

图4-1-23　字体对话框

◆ 调整表格的行高列宽

①通过鼠标拖动的方法调整。

调整行高：将鼠标指针置于某行行号下方的框线上，当鼠标指针的形状变为 ✢ 时，上下拖动鼠标即可改变行高。

调整列宽：将鼠标指针置于某列列标右侧的框线上，当鼠标指针的形状变为 ✢ 时，左右拖动鼠标即可改变列宽。

②精确调整。

行高：选中要调整的行，单击“开始”选项卡→“单元格”组→“格式”下拉按钮，在下拉列表中选择“行高”选项，打开“行高”对话框，输入具体的行高值，单击“确定”按钮即可。

续表

操作步骤	知识导航

操作步骤

如果要做更多的设置，可执行“其他边框”命令，在弹出的对话框中进行设置，如图 4-1-24 所示。

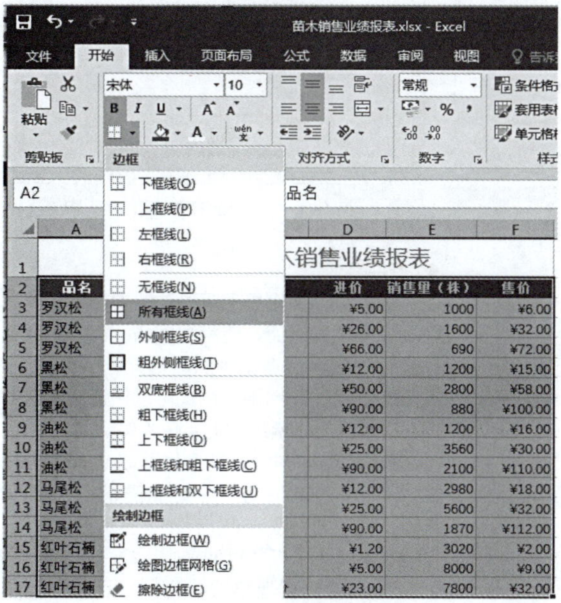

图4-1-21　边框设置下拉列表

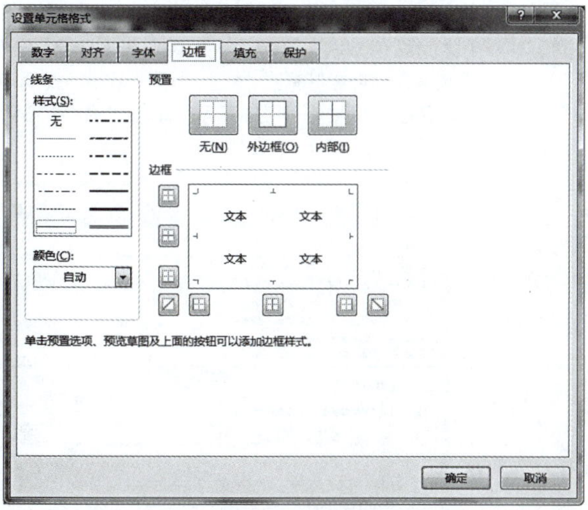

图4-1-24　边框设置对话框

⑤添加底纹。

选择单元格区域 A3:F17，单击“开始”选项卡→“字体”组→“填充颜色”下拉按钮，在下拉列表中选择一种颜色（如“蓝色，个性色 5，淡色 80%”），如图 4-1-25 所示。

如果填充其他效果，可右击选中区域，在弹出的快捷菜单中执行“设置单元格格式”命令，打开“设置单元格格式”对话框，在“填充”选项卡（图 4-1-26）中进行设置。

知识导航

列宽：与行高的调整类似，选中要调整的列，在“格式”下拉列表中选择“列宽”选项，弹出“列宽”对话框，输入具体的列宽值，单击“确定”按钮即可。

③自动调整所有列宽或行高。

单击工作表左上角的“全选”按钮，选中所有数据区域，双击行号的下边界，可自动调整行高；双击列标的右边界，可自动调整列宽。也可以在“格式”下拉列表中选择“自动调整行高”或“自动调整列宽”选项。

◆ 自动套用表格样式

为了提高工作效率，Excel 2016 提供了多种专业表格样式供用户选择，用户可以通过套用这些样式对工作表进行设置，大大节省用于格式化工作表的时间。

①选择需要套用表格样式的单元格区域。

单击“开始”选项卡→“样式”组→“套用表格格式”下拉按钮，打开预置样式列表，从中选择一个样式，如“中等色”列表中的“橙色，表样式中等深浅 10”，如图 4-1-27 所示。

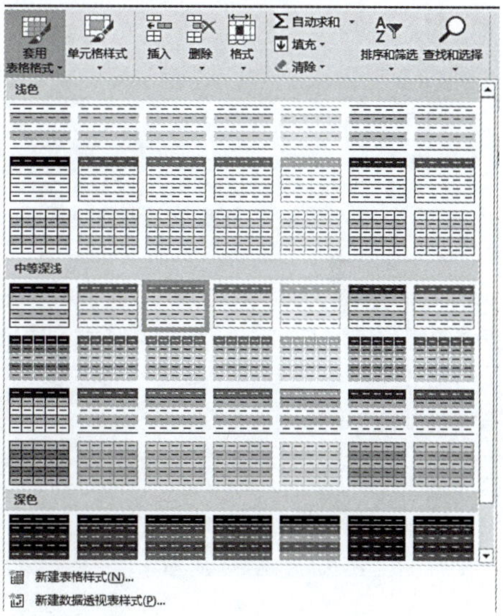

图4-1-27　表格样式

②弹出“套用表格式”对话框，如图 4-1-28 所示，其中“表数据的来源”就是之前选中的单元格区域，如果选中的区域包括标题，则选择“表包含标题”复选框，否则不要选择该复选框。设置完成后单击“确定”按钮。

续表

操作步骤	知识导航
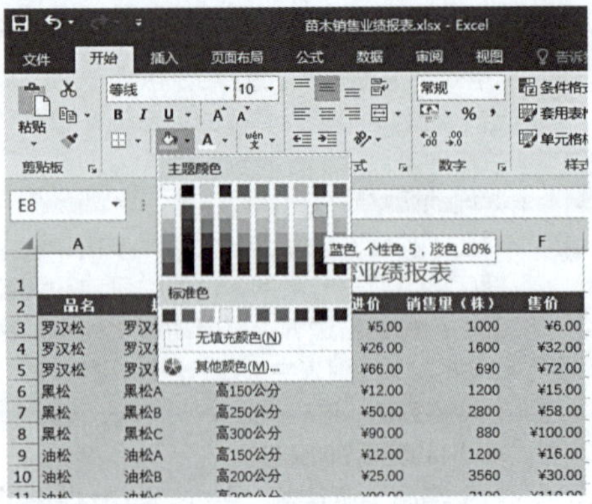 图4-1-25　底纹设置下拉列表 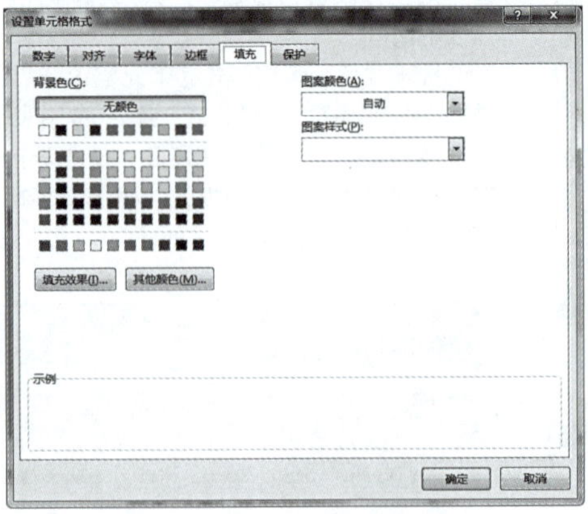 图4-1-26　底纹设置对话框 ⑥条件格式设置。 选中单元格区域 E3:E17，单击“开始”选项卡→“样式”组→“条件格式”下拉按钮，选择一种规则类型，如“数据条”，在其子菜单中选择“渐变填充红色数据条”，如图 4-1-29 所示，完成的效果如图 4-1-30 所示。 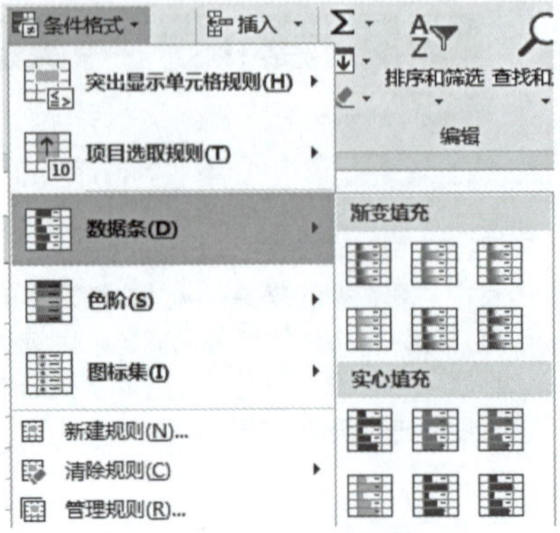 图4-1-29　条件格式类型	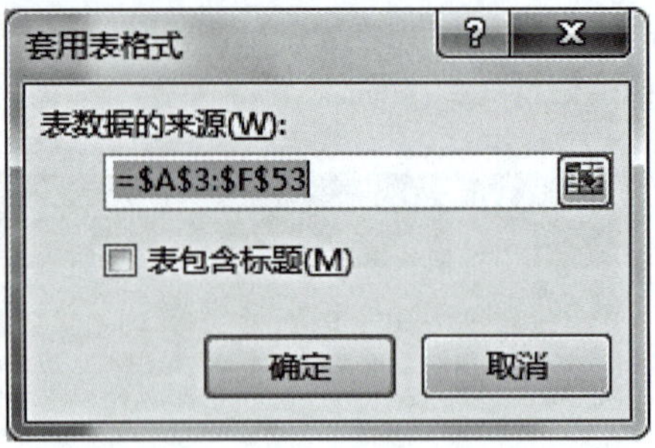 图4-1-28　套用表格式对话框 ◆ 条件格式 条件格式可以突出显示所关注的单元格或单元格区域，强调异常值，使用数据条、色阶和图标集等直观地显示数据。例如，要查看销量在 1000 以下的记录，利用条件格式可以快速找到这些数据并以特殊格式标出它们所在的单元格。 ①选择要应用条件格式的数据区域，单击“开始”选项卡→“样式”组→“条件格式”下拉按钮，选择一种规则类型，如“突出显示单元格规则”，在其子菜单中执行“其他规则”命令。 ②在弹出的“新建格式规则”对话框中，“编辑规则说明”区域中设置条件为“单元格值小于 1000”。单击对话框下方的“格式”按钮，在弹出的对话框中设置单元格的格式，如设置字体为红色，填充颜色为“橙色，个性色 2，淡色 40%”，单击“确定”按钮，返回“新建格式规则”对话框，如图 4-1-31 所示。单击“确定”按钮，设置效果如图 4-1-32 所示。 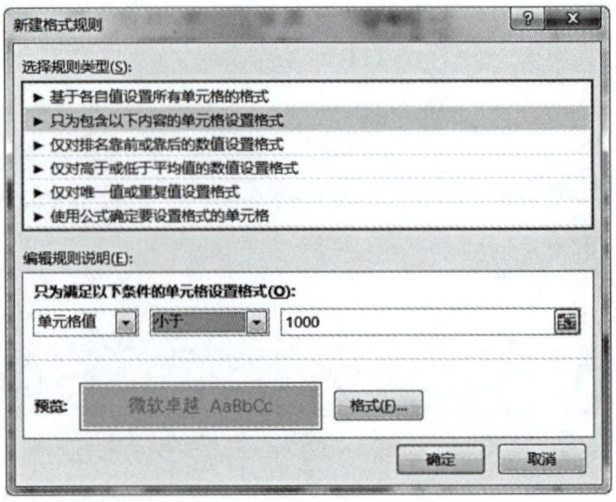 图4-1-31　新建规则对话框

续表

操作步骤	知识导航

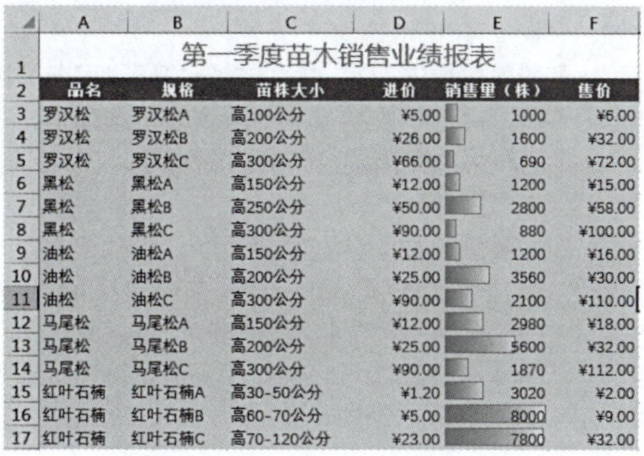

	A	B	C	D	E	F
1	第一季度苗木销售业绩报表					
2	品名	规格	苗株大小	进价	销售量（株）	售价
3	罗汉松	罗汉松A	高100公分	¥5.00	1000	¥6.00
4	罗汉松	罗汉松B	高200公分	¥26.00	1600	¥32.00
5	罗汉松	罗汉松C	高300公分	¥66.00	690	¥72.00
6	黑松	黑松A	高150公分	¥12.00	1200	¥15.00
7	黑松	黑松B	高250公分	¥50.00	2800	¥58.00
8	黑松	黑松C	高300公分	¥90.00	880	¥100.00
9	油松	油松A	高150公分	¥12.00	1200	¥16.00
10	油松	油松B	高200公分	¥25.00	3560	¥30.00
11	油松	油松C	高300公分	¥90.00	2100	¥110.00
12	马尾松	马尾松A	高150公分	¥12.00	2980	¥18.00
13	马尾松	马尾松B	高200公分	¥25.00	5600	¥32.00
14	马尾松	马尾松C	高300公分	¥90.00	1870	¥112.00
15	红叶石楠	红叶石楠A	高30-50公分	¥1.20	3020	¥2.00
16	红叶石楠	红叶石楠B	高60-70公分	¥5.00	8000	¥9.00
17	红叶石楠	红叶石楠C	高70-120公分	¥23.00	7800	¥32.00

图4-1-30 条件格式设置效果

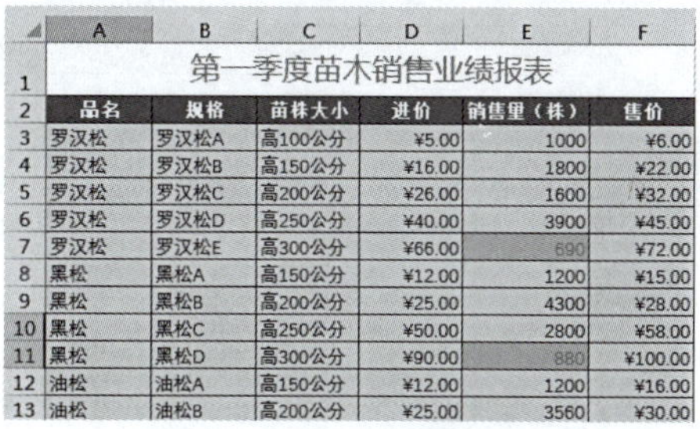

	A	B	C	D	E	F
1	第一季度苗木销售业绩报表					
2	品名	规格	苗株大小	进价	销售量（株）	售价
3	罗汉松	罗汉松A	高100公分	¥5.00	1000	¥6.00
4	罗汉松	罗汉松B	高150公分	¥16.00	1800	¥22.00
5	罗汉松	罗汉松C	高200公分	¥26.00	1600	¥32.00
6	罗汉松	罗汉松D	高250公分	¥40.00	3900	¥45.00
7	罗汉松	罗汉松E	高300公分	¥66.00	690	¥72.00
8	黑松	黑松A	高150公分	¥12.00	1200	¥15.00
9	黑松	黑松B	高200公分	¥25.00	4300	¥28.00
10	黑松	黑松C	高250公分	¥50.00	2800	¥58.00
11	黑松	黑松D	高300公分	¥90.00	880	¥100.00
12	油松	油松A	高150公分	¥12.00	1200	¥16.00
13	油松	油松B	高200公分	¥25.00	3560	¥30.00

图4-1-32 完成效果图

（8）打印工作表。

①页面设置。

单击“页面布局”选项卡→“页面设置”组→对话框启动器，弹出“页面设置”对话框，如图 4-1-33 所示。

在“页面”选项卡的“方向”区域中选择“纵向”单选按钮；如需缩放页面，可在“缩放”区域中设置缩放比例，或者调整页宽、页高；还可以设置纸张大小、打印质量和起始页码等选项。将“页面设置”对话框切换到“页边距”选项卡，在“上”“下”“左”“右”四个微调框中设置页边距的值；在“页眉”和“页脚”微调框中分别设置页眉、页脚到边界的距离，如图 4-1-34 所示。此外，还可以选择“水平”或“垂直”复选框，设置表格在页面中的居中方式。

图4-1-33 页面设置对话框

◆ 自定义页眉页脚

自定义页眉：单击“页面布局”选项卡→“页面设置”→“页眉页脚”的“自定义页眉”按钮，在弹出的“页眉”对话框中进行设置。若要在页眉中间显示“第一季度销售业绩表”，在右侧显示日期，可在“中部”文本框中输入“第一季度销售业绩表”，然后将光标定位到“右部”文本框中，单击“插入日期”按钮，如图 4-1-35 所示。

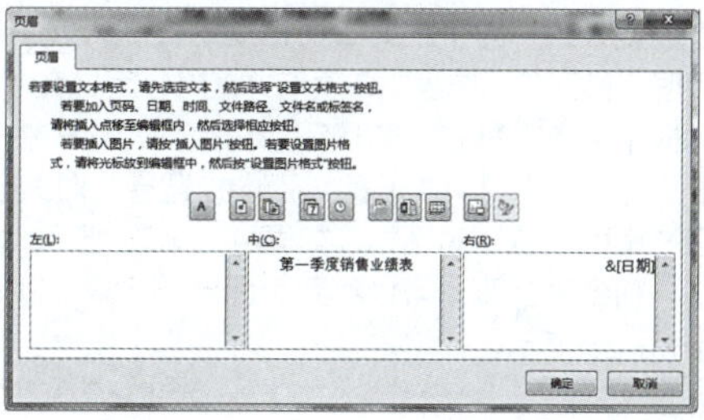

图4-1-35 自定义页眉

自定义页脚：同单击“自定义页眉”的路径一样，单击“自定义页脚”按钮，在弹出的“页脚”对话框中进行设置。例如，要在页脚中间显示页码和页数，格式为“<页码>/<页数>”，如“1/3”，可以将光标定位在“中部”文本框中，先单击“插入页码”按钮，然后输入“/”，再单击“插入页数”按钮，如图 4-1-36 所示。

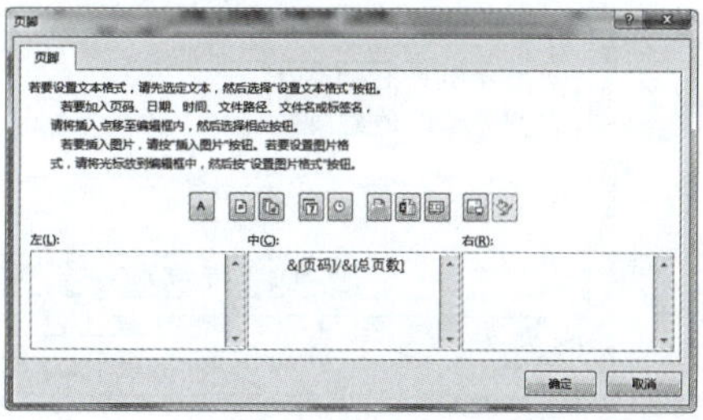

图4-1-36 自定义页脚

续表

操作步骤	知识导航

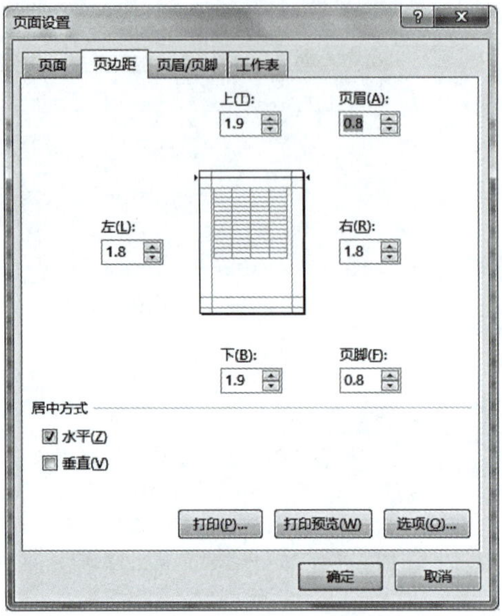

图4-1-34　页边距设置对话框

②设置打印标题行。

由于数据太长，为了在第二页也显示标题行，将“页面设置”对话框切换到“工作表”选项卡，将光标定位在“顶端标题行”文本框中，单击其右侧的按钮，切换到工作表中，选择工作表的第 2 行，单击“页码设置 - 顶端标题行”对话框右侧的按钮，返回“页面设置”对话框，如图 4-1-37 所示，单击“打印预览”，翻到第 2 页，可以看到页面继承了第 1 页的标题行，如图 4-1-38 所示。

图4-1-37　打印标题设置

◆ 打印区域设置

如果只想选取某一区域进行打印，可在“页面设置”对话框中切换到“工作表”选项卡，在打印区域中选择需要打印的区域即可。

◆ 分页符

如果想把页面分成两个页面，可以选中某一行，单击“页面布局”选项卡→“页面设置”组→“分隔符”下拉列表里的“插入分页符”，如图 4-1-39 所示，到打印预览里就可以看到分成两个页面。

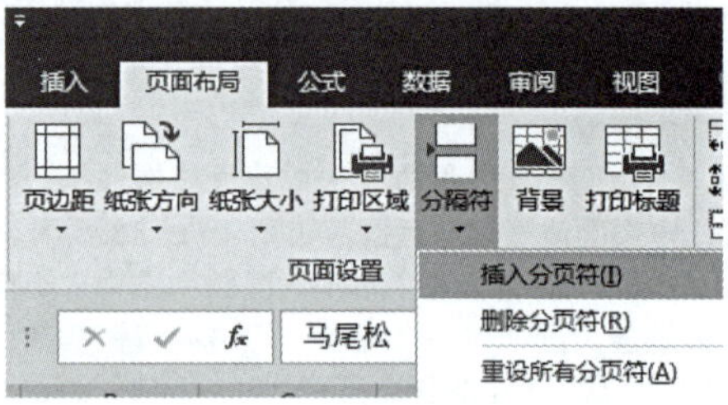

图4-1-39　插入分页符

◆ 打印机设置

①设置打印机。

在“打印机”下拉列表中选择一台打印机，如图 4-1-40 所示。

图4-1-40　打印机设置

续表

操作步骤

图4-1-38 第2页打印预览结果

③设置页眉页脚。

将“页面设置”对话框切换到“页眉 / 页脚”选项卡，在“页脚”下拉列表中选择“第 1 页，共 ? 页”，如图 4-1-41 所示。如果没有满意的选项，可自定义页眉和页脚。

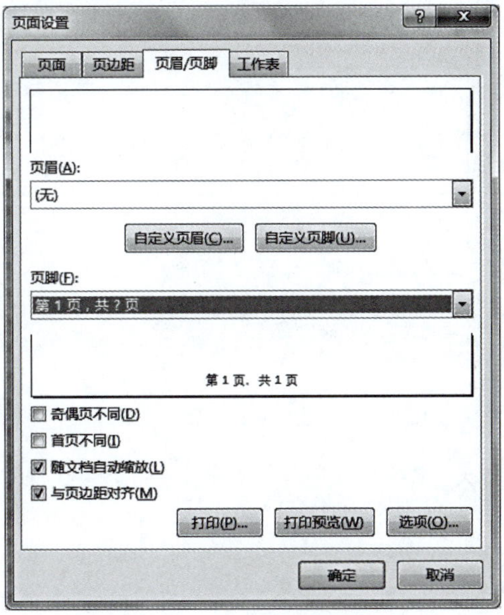

图4-1-41 页眉页脚设置对话框

④打印设置。

在“文件”选项卡中单击“打印”按钮，即可预览打印效果，如图 4-1-42 所示。

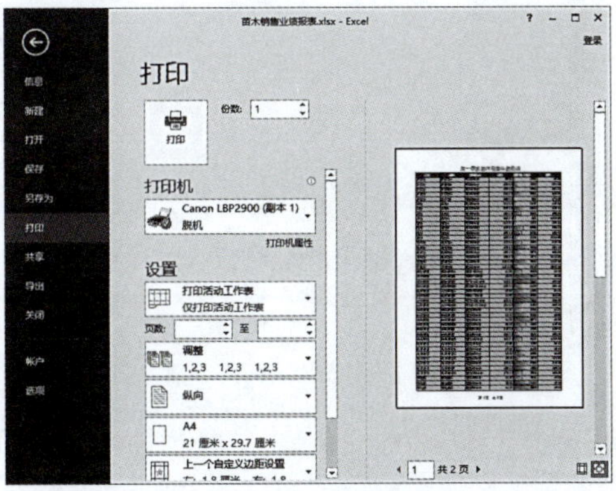

图4-1-42 打印效果预览

知识导航

②设置打印范围。

由于默认的打印范围是活动工作表，因此需要设置打印范围为选定的区域：单击“设置”下拉按钮，在下拉列表中选择“打印选定区域”选项。在“页数”微调框中可输入打印的起始页和终止页，若仅打印一页，如第2页，则起始页码和终止页码均设置为2，不输入页码的情况下将打印所选范围内的全部内容。

③设置打印份数。

在“份数”组合框中输入打印份数，若打印 N 份（2 份及以上），还可以单击“对照”按钮，在下拉列表中选择是逐份打印还是逐页打印。“对照”选项表示逐份打印，即先将第一份所有页打印完，再打印第二份、第三份、第四份……；“非对照”选项表示逐页打印，即先将第一页打印 N 份，然后将第二页打印 N 份，再将第三页打印 N 份……。

④设置缩放。

有时候，无法在一个页面中打印所需要的内容，此时可在“无缩放”下拉列表中选择将工作表调整为一页、将所有列调整为一页或者将所有行调整为一页。

能力拓展

操作步骤

（1）选择需要进行数据验证的单元格区域，单击“数据”选项卡→“数据工具”组→“数据验证”下拉按钮，选择“数据验证”选项，弹出“数据验证”对话框，如图 4-1-43 所示。

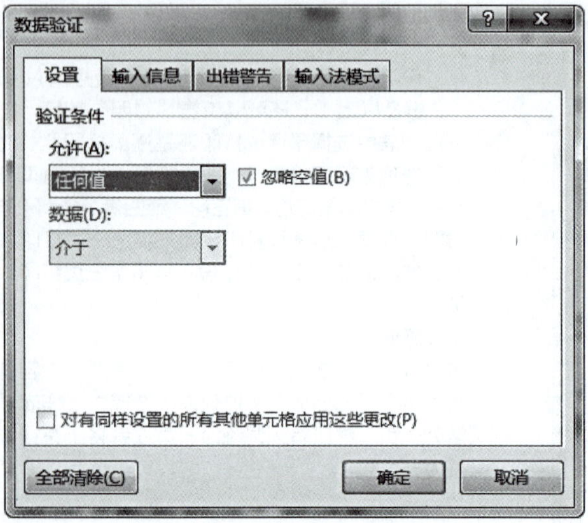

图4-1-43 “数据验证”对话框

（2）在“允许”下拉列表中选择“整数”选项，设置数据大于或等于最小值 0，如图 4-1-44 所示。

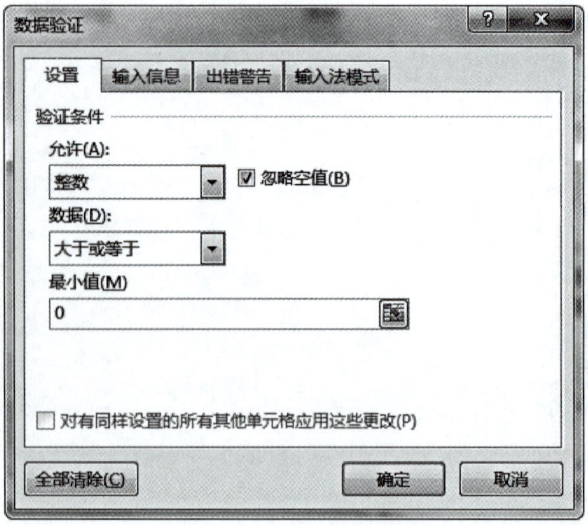

图4-1-44 设置验证条件

（3）切换到“出错警告”选项卡，在“样式”下拉列表中选择“警告”选项，然后输入标题和错误信息，如图 4-1-45 所示。

知识导航

◆ 数据有效性验证

很多时候，为了减少数据在输入时出现的错误次数，可以通过控制单元格接受某种数据类型以及取值范围。

例如，在输入销量时，低于 0 的数据都是无效的，此时可以设置验证条件，当输入无效数据时，提示用户重新输入。

续表

操作步骤	知识导航

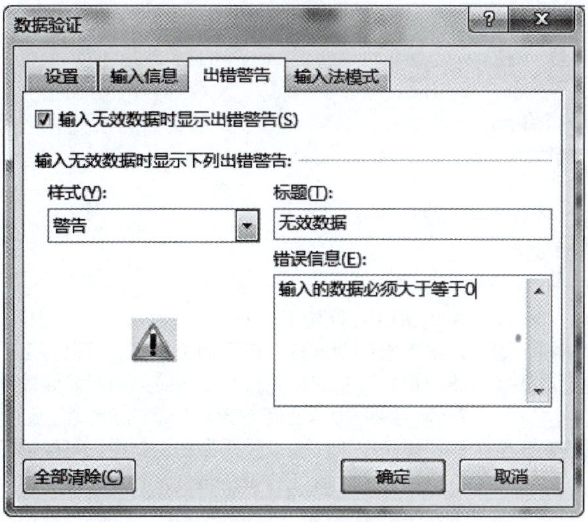

图4-1-45　设置出错警告

（4）测试：输入数字“-1”，出现如图 4-1-46 所示的警告框。

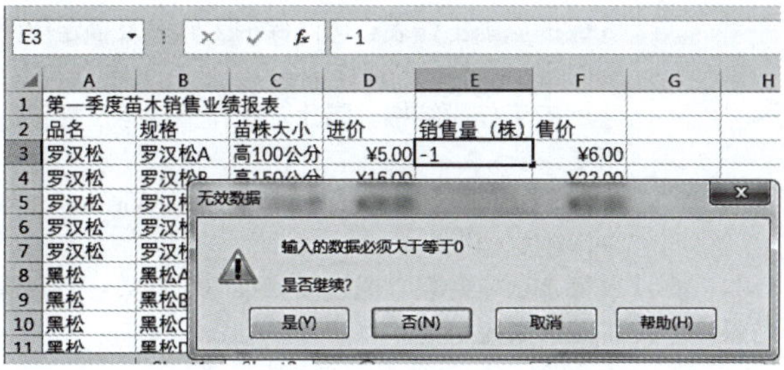

图4-1-46　输入无效数据时的提示

（1）冻结行。

冻结首行：选定工作表中的任意单元格，单击“视图”选项卡→“窗口”组→“冻结窗格”下拉按钮，在下拉列表中选择“冻结首行”选项。

冻结多行：如果要冻结前两行，则选定第三行或其第一个单元格 A3，在“冻结窗格”下拉列表中选择“冻结窗格”选项，如图 4-1-47 所示。

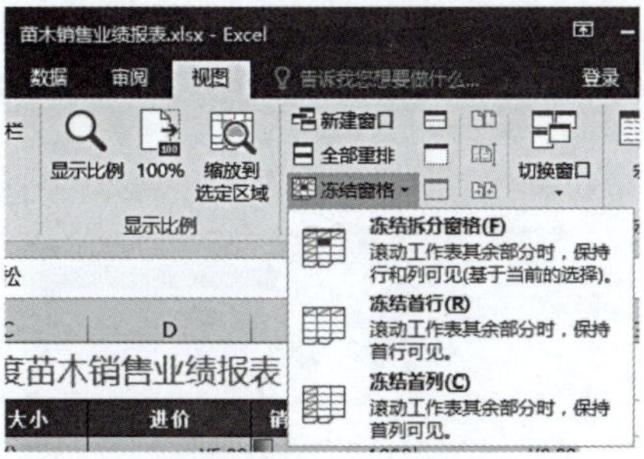

图4-1-47　冻结多行

◆ 窗口拆分与冻结

窗口拆分：如果 Excel 工作表中的内容非常多，就不利于查看信息，用户可以将 Excel 窗口进行拆分，方法为：选择要拆分的位置，单击“视图”选项卡→“窗口”组→“拆分”按钮，一个窗口就被拆分为两个窗格了。两个窗格可以单独滚动浏览内容。

窗格冻结：由于窗口中的数据较多，当向下拖动滑块显示下方的数据时，标题和列字段就无法看到，因此需要冻结标题行。当然，列也是可以冻结的。

续表

<table>
<tr><th>操作步骤</th><th>知识导航</th></tr>
<tr><td>（2）冻结列
冻结首列：选定工作表中的任意单元格，在“冻结窗格”下拉列表中选择“冻结首列”选项。
冻结多列：如果要冻结前三列，则选定第四列或其第一个单元格 D1，在“冻结窗格”下拉列表中选择“冻结窗格”选项。
（3）同时冻结行和列
如果要同时冻结第一行和第一列，则选择第二行与第二列相交的单元格 B2，在“冻结窗格”下拉列表中选择“冻结窗格”选项。</td><td></td></tr>
<tr><td>（4）保护工作簿
选择“文件”→“信息”命令，单击“保护工作簿”按钮，如图 4-1-48 所示，可以对工作簿进行密码设置等，也可选择保护当前工作表。
如想取消保护，回到加密工作簿对话框，将原来设置的密码全部删除即可。
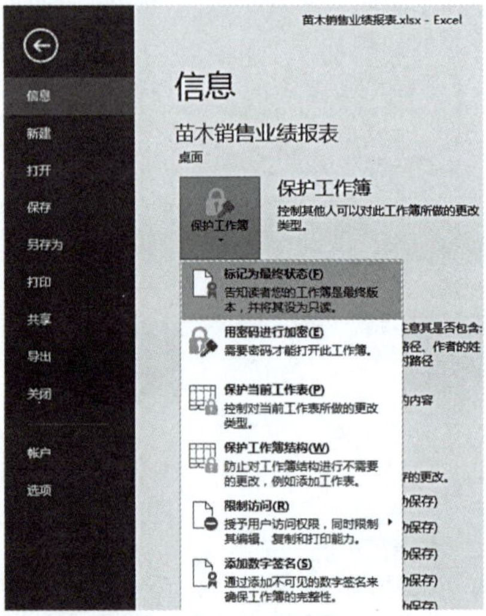

图4-1-48　保护工作簿</td><td>◆ 保护工作簿和工作表
如果不想让别人打开自己的工作簿，可以为工作簿设置打开密码，在打开工作簿的时候需要输入密码。若要防止其他用户查看隐藏的工作表，添加、移动或隐藏工作表以及重命名工作表，可以使用密码保护 Excel 工作簿的结构。若允许用户编辑部分单元格区域，可先设置允许编辑的单元格区域，然后再保护工作表。
①标记为最终状态：可以让 Excel 工作簿标记为只读模式。
②用密码进行加密：打开工作簿需要输入密码。
③保护当前工作表：可以保护工作表及锁定单元格内容、限制某些操作。
④保护工作簿结构：防止对工作簿结构及窗口进行更改。
⑤限制访问：按人员权限可以通过 Windows 账户限制文档权限。
⑥添加数字签名：通过添加不可见的数字签名保护工作簿完整性。</td></tr>
</table>

任务4.2 数据计算：苗木销售数据统计表

任务描述

A公司需要对第一季度各类苗木销售情况进行数据统计和分析，需要计算销售额和利润，并判断哪些苗木属于畅销产品（以>6000销量为判断标准），同时对销量进行排名，计算畅销苗木的种类数量。为了方便在制作预算的时候查找苗木售价，制作根据苗木规格快速查找售价的功能。

任务展示

制作完成的第一季度苗木销售数据统计表如图4-2-1所示。

	A	B	C	D	E	F	G	H	I	J	K	L	M
1	第一季度苗木销售业绩报表												
2	品名	规格	苗株大小	进价	销售量	售价	销售额	利润	是否畅销	销量排名			
3	罗汉松	罗汉松A	高100公分	¥5.00	1000	¥6.00	¥6,000.00	¥1,000.00	否	13		总销售额	¥1,502,200.00
4	罗汉松	罗汉松B	高200公分	¥26.00	1600	¥32.00	¥51,200.00	¥9,600.00	否	10		总利润	¥316,976.00
5	罗汉松	罗汉松C	高300公分	¥66.00	690	¥72.00	¥49,680.00	¥4,140.00	否	15			
6	黑松	黑松A	高150公分	¥12.00	1200	¥15.00	¥18,000.00	¥3,600.00	否	11			
7	黑松	黑松B	高250公分	¥50.00	2800	¥58.00	¥162,400.00	¥22,400.00	否	7			
8	黑松	黑松C	高300公分	¥90.00	880	¥100.00	¥88,000.00	¥8,800.00	否	14		最高销售量	8000
9	油松	油松A	高150公分	¥12.00	1200	¥16.00	¥19,200.00	¥4,800.00	否	11		最低销售量	690
10	油松	油松B	高200公分	¥25.00	3560	¥30.00	¥106,800.00	¥17,800.00	否	4			
11	油松	油松C	高300公分	¥90.00	2100	¥110.00	¥231,000.00	¥42,000.00	否	8		畅销苗木数	2
12	马尾松	马尾松A	高150公分	¥12.00	2980	¥18.00	¥53,640.00	¥17,880.00	否	6			
13	马尾松	马尾松B	高200公分	¥25.00	5600	¥32.00	¥179,200.00	¥39,200.00	否	3		输入规格查找售价	
14	马尾松	马尾松C	高300公分	¥90.00	1870	¥112.00	¥209,440.00	¥41,140.00	否	9		马尾松A	18
15	红叶石楠	红叶石楠A	高30-50公分	¥1.20	3020	¥2.00	¥6,040.00	¥2,416.00	否	5			
16	红叶石楠	红叶石楠B	高60-70公分	¥5.00	8000	¥9.00	¥72,000.00	¥32,000.00	是	1			
17	红叶石楠	红叶石楠C	高70-120公分	¥23.00	7800	¥32.00	¥249,600.00	¥70,200.00	是	2			

图4-2-1　任务完成展示结果图

技能目标

通过本次任务，我们将掌握以下技能：

（1）掌握公式计算的应用。

（2）掌握常用函数的应用：平均值、最大/最小值、求和、计数等。

（3）掌握一级考试函数的应用：RANK.EQ、COUNTIF、IF、VLOOKUP。

（4）掌握绝对地址、相对地址的概念和区别。

任务分解

分析上面的工作情境，我们需要完成下列任务：

（1）苗木销售数据统计表。

（2）根据苗木规格快速查找售价。

完成思路

完成这个任务需要熟练掌握和运用Excel 2016的公式和函数功能：

（1）使用公式计算销售额和利润。

（2）使用函数SUM：计算总销售额、总利润。

（3）使用函数MAX、MIN：计算最高及最低销售量。

（4）使用函数IF：计算苗木是否畅销，>6000视为畅销。

（5）使用函数RANK.EQ：计算销量排名。

（6）使用函数COUNTIF：计算畅销苗木的数量。

（7）使用函数VLOOKUP：根据规格快速查找单价。

任务实现

<table>
<tr><th>操作步骤</th><th>知识导航</th></tr>
<tr><td>（1）打开上次的文档“苗木销售业绩报表.xlsx”，复制工作表“苗木销售业绩报表”，并重命名为“苗木销售数据统计表”。</td><td></td></tr>
<tr><td>（2）依次在G2至J2单元格输入标题“销售额”“利润”“是否畅销”“销量排名”。选中单元格F2，单击“开始”选项卡→“剪贴板”组→格式刷按钮，然后将G2至J2单元格用格式刷刷一下。完成效果图如图4-2-2所示。

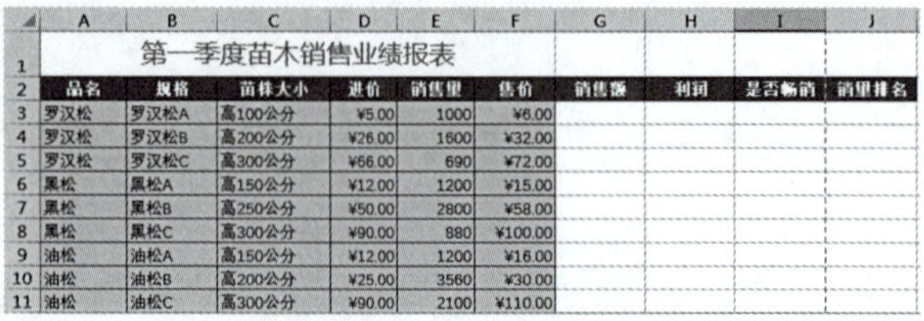

<table>
<tr><th></th><th>A</th><th>B</th><th>C</th><th>D</th><th>E</th><th>F</th><th>G</th><th>H</th><th>I</th><th>J</th></tr>
<tr><td>1</td><td colspan="6">第一季度苗木销售业绩报表</td><td></td><td></td><td></td><td></td></tr>
<tr><td>2</td><td>品名</td><td>规格</td><td>苗株大小</td><td>进价</td><td>销售量</td><td>售价</td><td>销售额</td><td>利润</td><td>是否畅销</td><td>销量排名</td></tr>
<tr><td>3</td><td>罗汉松</td><td>罗汉松A</td><td>高100公分</td><td>¥5.00</td><td>1000</td><td>¥6.00</td><td></td><td></td><td></td><td></td></tr>
<tr><td>4</td><td>罗汉松</td><td>罗汉松B</td><td>高200公分</td><td>¥26.00</td><td>1600</td><td>¥32.00</td><td></td><td></td><td></td><td></td></tr>
<tr><td>5</td><td>罗汉松</td><td>罗汉松C</td><td>高300公分</td><td>¥66.00</td><td>690</td><td>¥72.00</td><td></td><td></td><td></td><td></td></tr>
<tr><td>6</td><td>黑松</td><td>黑松A</td><td>高150公分</td><td>¥12.00</td><td>1200</td><td>¥15.00</td><td></td><td></td><td></td><td></td></tr>
<tr><td>7</td><td>黑松</td><td>黑松B</td><td>高250公分</td><td>¥50.00</td><td>2800</td><td>¥58.00</td><td></td><td></td><td></td><td></td></tr>
<tr><td>8</td><td>黑松</td><td>黑松C</td><td>高300公分</td><td>¥90.00</td><td>880</td><td>¥100.00</td><td></td><td></td><td></td><td></td></tr>
<tr><td>9</td><td>油松</td><td>油松A</td><td>高150公分</td><td>¥12.00</td><td>1200</td><td>¥16.00</td><td></td><td></td><td></td><td></td></tr>
<tr><td>10</td><td>油松</td><td>油松B</td><td>高200公分</td><td>¥25.00</td><td>3560</td><td>¥30.00</td><td></td><td></td><td></td><td></td></tr>
<tr><td>11</td><td>油松</td><td>油松C</td><td>高300公分</td><td>¥90.00</td><td>2100</td><td>¥110.00</td><td></td><td></td><td></td><td></td></tr>
</table>

图4-2-2 完成效果图

重设标题：选中单元格区域A1:J1，单击“开始”选项卡→“对齐方式”组→“合并后居中”下拉列表里点击“跨越合并”，如图4-2-3所示。</td><td>◆ 格式刷
对于相同的格式设置，采用格式刷可以方便快捷地设置格式。</td></tr>
</table>

续表

操作步骤	知识导航

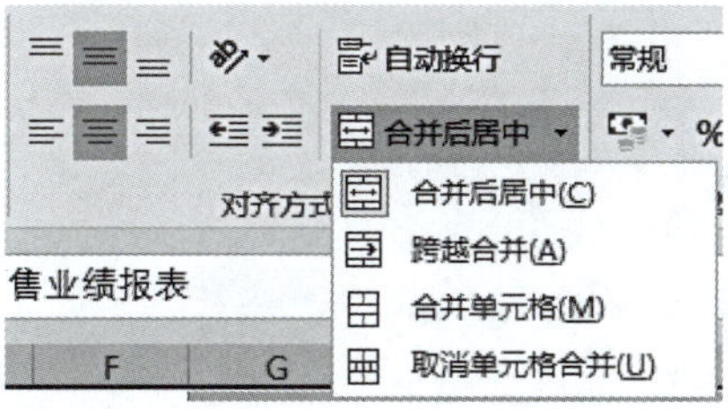

图4-2-3　跨越合并

边框：选中单元格区域 G3:J17，单击“开始”选项卡→“字体”组→“边框”下拉列表里点击“所有框线”。完成效果如图 4-2-4 所示。

第一季度苗木销售业绩表

品名	规格	苗株大小	进价	销售量	售价	销售额	利润	是否畅销	销量排名
罗汉松	罗汉松A	高100公分	¥5.00	1000	¥6.00				
罗汉松	罗汉松B	高200公分	¥26.00	1600	¥32.00				
罗汉松	罗汉松C	高300公分	¥66.00	690	¥72.00				
黑松	黑松A	高150公分	¥12.00	1200	¥15.00				
黑松	黑松B	高250公分	¥50.00	2800	¥58.00				
黑松	黑松C	高300公分	¥90.00	880	¥100.00				
油松	油松A	高150公分	¥12.00	1200	¥16.00				
油松	油松B	高200公分	¥25.00	3560	¥30.00				
油松	油松C	高300公分	¥90.00	2100	¥110.00				
马尾松	马尾松A	高150公分	¥12.00	2980	¥18.00				
马尾松	马尾松B	高200公分	¥25.00	5600	¥32.00				
马尾松	马尾松C	高300公分	¥90.00	1870	¥112.00				
红叶石楠	红叶石楠A	高30-50公分	¥1.20	3020	¥2.00				
红叶石楠	红叶石楠B	高60-70公分	¥5.00	8000	¥9.00				
红叶石楠	红叶石楠C	高70-120公分	¥23.00	7800	¥32.00				

图4-2-4　完成效果图

（3）计算销售额：在 G3 单元格中输入公式“=F3*E3”，按“Enter”键，计算出销售额。按住 G3 单元格右下角的填充柄向下拖动（图 4-2-5），采用自动填充的方法将 G3 单元格内的公式填充到下方的单元格区域，直到 G17 单元格。

G3　=F3*E3

第一季度苗木销售业绩表

品名	规格	苗株大小	进价	销售量	售价	销售额	利润
罗汉松	罗汉松A	高100公分	¥5.00	1000	¥6.00	¥6,000.00	
罗汉松	罗汉松B	高200公分	¥26.00	1600	¥32.00	¥51,200.00	
罗汉松	罗汉松C	高300公分	¥66.00	690	¥72.00	¥49,680.00	
黑松	黑松A	高150公分	¥12.00	1200	¥15.00	¥18,000.00	
黑松	黑松B	高250公分	¥50.00	2800	¥58.00	¥162,400.00	
黑松	黑松C	高300公分	¥90.00	880	¥100.00	¥88,000.00	
油松	油松A	高150公分	¥12.00	1200	¥16.00	¥19,200.00	
油松	油松B	高200公分	¥25.00	3560	¥30.00	¥106,800.00	
油松	油松C	高300公分	¥90.00	2100	¥110.00	¥231,000.00	
马尾松	马尾松A	高150公分	¥12.00	2980	¥18.00	¥53,640.00	
马尾松	马尾松B	高200公分	¥25.00	5600	¥32.00	¥179,200.00	
马尾松	马尾松C	高300公分	¥90.00	1870	¥112.00	¥209,440.00	
红叶石楠	红叶石楠A	高30-50公分	¥1.20	3020	¥2.00	¥6,040.00	
红叶石楠	红叶石楠B	高60-70公分	¥5.00	8000	¥9.00	¥72,000.00	
红叶石楠	红叶石楠C	高70-120公分	¥23.00	7800	¥32.00	¥249,600.00	

图4-2-5　填充公式

用同样的方法计算利润：在 H3 单元格中输入公式“=（F3-D3）*E3”，按“Enter”键，按住 H3 单元格右下角的填充柄，鼠标双击也可进行填充。完成效果如图 4-2-6 所示。

◆ 公式的概念

要创建一个公式，首先需要选中一个单元格，输入一个等号“=”，然后在其后输入公式的内容，按“Enter”键就可以得出结果。在公式中，可以对工作表中的数值进行加、减、乘、除等运算。公式中的运算符均为半角符号，引用地址不区分大小写。

◆ 单元格引用

单元格引用的一般格式如下：

工作表名！单元格引用

或［工作簿名］工作表名！

在引用同一工作簿的单元格时，工作簿名可以省略；在引用同一工作表的单元格时，工作表名可以省略。例如，E12:F15 表示引用了同一工作表的 E12:F15 单元格区域；Sheet2!A2 表示引用了工作表 Sheet2 的 A2 单元格。公式对单元格的引用是通过使用单元格地址来实现的。单元格地址可以分为相对地址、绝对地址和混合地址。

续表

操作步骤	知识导航

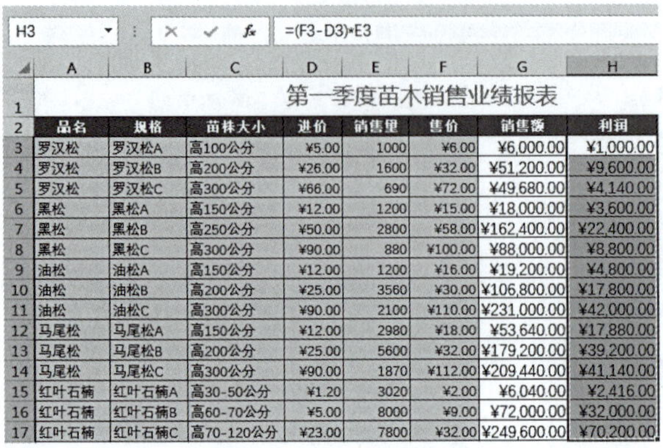

H3 =(F3-D3)*E3

第一季度苗木销售业绩报表

品名	规格	苗株大小	进价	销售里	售价	销售额	利润
罗汉松	罗汉松A	高100公分	¥5.00	1000	¥6.00	¥6,000.00	¥1,000.00
罗汉松	罗汉松B	高200公分	¥26.00	1600	¥32.00	¥51,200.00	¥9,600.00
罗汉松	罗汉松C	高300公分	¥66.00	690	¥72.00	¥49,680.00	¥4,140.00
黑松	黑松A	高150公分	¥12.00	1200	¥15.00	¥18,000.00	¥3,600.00
黑松	黑松B	高250公分	¥50.00	2800	¥58.00	¥162,400.00	¥22,400.00
黑松	黑松C	高300公分	¥90.00	880	¥100.00	¥88,000.00	¥8,800.00
油松	油松A	高150公分	¥12.00	1200	¥16.00	¥19,200.00	¥4,800.00
油松	油松B	高200公分	¥25.00	3560	¥30.00	¥106,800.00	¥17,800.00
油松	油松C	高300公分	¥90.00	2100	¥110.00	¥231,000.00	¥42,000.00
马尾松	马尾松A	高150公分	¥12.00	2980	¥18.00	¥53,640.00	¥17,880.00
马尾松	马尾松B	高200公分	¥25.00	5600	¥32.00	¥179,200.00	¥39,200.00
马尾松	马尾松C	高300公分	¥90.00	1870	¥112.00	¥209,440.00	¥41,140.00
红叶石楠	红叶石楠A	高30-50公分	¥1.20	3020	¥2.00	¥6,040.00	¥2,416.00
红叶石楠	红叶石楠B	高60-70公分	¥5.00	8000	¥9.00	¥72,000.00	¥32,000.00
红叶石楠	红叶石楠C	高70-120公分	¥23.00	7800	¥32.00	¥249,600.00	¥70,200.00

图 4-2-6　效果完成图

（4）计算销售总金额、总利润。

依次在单元格 L3、L4 内输入“总销售额”“总利润”，并设置为左对齐。

选中单元格 M3，然后单击公式编辑区中的“插入函数”按钮，弹出“插入函数”对话框，如图 4-2-7 所示。

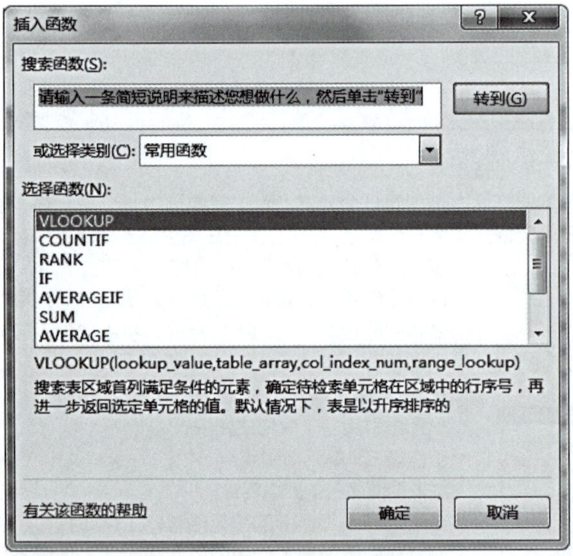

图4-2-7　“插入函数”对话框

选择函数类别为“常用”，然后在“选择函数”列表框中选择“SUM”函数，单击“确定”按钮，或者直接在搜索函数里边输入“SUM”，点击“转到”按钮，如图 4-2-8 所示出现函数参数对话框。

在 Number1 文本框中输入“G3:G17”，或者将光标定位在 Number1 文本框中，在工作表中选取单元格区域 G3:G17，单击“确定”按钮即可得出数据结果。同样的方式计算总利润，完成效果如图 4-2-9 所示。

◆ 函数

在 Excel 2016 中所说的函数其实是一些预定义的公式，它们使用一些称为参数的特定数值，按特定的顺序或结构进行计算。用户可直接用它们对某个区域内的数值进行一系列运算。

Excel 2016 提供了大量的函数，大体可分为以下几种类型。

（1）数据库函数：用于分析数据清单中的数值是否符合特定的条件。

（2）日期和时间函数：用于在公式中分析、处理日期与时间值。

（3）工程函数：用于工程分析。

（4）财务函数：用于进行一般的财务计算。

（5）信息函数：用于返回指定单元格或区域的信息，进行数据类型判断等。

（6）逻辑函数：用于进行真假值判断，或者进行符号检验。

（7）查找和引用函数：可以在数据清单或者表格中查找特定数据，或者查找某一单元格的引用。

（8）数学和三角函数：用于处理简单和复杂的数学计算。

（9）统计函数：用于对选择区域的数据进行统计分析。

（10）文本函数：用于在公式中处理字符串。

（11）Web 函数：用于返回 Web 服务中的数据、URL 编码的字符串等。

（12）多维数据集函数：用于对多维数据集进行查询，或定义元组。

续表

操作步骤	知识导航

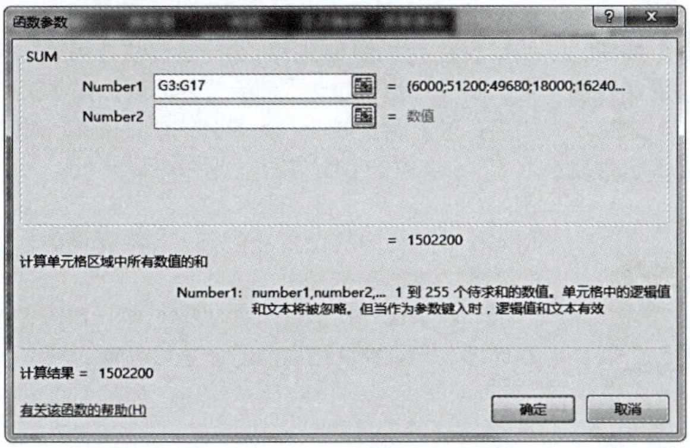

图4-2-8　函数参数对话框

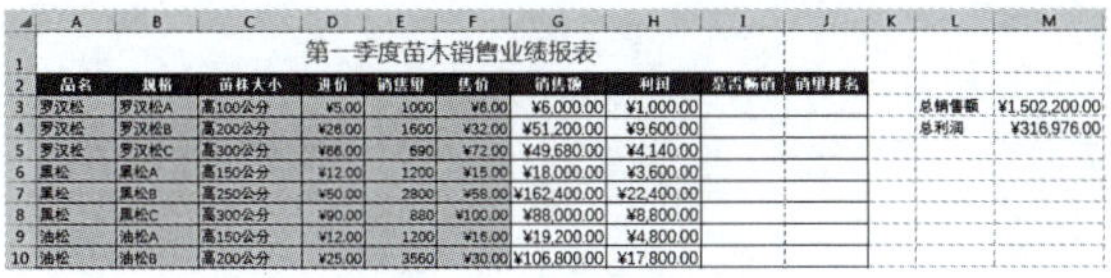

图4-2-9　完成效果图

（5）计算最高及最低销售量。

依次在单元格 L8、L9 内输入“最高销售量”“最低销售量”，并设置为左对齐。

选择单元格 M8，输入“=MAX（”，然后用鼠标选中数据区域 E3:E17 作为参数（图 4-2-10），按“Enter”键，自动添加右括号“）”并进行计算。同样的方法求“最低销售量”，最低销量用 MIN 计算。

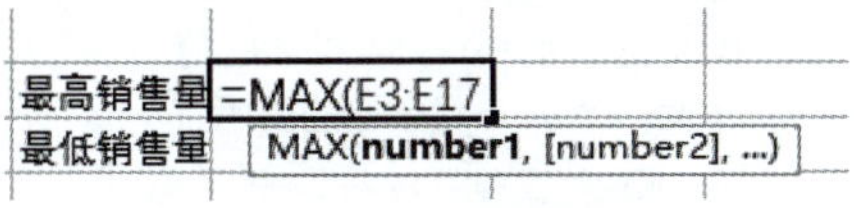

图4-2-10　输入函数

（6）判断苗木是否畅销，将 >6000 视为畅销的判断标准。

选择单元格 I3，然后单击公式编辑区中的“插入函数”按钮，弹出“插入函数”对话框。选择 IF 函数，设置函数参数如图 4-2-11 所示，单击“确定”按钮得出结果，再按住 I3 单元格右下角的填充柄，鼠标双击进行填充，即可得出所有数据结果。

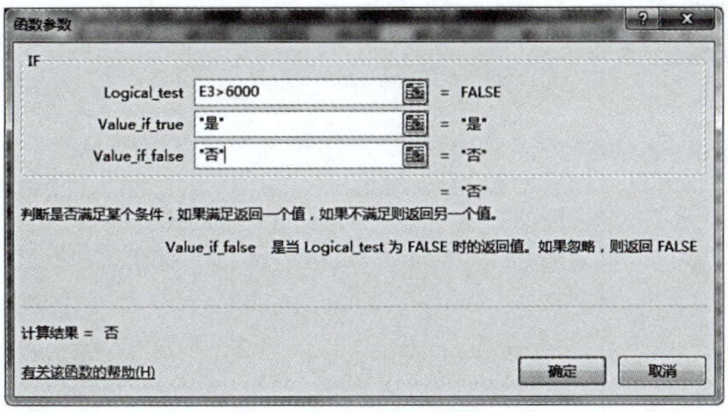

图4-2-11　IF函数参数对话框

◆ 插入函数的方法

① 直接输入函数。

具体操作看“计算最高及最低销售量”（MAX、MIN 函数）的计算过程。

② 使用“插入函数”对话框。

具体操作看“销售总额”或“是否畅销”或“销量排名”（SUM、IF、RANK.EQ、VLOOKUP 函数）的计算过程。

③ 使用函数库。

具体操作看“畅销苗木的数量”（COUNTIF 函数）的计算过程。

◆ 相对地址、绝对地址、混合地址

① 相对地址。

相对地址的形式为 A1、A2 等，单元格中含有该地址的公式被复制到目标单元格时，公式不是照搬原来的内容，而是根据原来的位置和目标位置计算出单元格地址的相对变化，使用变化后的单元格地址进行计算。

如在 C1 单元格中输入公式“=A1+B1”，Excel 将在 C1 单元格的左边查找 A1 和 B1 单元格中的数据，并把它们相加，按“Enter”键即可得到计算结果。这里的 A1、B1 就是相对于公式所在的单元格 C1 的位置。如果将 C1 单元格内的公式复制到C2单元格中，公式将自动调整为“=A2+B2”。

提示：如果套用了表格样式，公式输入完成后按“Enter”键会自动完成整列的计算。若要停止这一功能，可单击“自动更正选项”按钮，选择“停止自动创建计算列”选项。

② 绝对地址。

公式中某一项的值固定存放在某个单元格中，在复制公式时，单元格地址不会改变，这样的单元格地址称为绝对地址。绝对地址的表示方式是在相对地址的行号和列标前均加上符号“$”。

例如，在 C3 单元格中输入公式“=$A$3+$B$3”，然后将该公式复制到 C4 单元格中，则 C4 单元格中的值与 C3 相同，原因是在复制公式时，绝对地址不会随目标单元格的不同而变化，这一点与相对地址截然不同。

续表

操作步骤	知识导航

（7）计算销量排名。

选择单元格 J3，然后单击公式编辑区中的“插入函数”按钮，弹出“插入函数”对话框。选择 RANK.EQ 函数，设置函数参数如图 4-2-12 所示，单击“确定”按钮得出结果，再按住 J3 单元格右下角的填充柄，鼠标双击进行填充。即可得出所有数据结果，如图 4-2-13 所示。

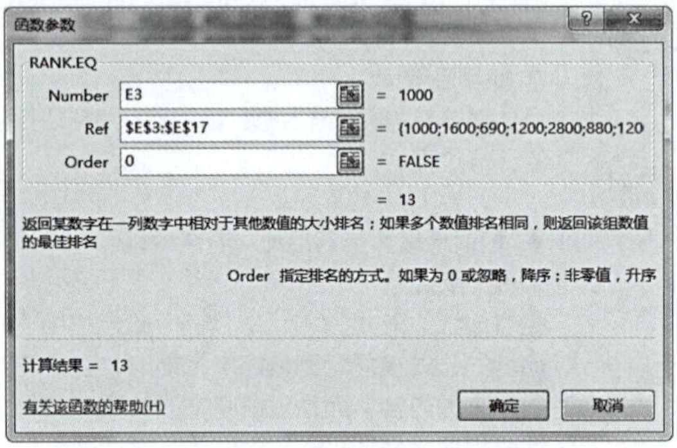

图4-2-12　RANK.EQ函数参数对话框

第一季度苗木销售业绩报表

品名	规格	苗株大小	进价	销售量	售价	销售额	利润	是否畅销	销量排名
罗汉松	罗汉松A	高100公分	¥5.00	1000	¥6.00	¥6,000.00	¥1,000.00	否	13
罗汉松	罗汉松B	高200公分	¥26.00	1600	¥32.00	¥51,200.00	¥9,600.00	否	10
罗汉松	罗汉松C	高300公分	¥66.00	690	¥72.00	¥49,680.00	¥4,140.00	否	15
黑松	黑松A	高150公分	¥12.00	1200	¥15.00	¥18,000.00	¥3,600.00	否	11
黑松	黑松B	高250公分	¥50.00	2800	¥58.00	¥162,400.00	¥22,400.00	否	7
黑松	黑松C	高300公分	¥90.00	880	¥100.00	¥88,000.00	¥8,800.00	否	14
油松	油松A	高150公分	¥12.00	1200	¥16.00	¥19,200.00	¥4,800.00	否	11
油松	油松B	高200公分	¥25.00	3560	¥30.00	¥106,800.00	¥17,800.00	否	4
油松	油松C	高300公分	¥90.00	2100	¥110.00	¥231,000.00	¥42,000.00	否	8
马尾松	马尾松A	高150公分	¥12.00	2980	¥18.00	¥53,640.00	¥17,880.00	否	6
马尾松	马尾松B	高200公分	¥25.00	5600	¥32.00	¥179,200.00	¥39,200.00	否	3
马尾松	马尾松C	高300公分	¥90.00	1870	¥112.00	¥209,440.00	¥41,140.00	否	9
红叶石楠	红叶石楠A	高30-50公分	¥1.20	3020	¥2.00	¥6,040.00	¥2,416.00	否	5
红叶石楠	红叶石楠B	高60-70公分	¥5.00	8000	¥9.00	¥72,000.00	¥32,000.00	是	1
红叶石楠	红叶石楠C	高70-120公分	¥23.00	7800	¥32.00	¥249,600.00	¥70,200.00	是	2

图4-2-13　完成效果图

提示：这里 Ref 参数值要设置为绝对地址，因为在填充公式的时候引用的单元格区域不变。如果设置为相对地址，结果会出错。

（8）计算畅销苗木的数量

在单元格 L11 内输入“畅销苗木数量”，选择单元格 M11，然后单击“公式”选项卡→“函数库”组→“其他函数”下拉按钮，在下拉列表中选择“统计”→COUNTIF 选项，如图 4-2-14 所示。设置函数参数如图 4-2-15 所示，单击“确定”按钮得出结果。

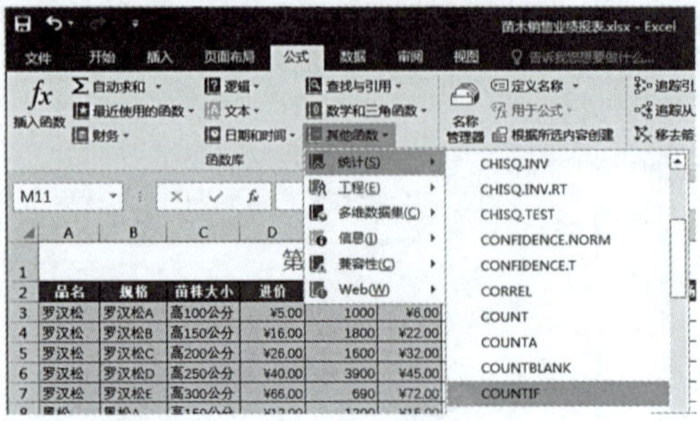

图4-2-14　插入统计函数COUNTIF

③ 混合地址。

如果仅在列标前加符号“$”或仅在行号前加符号“$”，这样的地址表示混合地址，如 $D3，F$3。对于混合地址，如果公式所在的单元格位置改变，则相对部分改变，而绝对部分不变。

例如，在 C5 单元格中输入公式“=A$5+$B5”，将 C5 单元格内的公式复制到 C6 单元格中，公式变为“=A$5+$B6”。

提示：对于单元格地址，按“F4”键，可以在相对地址、绝对地址和混合地址之间切换。

◆ RANK.EQ 函数

语法格式：

=rank（Number，Ref，[Order]）

Number：参与排名的数值

Ref：排名的数值区域

Order：0 或忽略为降序，其余非零值为升序

◆ COUNTIF 函数

语法格式：

=Countif（Range，Criteria）

Range：计算其中非空单元格数目的区域

Criteria：以数字、表达式或文本形式定义的条件

◆ VLOOKUP 函数

语法格式：

=VLOOKUP（lookup_value，table_array，col_index_num，[range_lookup]）

lookup_value：需要搜索的值

table_array：对区域的引用

col_index_num：返回其中匹配值的 table_array 的列序号，首列为 1

range_lookup：大致匹配，用TRUE（1）或省略；精确匹配，用FALSE（0）

续表

<table>
<tr><th>操作步骤</th><th>知识导航</th></tr>
<tr><td>
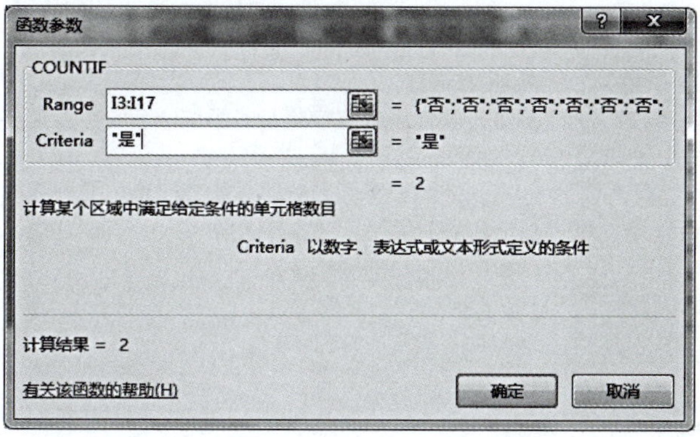

图4-2-15 COUNTIF函数参数对话框
</td><td></td></tr>
<tr><td>
（9）根据规格快速查找售价。
将 L13：M13 区域合并后居中，设置“浅绿”底纹，输入文本“输入规格查找售价”，在 L14 单元格随便输入一个规格的名字，比如“马尾松 A”。
选择单元格 M14，然后单击公式编辑区中的“插入函数”按钮，弹出“插入函数”对话框，在搜索函数里边输入“VLOOKUP”，点击“转到”按钮，单击“确定”按钮弹出参数对话框。设置函数参数如图 4-2-16 所示，单击“确定”按钮得出结果。

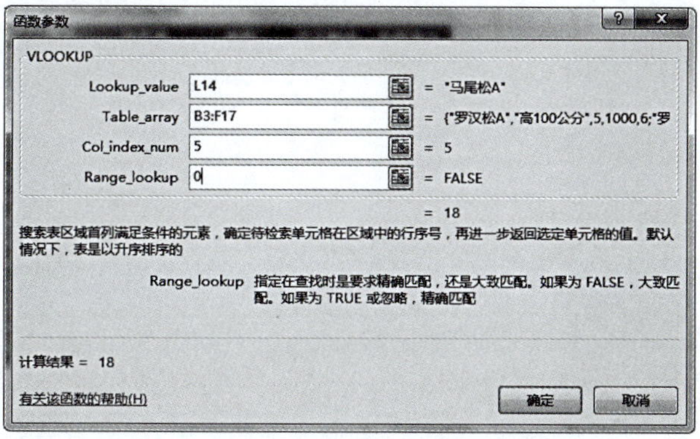

图4-2-16 VLOOKUP函数参数对话框

改变 L14 单元格中的苗木规格，可以快速得出相应规格苗木的售价，方便在做预算方案的时候用。
</td><td></td></tr>
<tr><td>（10）完成所有数据的计算统计后，适当对表格进行美化，保存工作簿。</td><td></td></tr>
</table>

能力拓展

操作步骤

要计算考试成绩的等级（总成绩大于等于 255 分的为“优秀”，小于 180 分的为“不合格”，在 180 分与 255 分之间的为“一般”）。

（1）在 I3 单元格中输入公式“=IF（H2>=255，"优秀"，IF（H2<180，"不合格"，"一般"））”，按“Enter”键，即可给出结果。

（2）将公式向下填充到 I4:I53 单元格区域，结果如图 4-2-17 所示。

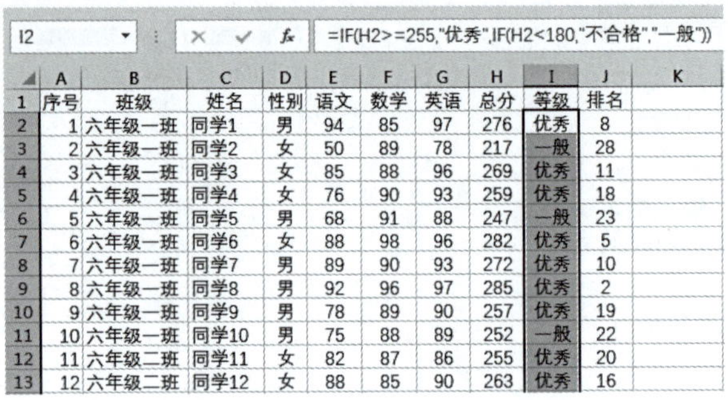
I2 =IF(H2>=255,"优秀",IF(H2<180,"不合格","一般"))

	A	B	C	D	E	F	G	H	I	J	K
1	序号	班级	姓名	性别	语文	数学	英语	总分	等级	排名	
2	1	六年级一班	同学1	男	94	85	97	276	优秀	8	
3	2	六年级一班	同学2	女	50	89	78	217	一般	28	
4	3	六年级一班	同学3	女	85	88	96	269	优秀	11	
5	4	六年级一班	同学4	女	76	90	93	259	优秀	18	
6	5	六年级一班	同学5	男	68	91	88	247	一般	23	
7	6	六年级一班	同学6	女	88	98	96	282	优秀	5	
8	7	六年级一班	同学7	男	89	90	93	272	优秀	10	
9	8	六年级一班	同学8	男	92	96	97	285	优秀	2	
10	9	六年级一班	同学9	男	78	89	90	257	优秀	19	
11	10	六年级一班	同学10	男	75	88	89	252	一般	22	
12	11	六年级二班	同学11	女	82	87	86	255	优秀	20	
13	12	六年级二班	同学12	女	88	85	90	263	优秀	16	

图4-2-17 嵌套函数效果展示图

知识导航

◆ 函数嵌套

很多时候会用到比较复杂的函数嵌套函数，这要求必须对函数的参数了解清楚。

注意：使用嵌套函数的时候如果出错，要仔细检查嵌套的时候是否缺少右括号“）”，同时注意，函数中所有的符号都是英文状态下的。

任务4.3

数据分析：苗木销售业绩报表中的数据分析

任务描述

A公司需要对第一、二季度各类苗木销售情况进行数据分析，以便了解各类苗木的销售趋势。本次对第一、二季度的分析需要完成如下工作：

（1）按销量进行降序排列，如果销量相同则按品名升序排列。

（2）对畅销品种进行列表显示。

（3）统计各苗木品种的销售总额和利润总额。

（4）将第一、二季度的销售数量合并计算为上半年销售量。

任务展示

制作完成的第一季度苗木销售量数据排序表如图4-3-1所示，按“马尾松、黑松、油松、红叶石楠、罗汉松”自定义排序序列，对每个品种按照销售金额进行升序排列的效果如图4-3-2所示。

	A	B	C	D	E	F	G	H	I	J
1	第一季度苗木销售业绩报表									
2	品名	规格	苗株大小	进价	销售量	售价	销售额	利润	是否畅销	销量排名
3	红叶石楠	红叶石楠B	高60-70公分	¥5.00	8000	¥9.00	¥72,000.00	¥32,000.00	是	1
4	红叶石楠	红叶石楠C	高70-120公	¥23.00	7800	¥32.00	¥249,600.00	¥70,200.00	是	2
5	马尾松	马尾松B	高200公分	¥25.00	5600	¥32.00	¥179,200.00	¥39,200.00	否	3
6	油松	油松B	高200公分	¥25.00	3560	¥30.00	¥106,800.00	¥17,800.00	否	4
7	红叶石楠	红叶石楠A	高30-50公分	¥1.20	3020	¥2.00	¥6,040.00	¥2,416.00	否	5
8	马尾松	马尾松A	高150公分	¥12.00	2980	¥18.00	¥53,640.00	¥17,880.00	否	6
9	黑松	黑松B	高250公分	¥50.00	2800	¥58.00	¥162,400.00	¥22,400.00	否	7
10	油松	油松C	高300公分	¥90.00	2100	¥110.00	¥231,000.00	¥42,000.00	否	8
11	马尾松	马尾松C	高300公分	¥90.00	1870	¥112.00	¥209,440.00	¥41,140.00	否	9
12	罗汉松	罗汉松B	高200公分	¥26.00	1600	¥32.00	¥51,200.00	¥9,600.00	否	10
13	黑松	黑松A	高150公分	¥12.00	1200	¥15.00	¥18,000.00	¥3,600.00	否	11
14	油松	油松A	高150公分	¥12.00	1200	¥16.00	¥19,200.00	¥4,800.00	否	11
15	罗汉松	罗汉松A	高100公分	¥5.00	1000	¥6.00	¥6,000.00	¥1,000.00	否	13
16	黑松	黑松C	高300公分	¥90.00	880	¥100.00	¥88,000.00	¥8,800.00	否	14
17	罗汉松	罗汉松C	高300公分	¥66.00	690	¥72.00	¥49,680.00	¥4,140.00	否	15

图4-3-1　自定义排序效果展示图

	A	B	C	D	E	F	G	H	I	J
1	第一季度苗木销售业绩报表									
2	品名	规格	苗株大小	进价	销售量	售价	销售额	利润	是否畅销	销量排名
3	马尾松	马尾松A	高150公分	¥12.00	2980	¥18.00	¥53,640.00	¥17,880.00	否	6
4	马尾松	马尾松B	高200公分	¥25.00	5600	¥32.00	¥179,200.00	¥39,200.00	否	3
5	马尾松	马尾松C	高300公分	¥90.00	1870	¥112.00	¥209,440.00	¥41,140.00	否	9
6	黑松	黑松A	高150公分	¥12.00	1200	¥15.00	¥18,000.00	¥3,600.00	否	11
7	黑松	黑松C	高300公分	¥90.00	880	¥100.00	¥88,000.00	¥8,800.00	否	14
8	黑松	黑松B	高250公分	¥50.00	2800	¥58.00	¥162,400.00	¥22,400.00	否	7
9	油松	油松A	高150公分	¥12.00	1200	¥16.00	¥19,200.00	¥4,800.00	否	11
10	油松	油松B	高200公分	¥25.00	3560	¥30.00	¥106,800.00	¥17,800.00	否	4
11	油松	油松C	高300公分	¥90.00	2100	¥110.00	¥231,000.00	¥42,000.00	否	8
12	红叶石楠	红叶石楠A	高30-50公分	¥1.20	3020	¥2.00	¥6,040.00	¥2,416.00	否	5
13	红叶石楠	红叶石楠B	高60-70公分	¥5.00	8000	¥9.00	¥72,000.00	¥32,000.00	是	1
14	红叶石楠	红叶石楠C	高70-120公	¥23.00	7800	¥32.00	¥249,600.00	¥70,200.00	是	2
15	罗汉松	罗汉松A	高100公分	¥5.00	1000	¥6.00	¥6,000.00	¥1,000.00	否	13
16	罗汉松	罗汉松C	高300公分	¥66.00	690	¥72.00	¥49,680.00	¥4,140.00	否	15
17	罗汉松	罗汉松B	高200公分	¥26.00	1600	¥32.00	¥51,200.00	¥9,600.00	否	10

图4-3-2 自定义序列排序效果展示图

制作完成的第一季度苗木畅销品种列表筛选效果如图4-3-3所示，使用自定义筛选方式对销售量在3000～5000的品种进行列表显示效果如图4-3-4所示，通过高级筛选对马尾松销售量在2000以上，黑松销售量在1000以上的情况进行列表显示效果如图4-3-5所示。

	A	B	C	D	E	F	G	H	I	J
1	第一季度苗木销售业绩报表									
2	品名	规格	苗株大小	进价	销售量	售价	销售额	利润	是否畅销	销量排名
16	红叶石楠	红叶石楠B	高60-70公分	¥5.00	8000	¥9.00	¥72,000.00	¥32,000.00	是	1
17	红叶石楠	红叶石楠C	高70-120公	¥23.00	7800	¥32.00	¥249,600.00	¥70,200.00	是	2
18										

图4-3-3 自动筛选效果展示图

	A	B	C	D	E	F	G	H	I	J
1	第一季度苗木销售业绩报表									
2	品名	规格	苗株大小	进价	销售量	售价	销售额	利润	是否畅销	销量排名
10	油松	油松B	高200公分	¥25.00	3560	¥30.00	¥106,800.00	¥17,800.00	否	4
15	红叶石楠	红叶石楠A	高30-50公分	¥1.20	3020	¥2.00	¥6,040.00	¥2,416.00	否	5
18										

图4-3-4 自定义筛选效果展示图

19	品名	销售量								
20	马尾松	>2000								
21	黑松	>1000								
22										
23	品名	规格	苗株大小	进价	销售量	售价	销售额	利润	是否畅销	销量排名
24	黑松	黑松A	高150公分	¥12.00	1200	¥15.00	¥18,000.00	¥3,600.00	否	11
25	黑松	黑松B	高250公分	¥50.00	2800	¥58.00	¥162,400.00	¥22,400.00	否	7
26	马尾松	马尾松A	高150公分	¥12.00	2980	¥18.00	¥53,640.00	¥17,880.00	否	6
27	马尾松	马尾松B	高200公分	¥25.00	5600	¥32.00	¥179,200.00	¥39,200.00	否	3
28										

图4-3-5 高级筛选效果展示图

制作完成的第一季度各苗木品种的销售总额和利润总额分类汇总表如图4-3-6所示。

	A	B	C	D	E	F	G	H	I	J
1	第一季度苗木销售业绩报表									
2	品名	规格	苗株大小	进价	销售量	售价	销售额	利润	是否畅销	销量排名
6	罗汉松 汇总						¥106,880.00	¥14,740.00		
10	黑松 汇总						¥268,400.00	¥34,800.00		
14	油松 汇总						¥357,000.00	¥64,600.00		
18	马尾松 汇总						¥442,280.00	¥98,220.00		
22	红叶石楠 汇总						¥327,640.00	¥104,616.00		
23	总计						¥1,502,200.00	¥316,976.00		

图4-3-6 分类汇总效果展示图

制作完成的上半年苗木销售总量表如图4-3-7所示。

	A	B	C	D	E	F	G	H
1	第一季度苗木销量			第二季度苗木销量			上半年苗木销售总量	
2	规格	销量		规格	销量		规格	销量
3	罗汉松A	1000		罗汉松A	500		罗汉松A	1500
4	罗汉松B	1800		罗汉松B	2000		罗汉松B	3800
5	罗汉松C	1600		罗汉松C	1600		罗汉松C	3200
6	罗汉松D	3900		黑松B	3200		罗汉松D	3900
7	罗汉松E	690		黑松C	6000		罗汉松E	690
8	黑松A	1200		黑松D	980		黑松A	1200
9	黑松B	4300		油松A	600		黑松B	7500
10	黑松C	2800		油松B	6800		黑松C	8800
11	黑松D	880		油松C	3200		黑松D	1860
12	油松A	1200		马尾松B	5980		油松A	1800
13	油松B	3560		马尾松C	4500		油松B	10360
14	油松C	3020		马尾松D	3210		油松C	6220
15	油松D	2100		白皮松A	3980		油松D	2100
16	马尾松A	2980		白皮松B	1600		马尾松A	2980
17	马尾松B	5600		红叶石楠A	3900		马尾松B	11580

图4-3-7 合并计算效果展示图

技能目标

通过本次任务，我们将掌握以下技能：

（1）掌握排序的应用。

（2）掌握自动筛选、高级筛选的应用。

（3）掌握分类汇总的应用。

（4）掌握合并计算的应用。

任务分解

分析上面的工作情境，我们需要完成下列任务。

利用排序功能实现以下功能：

（1）对第一季度苗木销售量进行降序排列。

（2）通过排序对话框中自定义序列排序，对每个品种按照销售金额进行升序排列。

使用筛选功能实现以下功能：

（1）对畅销品种进行列表显示。

（2）使用自定义筛选方式对销售量在3000～5000的品种进行列表显示。

（3）通过高级筛选对马尾松销售量在2000以上，黑松销售量在1000以上的情况进行列表显示。

利用分类汇总功能实现：第一季度各苗木品种的销售总额和利润总额分类汇总表。

利用合并计算功能，对第一季度和第二季度苗木销售量进行合并计算。

完成思路

完成这个任务需要熟练掌握和运用数据分析的功能：

（1）排序：用自定义排序完成对销售量的降序排列，如果销售量相同按品名升序排列；在自定义排序中设置自定义排序序列，对每个品种按照销售金额进行升序排列。

（2）筛选：自动筛选、自定义筛选、高级筛选。

（3）分类汇总：对各苗木大类汇总它们的销售总额及利润。

（4）合并计算：计算上半年苗木销售量总和。

任务实现

操作步骤	知识导航
（1）打开上次的文档“苗木销售业绩报表.xlsx”，新建工作表并重命名为“苗木销售数据分析表”，复制“苗木销售数据统计表”中A1:J17区域的数据至“苗木销售数据分析表”的A1单元格。	
（2）对第一季度苗木销售量进行降序排列：复制工作表“苗木销售数据分析表”，并重命名为“排序1”。 选中工作表中的任意表格，或者选中需要排序的区域A2:J17，单击“数据”选项卡→“排序与筛选”组→“排序”按钮，打开“排序”对话框。 设置主要关键字：在“主要关键字”下拉列表选择“销量”选项，次序选择“降序”。	◆ 简单排序 按照选定区域第一列的值进行升序或降序排列，如图4-3-8所示。

续表

<table>
<tr><th>操作步骤</th><th>知识导航</th></tr>
<tr><td>
设置次要关键字：单击“添加条件”按钮，在“次要关键字”下拉列表中选择“品名”选项，在“次序”下拉列表中默认选择“升序”选项，如图 4-3-9 所示。
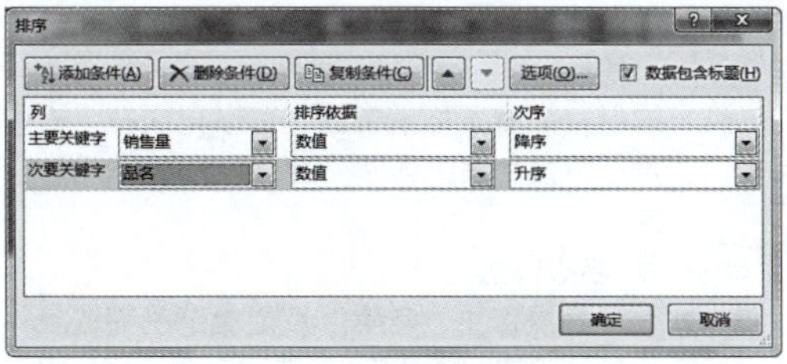

图4-3-9　设置排序条件
</td><td>
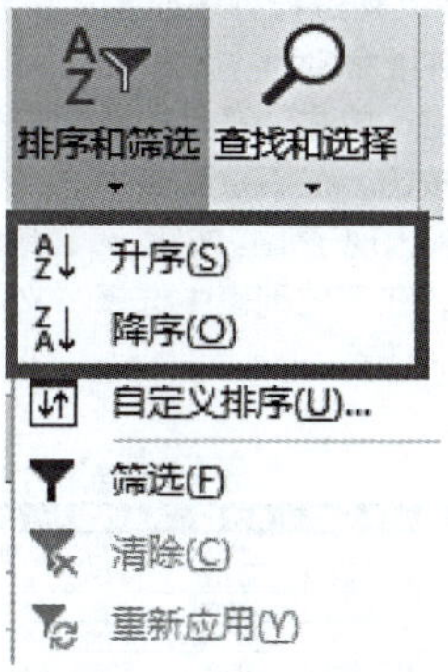

图4-3-8　简单排序
</td></tr>
<tr><td>
（3）按照序列“马尾松、黑松、油松、红叶石楠、罗汉松”的顺序按照销售金额进行升序排列：复制工作表“苗木销售数据分析表”，并重命名为“排序 2”。
设置主要关键字：在“主要关键字”下拉列表选择“品名”选项，次序选择“自定义序列”，弹出“自定义序列”对话框，如图 4-3-10 所示，输入序列“马尾松、黑松、油松、红叶石楠、罗汉松”，单击“添加”按钮，再单击“确定”即可。
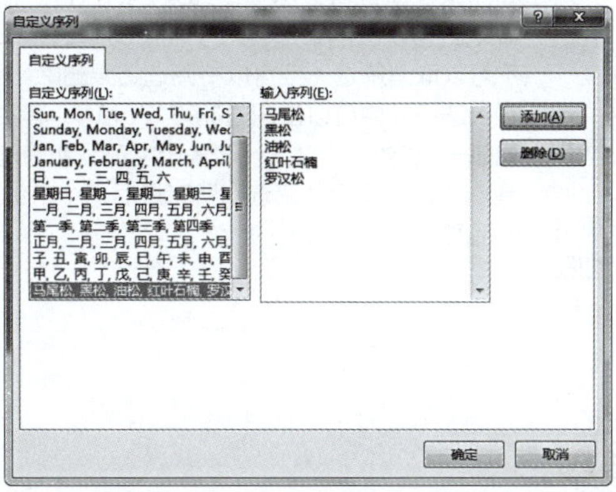

图4-3-10　“自定义序列”对话框
设置次要关键字：单击“添加条件”按钮，在“次要关键字”下拉列表中选择“销售额”选项，在“次序”下拉列表中默认选择“升序”选项，如图 4-3-11 所示。
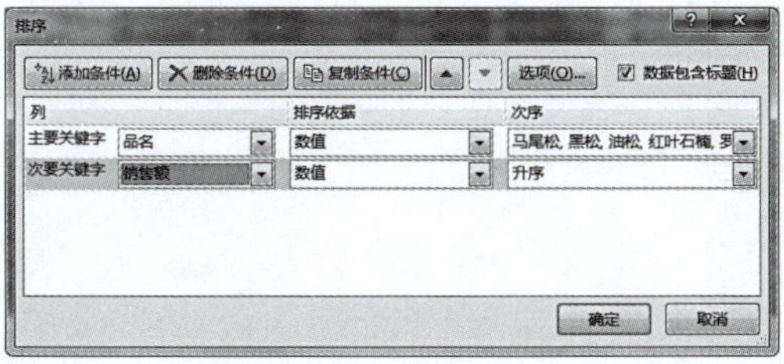

图4-3-11　设置排序条件
</td><td>
◆ 自定义排序
自定义排序可以添加多个条件：一个主要关键字，多个次要关键字。首先按主要关键字排序，主要关键字相同的时候，按次要关键字排序。

提示：如果选定的数据区域包括标题，则选中“数据包含标题”复选框。
</td></tr>
</table>

续表

操作步骤	知识导航

（4）对畅销品种进行列表显示：复制工作表“苗木销售数据分析表”，并重命名为“筛选 1”。
选择数据区域，单击“开始”选项卡→“编辑”组→“排序和筛选”下拉按钮，在下拉列表中选择“筛选”选项，此时标题行字段右侧都出现了下拉按钮 ▼。单击“是否畅销”字段右侧的下拉按钮，在下拉列表中选择“文本筛选”→选择“是”，如图 4-3-12 所示。

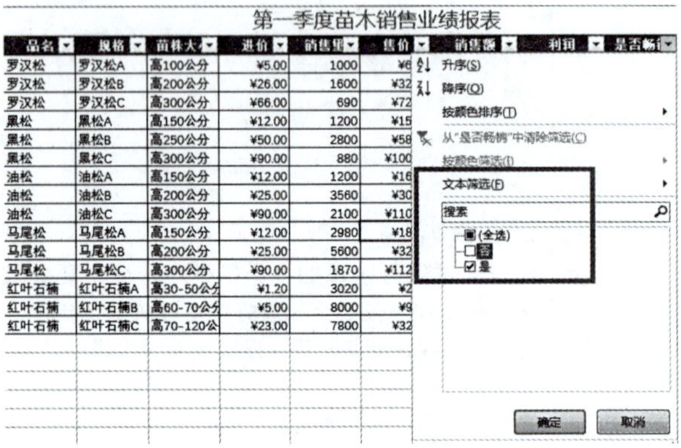

图4-3-12　自动筛选

（5）使用自定义筛选方式对销售量在 3000~5000 的品种进行列表显示：
复制工作表“苗木销售数据分析表”，并重命名为“筛选 2”。
选择数据区域，单击“开始”选项卡→“编辑”组→“排序和筛选”下拉按钮，在下拉列表中选择“筛选”选项，此时标题行字段右侧都出现了下拉按钮 ▼。单击“销售量”字段右侧的下拉按钮，在下拉列表中选择“数字筛选”→“介于”，如图 4-3-13 所示，弹出“自定义自动筛选方式”对话框，在“介于”右侧的组合框中输入如图 4-3-14 所示的数值。

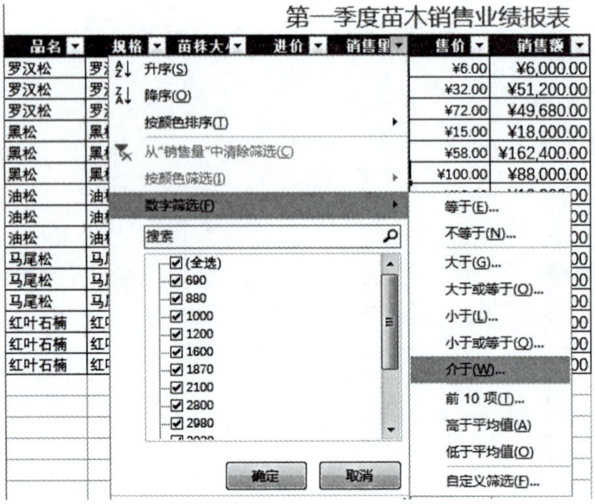

图4-3-13　数字筛选

◆ 自动筛选
就是自动将满足条件的内容筛选出来。

◆ 自定义自动筛选方式
可以根据自定义的条件进行内容筛选。

提示：如果要取消筛选，可以再次在“排序和筛选”下拉列表中选择“筛选”选项。

◆ 高级筛选
在实际操作中，常常涉及更复杂的筛选条件，利用自动筛选已无法完成，这时需要使用高级筛选。在进行高级筛选之前，必须先建立一个条件区域。条件区域的第一行必须是作为筛选条件的字段名，且必须与数据清单的字段名一致，其他行是筛选条件，筛选条件放在同一行表示“与”的关系，放不同行表示“或”的关系。

提示：
①条件区域不能与数据清单相连，两者之间至少空一行或一列。
②如果在原位置显示筛选结果，则执行“筛选”命令就可以取消筛选。对于复制的筛选结果，则不可以取消筛选，但可以将筛选结果删除。
③筛选条件中可以使用通配符“?”和“*”，其中“?”代表一个字符，“*”代表多个字符。如筛选条件是“* 松”，表示要筛选出所有最后一个字带“松”的品种。

续表

操作步骤	知识导航

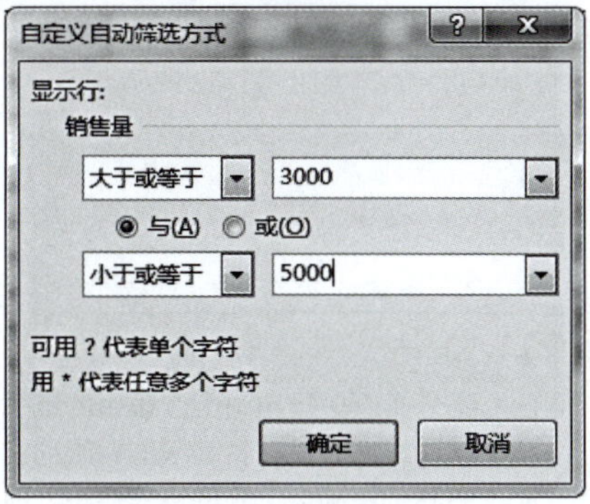

图 4-3-14 “自定义自动筛选方式”对话框

（6）通过高级筛选对马尾松和销售量在2000以上，黑松销售量在1000以上的情况进行列表显示：复制工作表“苗木销售数据分析表”，并重命名为“筛选3”。

在单元格区域 A19:B21 中输入筛选条件，如图 4-3-15 所示。

图4-3-15 筛选条件

选中数据区域 A2:J17，单击“数据”选项卡→“排序与筛选”组→“高级”按钮，弹出“高级筛选”对话框。筛选方式默认为“在原有区域显示筛选结果”，这里选择“将筛选结果复制到其他位置”单选按钮。

“列表区域”文本框中自动显示之前选中的数据区域；将光标定位在“条件区域”文本框中，然后用鼠标选择工作表的单元格区域 A19:B21，将其作为条件区域。

将光标定位在“复制到”文本框中，然后在工作表中单击单元格 A23，筛选结果将复制到以 A23 为起始位置的区域，如图 4-3-16 所示。

单击“确定”按钮，筛选结果如图 4-3-17 所示。

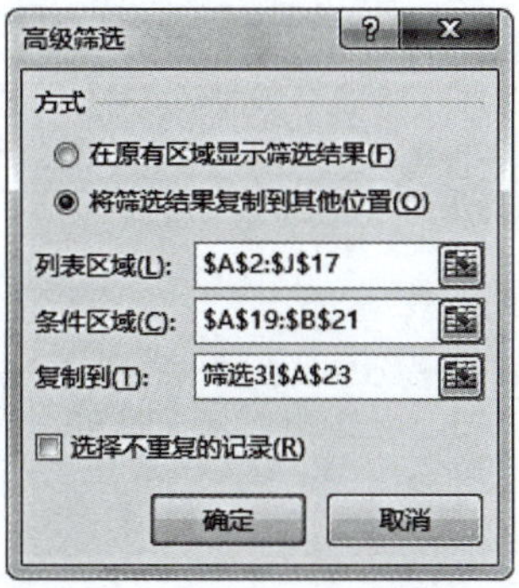

图4-3-16 高级筛选设置

续表

操作步骤	知识导航

19	品名	销售量								
20	马尾松	>2000								
21	黑松	>1000								
22										
23	品名	规格	苗株大小	进价	销售量	售价	销售额	利润	是否畅销	销量排名
24	黑松	黑松A	高150公分	¥12.00	1200	¥15.00	¥18,000.00	¥3,600.00	否	11
25	黑松	黑松B	高250公分	¥50.00	2800	¥58.00	¥162,400.00	¥22,400.00	否	7
26	马尾松	马尾松A	高150公分	¥12.00	2980	¥18.00	¥53,640.00	¥17,880.00	否	6
27	马尾松	马尾松B	高200公分	¥25.00	5600	¥32.00	¥179,200.00	¥39,200.00	否	3
28										

图 4-3-17　高级筛选结果

（7）对各苗木大类汇总销售额及利润：复制工作表“苗木销售数据分析表”，并重命名为“分类汇总”。

选中数据区域的任意一个单元格，单击“数据”选项卡→“分级显示”组→“分类汇总”按钮，打开“分类汇总”对话框。在“分类字段”下拉列表中选择“品名”选项，在“选定汇总项”列表框中选择“销售额”“利润”复选框，在“汇总方式”下拉列表中选择“求和”选项，如图 4-3-18 所示，单击“确定”按钮，分类汇总结果如图 4-3-19 所示。

单击分级显示符号 2，即可得到各苗木大类汇总出的销售额及利润，如图 4-3-20 所示。

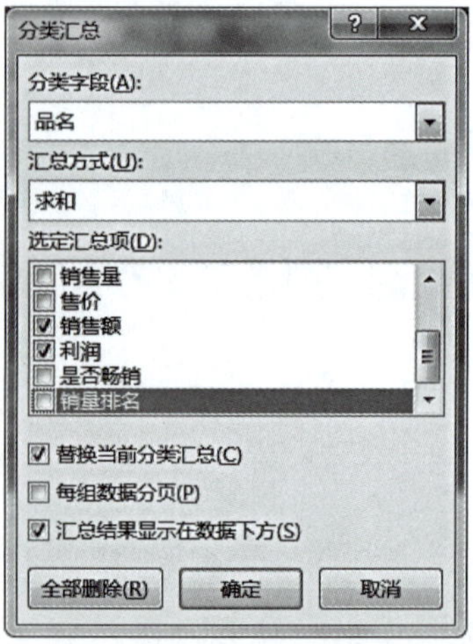

图4-3-18　分类汇总设置

	A	B	C	D	E	F	G	H
1	第一季度苗木销售业绩报表							
2	品名	规格	苗株大小	进价	销售量	售价	销售额	利润
3	罗汉松	罗汉松A	高100公分	¥5.00	1000	¥6.00	¥6,000.00	¥1,000.00
4	罗汉松	罗汉松B	高200公分	¥26.00	1600	¥32.00	¥51,200.00	¥9,600.00
5	罗汉松	罗汉松C	高300公分	¥66.00	690	¥72.00	¥49,680.00	¥4,140.00
6	罗汉松 汇总						¥106,880.00	¥14,740.00
7	黑松	黑松A	高150公分	¥12.00	1200	¥15.00	¥18,000.00	¥3,600.00
8	黑松	黑松B	高250公分	¥50.00	2800	¥58.00	¥162,400.00	¥22,400.00
9	黑松	黑松C	高300公分	¥90.00	880	¥100.00	¥88,000.00	¥8,800.00
10	黑松 汇总						¥268,400.00	¥34,800.00
11	油松	油松A	高150公分	¥12.00	1200	¥16.00	¥19,200.00	¥4,800.00
12	油松	油松B	高200公分	¥25.00	3560	¥30.00	¥106,800.00	¥17,800.00
13	油松	油松C	高300公分	¥90.00	2100	¥110.00	¥231,000.00	¥42,000.00
14	油松 汇总						¥357,000.00	¥64,600.00
15	马尾松	马尾松A	高150公分	¥12.00	2980	¥18.00	¥53,640.00	¥17,880.00
16	马尾松	马尾松B	高200公分	¥25.00	5600	¥32.00	¥179,200.00	¥39,200.00
17	马尾松	马尾松C	高300公分	¥90.00	1870	¥112.00	¥209,440.00	¥41,140.00
18	马尾松 汇总						¥442,280.00	¥98,220.00
19	红叶石楠	红叶石楠A	高30-50公分	¥1.20	3020	¥2.00	¥6,040.00	¥2,416.00
20	红叶石楠	红叶石楠B	高60-70公分	¥5.00	8000	¥9.00	¥72,000.00	¥32,000.00
21	红叶石楠	红叶石楠C	高70-120公	¥23.00	7800	¥32.00	¥249,600.00	¥70,200.00
22	红叶石楠 汇总						¥327,640.00	¥104,616.00
23	总计						¥1,502,200.00	¥316,976.00

图4-3-19　分类汇总结果

◆ 分类汇总

Excel 分类汇总是指对工作表中的数据清单按照某个字段进行分类，将字段值相同的记录放在一起，然后统计同类记录的相关信息，包括求和、计数、求平均值、求最大值等，由用户进行选择。分类汇总的结果是在数据清单中插入汇总行，显示汇总值，并自动在数据清单底部插入一个总计行。

提示：只能对数据清单进行分类汇总，数据清单的第一行必须有列标题。在分类汇总前，必须根据分类字段对数据清单进行排序。

在分类汇总结果左上方有分级显示符号，如图 4-3-21 所示。

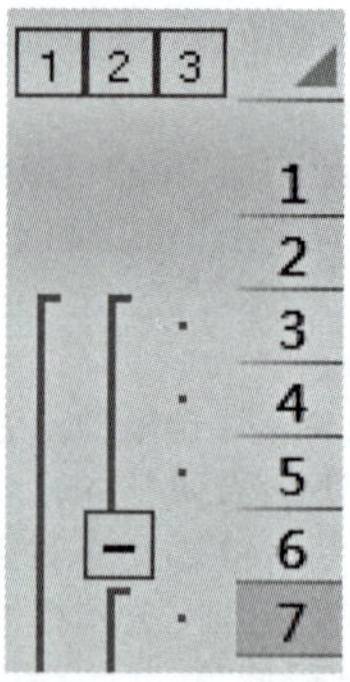

图4-3-21　分级显示符

分类汇总结果默认为三级，即显示明细数据和汇总结果，单击汇总行左侧的按钮 −，可以隐藏该组的明细数据；单击按钮 +，可以显示该组的明细数据。单击分级显示符号 1，则只显示所有明细数据的汇总结果；单击分级显示符号 2，则可以显示每组数据的汇总结果。

◆ 删除分类汇总

若要删除分类汇总，只需在“分类汇总”对话框中单击“全部删除”按钮即可。

续表

操作步骤

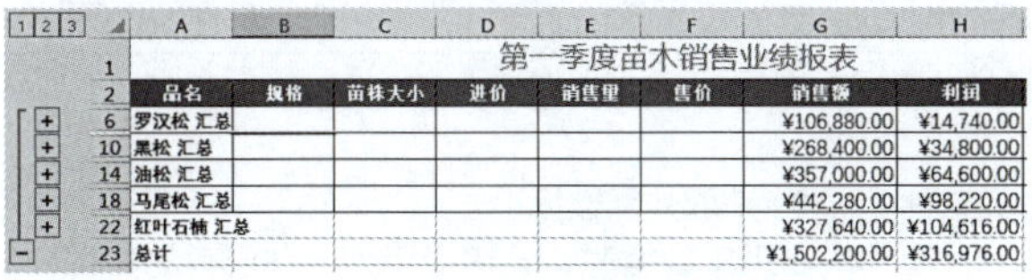

	A	B	C	D	E	F	G	H
1	第一季度苗木销售业绩报表							
2	品名	规格	苗株大小	进价	销售里	售价	销售额	利润
6	罗汉松 汇总						¥106,880.00	¥14,740.00
10	黑松 汇总						¥268,400.00	¥34,800.00
14	油松 汇总						¥357,000.00	¥64,600.00
18	马尾松 汇总						¥442,280.00	¥98,220.00
22	红叶石楠 汇总						¥327,640.00	¥104,616.00
23	总计						¥1,502,200.00	¥316,976.00

图4-3-20　分组数据汇总结果

（8）打开工作表“第一二季度苗木销量”，对第一季度和第二季度苗木销量进行合并计算。

将单元格区域G1:H1合并后居中，输入“上半年苗木销售总量”。选择单元格G2，单击“数据”选项卡→“数据工具”组→“合并计算”按钮，打开“合并计算”对话框。

在“函数”下拉列表中选择“求和”选项，单击“引用位置”右侧的选择单元格按钮，选择工作表中A2:B51区域作为第一个要合并的数据源区域，单击“添加”按钮，将该引用的位置添加到“所有引用位置”列表框中。同样的方式将D2:E47区域添加到“所有引用位置”列表框中。

在“标签位置”选项组中选中“首行”“最左列”复选框，如图4-3-22所示，单击“确定”按钮，合并计算的结果如图4-3-23所示。

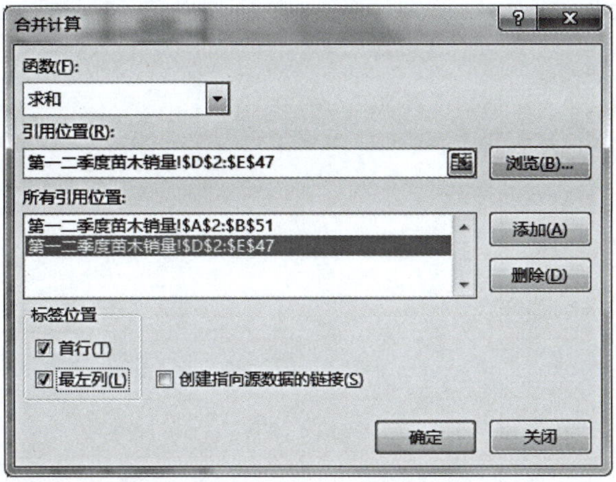

图4-3-22　合并计算设置对话框

	A	B	C	D	E	F	G	H
1	第一季度苗木销量			第二季度苗木销量			上半年苗木销售总量	
2	规格	销量		规格	销量			销量
3	罗汉松A	1000		罗汉松A	500		罗汉松A	1500
4	罗汉松B	1800		罗汉松B	2000		罗汉松B	3800
5	罗汉松C	1600		罗汉松C	1600		罗汉松C	3200
6	罗汉松D	3900		黑松B	3200		罗汉松D	3900
7	罗汉松E	690		黑松C	6000		罗汉松E	690
8	黑松A	1200		黑松D	980		黑松A	1200
9	黑松B	4300		油松A	600		黑松B	7500
10	黑松C	2800		油松B	6800		黑松C	8800
11	黑松D	880		油松C	3200		黑松D	1860
12	油松A	1200		马尾松B	5980		油松A	1800
13	油松B	3560		马尾松C	4500		油松B	10360
14	油松C	3020		马尾松D	3210		油松C	6220

图4-3-23　合并计算结果

适当将合并计算结果进行美化。

知识导航

◆ 合并计算

可以将多个工作表中的数据进行计算汇总，在合并计算过程中，存放计算结果的区域称为目标区域，提供合并数据的区域称为源数据区域，目标区域可与源数据区域在同一个工作表中，也可以在不同的工作表或工作簿中。

合并计算有两种形式：

①按分类进行合并计算。

通过分类来合并计算数据是指当多个数据源区域包含相似的数据，却依据不同的分类标记排列时进行的合并计算方式。

比如，某公司两个分公司，分别销售不同产品，总公司需要获得完整的销售报表，就必须用分类的方式来合并数据。

②按位置进行合并计算。

通过位置来合并计算数据是指所有区域中的数据被相同地排列，即每个源区域中要合并计算的数据必须在被选定源区域的相对位置上。

比如，某公司每月销售的产品固定，就可以用按位置进行合并计算。这种方式适用于处理相同表格的合并工作。

能力拓展

操作步骤	知识导航

（1）将文本文件中的数据（图 4-3-24）导入到 Excel 文件。

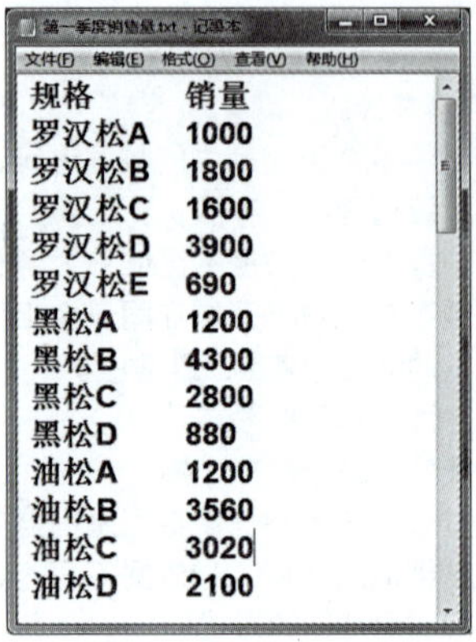

图4-3-24　文本文件数据

（2）打开一个空白工作表，选中 A1 单元格，在“数据”选项卡→“获取外部数据”组→“自文本”按钮，打开“导入文本文件”对话框，找到要导入的“第一季度销售量.txt”文件，单击“导入”按钮，弹出“文本导入向导 - 第 1 步，共 3 步”对话框，如图 4-3-25 所示，在“原始数据类型”选项组中选中“分隔符号”单选按钮，表示文本文件中的数据用分隔符分隔每个字段。

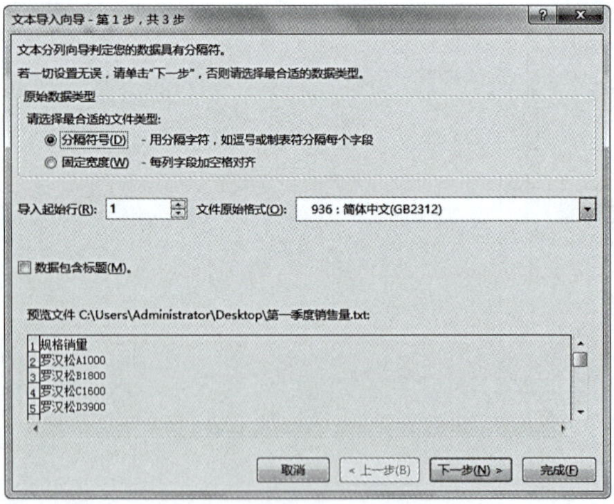

图4-3-25　文本导入向导-第1步

（3）单击“下一步”按钮，进入“文本导入向导 - 第 2 步，共 3 步”对话框，如图 4-3-26 所示，选中“分隔符号”选项组中的“Tab 键”复选框。

◆ 获取外部数据

在采集数据时，经常会用到一些已有的数据，但又不是 Excel 格式的，可以利用 Excel 2016 的导入外部数据功能来实现，外部数据可以来自文本文件、Access 文件等。

续表

操作步骤	知识导航

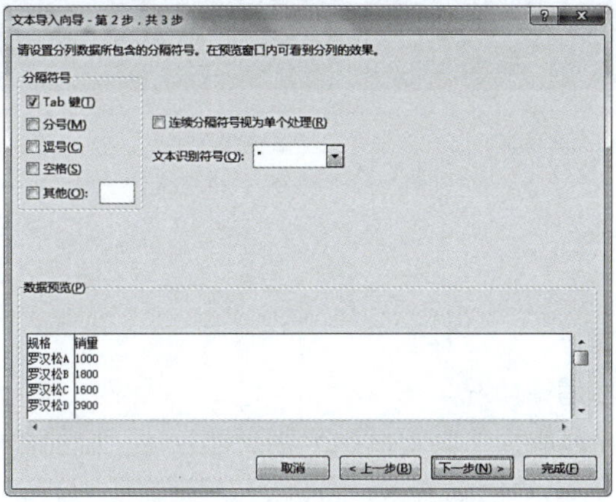

图4-3-26　文本导入向导-第2步

（4）单击“下一步”按钮，进入“文本导入向导 - 第 3 步，共 3 步”对话框，如图 4-3-27 所示，设置“列数据格式”为“文本”。

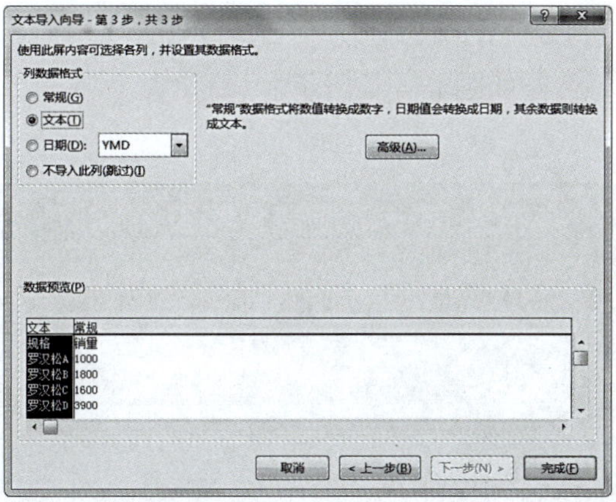

图4-3-27　文本导入向导-第3步

（5）单击“完成”按钮，就把文本文件中的数据导入到了工作表中，如图 4-3-28 所示。

	A	B
1	规格	销量
2	罗汉松A	1000
3	罗汉松B	1800
4	罗汉松C	1600
5	罗汉松D	3900
6	罗汉松E	690
7	黑松A	1200
8	黑松B	4300
9	黑松C	2800
10	黑松D	880
11	油松A	1200
12	油松B	3560

图4-3-28　导入完成结果图

任务4.4 图表呈现：苗木销售业绩报表的图表分析

任务描述

A公司领导想要了解第一、二季度各类苗木销售情况。

市场部利用Excel 2016图表中的饼图直观地展现了各类苗木的销售额占比，同时用组合图展示各类苗木的销售额及利润。

任务展示

制作完成的第一季度各苗木销售额占比如图4-4-1所示。

制作完成的第一季度各苗木销售额及利润组合图如图4-4-2所示。

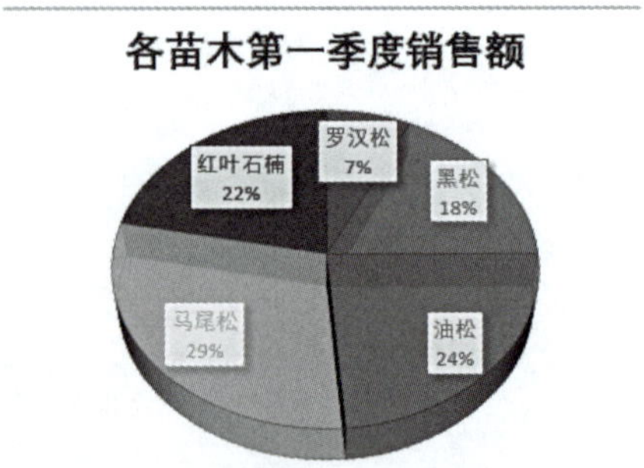

图4-4-1 第一季度各苗木销售额占比图

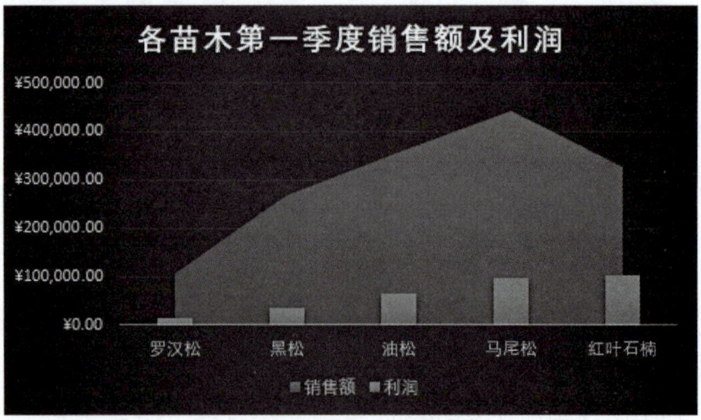

图4-4-2 第一季度各苗木销售额及利润组合图

技能目标

通过本次任务，我们将掌握以下技能：

（1）掌握图表的创建。

（2）掌握图表的美化。

任务分解

分析上面的工作情境，我们需要完成下列任务：

（1）第一季度各苗木销售额占比图的创建及美化。

（2）第一季度各苗木销售额及利润组合图的创建及美化。

完成思路

完成这个任务需要熟练掌握图表的各项功能：

（1）图表创建。选择相关数据及图表类型创建图表，根据数据的特性选择合适的图表类型至关重要。例如，分析变化趋势可以使用折线图，对数据进行大小分析可以选择柱形图，查看数据占总体比例可以选择饼图等。

（2）图表的设计及编辑。对图表进行二次加工，让其更加直观、美观。

任务实现

操作步骤	知识导航
（1）打开上次的文档“苗木销售业绩报表.xlsx”，打开工作表“分类汇总”。按住“Ctrl”键后，将品名、销售额、利润数据区域选中，单击“开始”选项卡→“编辑”组→“查找和选择”下拉列表里的“定位条件”，打开“定位条件”对话框，如图 4-4-3 所示。 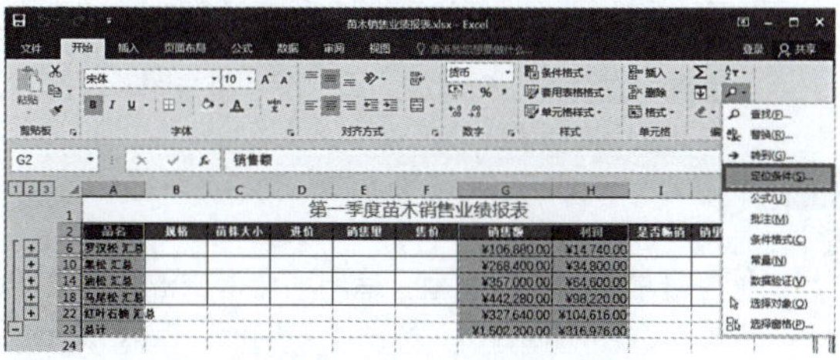 图4-4-3　定位条件 在弹出的“定位条件”对话框里选择“可见单元格”，如图 4-4-4 所示，单击“确定”按钮。 然后用“Ctrl+C”复制，再新建一个空白工作表，用“Ctrl+V”粘贴数据到新工作表的 A1 单元格，适当调整列宽，美化表格，如图 4-4-5 所示。	◆ 分类汇总数据的复制 若想要复制分类汇总后的其中一部分数据，不能直接复制，需要借助“定位条件”来实现。 ◆ 定位条件 定位条件：也可以理解为选择条件，也就是根据条件定位了某一个单元格，其实就是选择了这个单元格，定位条件中的选项虽然非常多，常用的选项如下。 批注：会定位数据中有批注的单元格位置。 常量与公式：当点击常量或者公式后，下面的数字、文本、逻辑值与错误值就会被激活，变成可选择的项目，可以根据需要来进行数据的定位。 空值：空白的单元格，可以利用这个功能来删除空行。最为常用，当数据量很大时，需要将空白单元格进行数据填充或者删除。

续表

操作步骤	知识导航

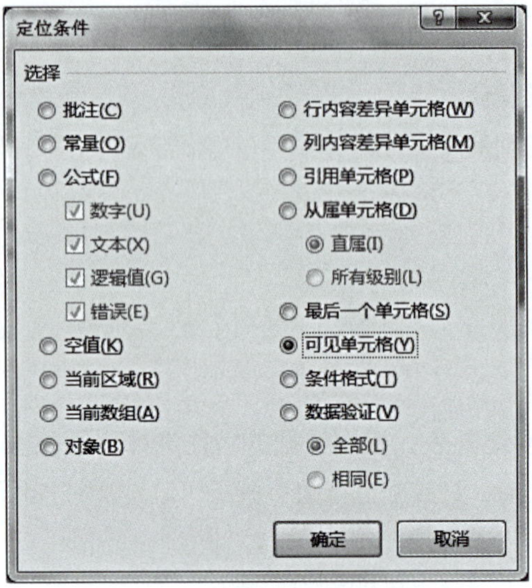

图4-4-4 “定位条件”对话框

	A	B	C
1	品名	销售额	利润
2	罗汉松 汇总	¥106,880.00	¥14,740.00
3	黑松 汇总	¥268,400.00	¥34,800.00
4	油松 汇总	¥357,000.00	¥64,600.00
5	马尾松 汇总	¥442,280.00	¥98,220.00
6	红叶石楠 汇总	¥327,640.00	¥104,616.00
7	总计	¥1,502,200.00	¥316,976.00

图4-4-5 复制后的数据

（2）创建图表：各苗木销售额占比图。

选择要在图表中使用的数据 A1:B6，单击“插入”选项卡→“图表”组→“插入饼图或圆环图”下拉按钮，选择“三维饼图”选项（图 4-4-6），即可快速创建图表，如图 4-4-7 所示。

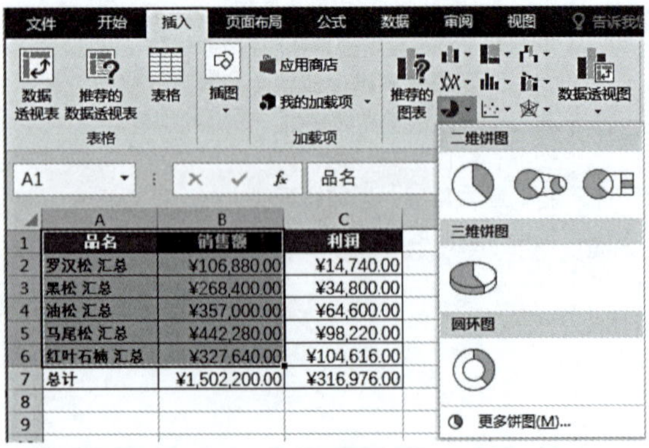

图4-4-6 “插入饼图”下拉列表

Excel 2016 提供了丰富的图表类型，每种图表类型又有多种子类型，此外用户还可以自定义图表类型。Excel 2016 提供的图表类型有柱形图、折线图、饼图、条形图、面积图、XY 散点图、股价图、曲面图、雷达图、树状图、旭日图、直方图、箱形图、瀑布图和组合图。

◆ 柱形图

是最常见的图表类型，适用场合是二维数据集，即每个数据点包含 X、Y 两个方向值，但只有一个维度需要比较的情况。如图 4-4-8 所示，就是由“年份”和“销售额”组成的二维数据，只需要比较“销售额”这一个维度。柱形图通常沿水平轴组织类别，而沿垂直轴组织数值，利用柱子的高度反映数值的差异。由于肉眼对高度差异很敏感，柱形图辨识效果非常好，也容易解读，但柱形图的局限在于只适用于中小规模数据集。

续表

操作步骤	知识导航
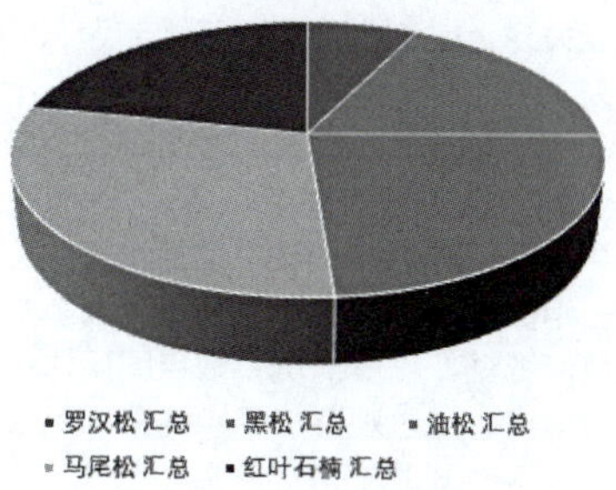 图4-4-7　插入的三维饼图	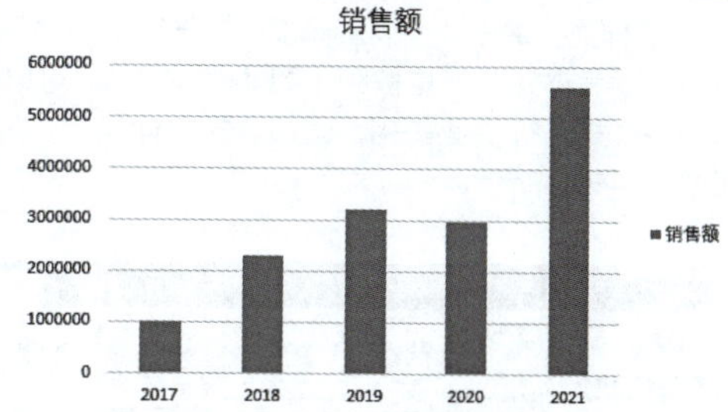 图4-4-8　柱形图示例 ◆ 条形图 可以看作是柱形图逆时针旋转 90° 后形成的图表，主要用于显示各项目之间的数据差异，不同的是，柱形图是在水平方向依次展现数据，条形图是在垂直方向依次展现数据。条形图的分类项在垂直方向表示，数值在水平方向表示。这样的方式可以突出数值的比较，而淡化时间的变化。条形图可以应用于轴标签过长的图表绘制，以免出现柱形图中对长分类标签省略的情况。还有一点，与柱形图相比，条形图更适合于展现排名。示例如图 4-4-11 所示。 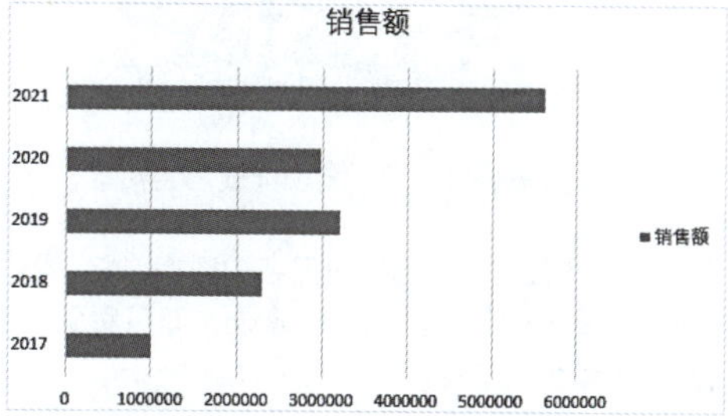 图4-4-11　条形图示例 ◆ 折线图 是将同一数据系列的数据点在图上用直线连接起来，用来显示数据的变化趋势。与柱形图比，当数据很多时，折线图更适合二维的大数据集，由于折线图更容易分析数据的变化趋势，对于那些趋势比单个数据点更重要的情景，折线图是首选，如图 4-4-12 所示。 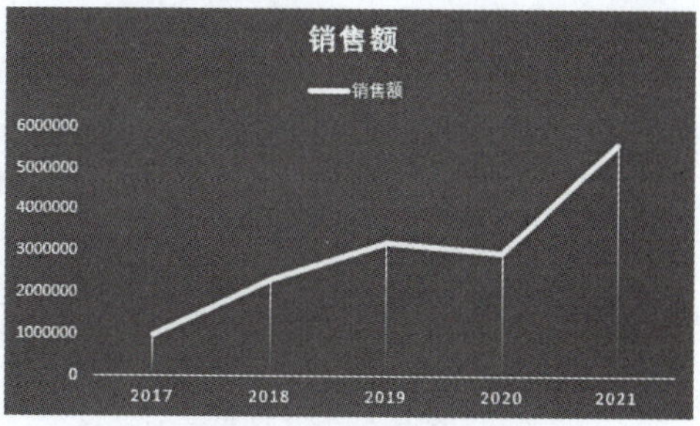 图4-4-12　折线图示例
（3）美化图表：各苗木销售额占比图。 ① 图表标题：单击图表上的标题框，将原标题“销售额”修改为“各苗木第一季度销售额”。 ② 快速布局：单击“图表工具设计”选项卡→“图表布局”组→“快速布局”下拉按钮，选择“布局 1”选项（图 4-4-9），即可快速对图表进行布局，如图 4-4-10 所示。 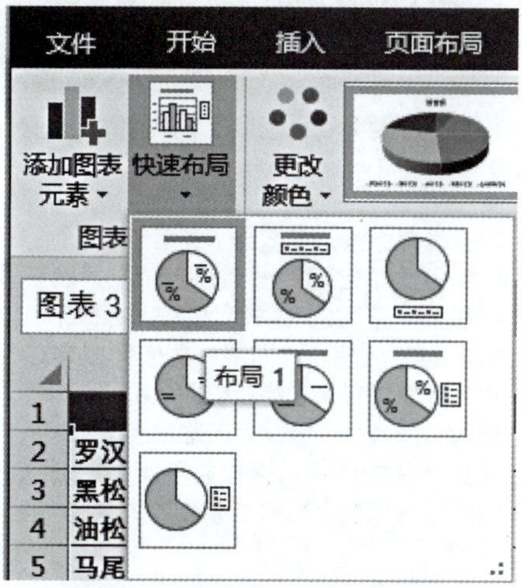 图4-4-9　“快速布局”下拉列表 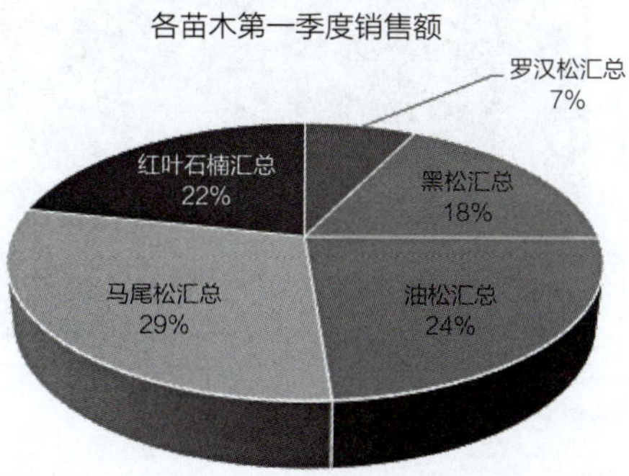 图4-4-10　快速布局1效果图	

续表

操作步骤	知识导航

③ 图表样式：单击“图表工具设计”选项卡→“图表布局”组→“图表样式”下拉按钮（图4-4-13），可以选择合适的图表样式进行快速美化，比如选择“样式2”选项，结果如图4-4-14所示。

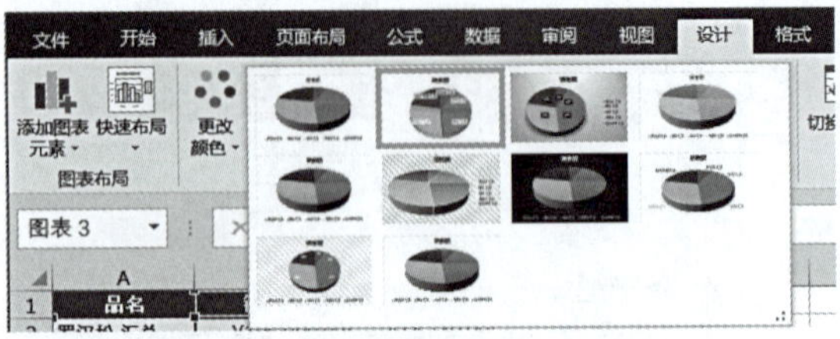

图4-4-13 “图表样式”下拉列表

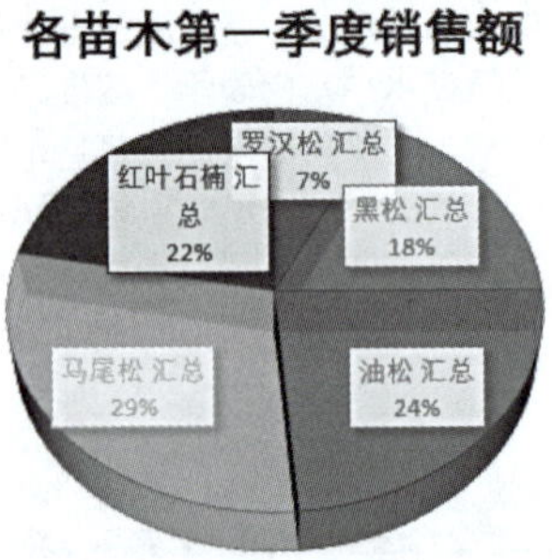

图4-4-14 图表样式2效果图

④ 修改表格数据：适当修改品名的数据，将“罗汉松汇总”修改为“罗汉松”，其余一样修改，即可看到图表区域的数据标签跟随着自动变化，完成图如图4-4-15所示。

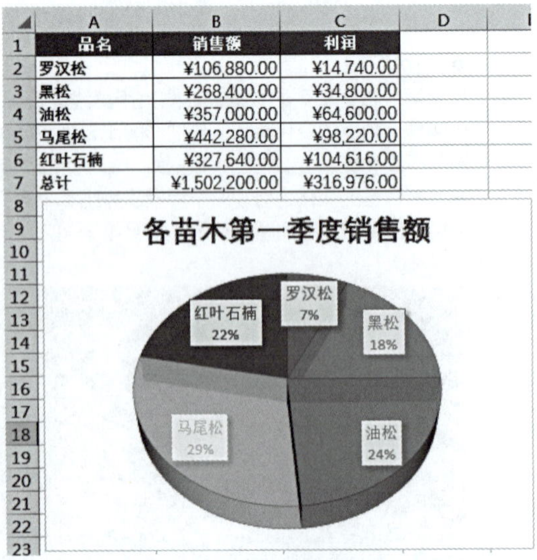

品名	销售额	利润
罗汉松	¥106,880.00	¥14,740.00
黑松	¥268,400.00	¥34,800.00
油松	¥357,000.00	¥64,600.00
马尾松	¥442,280.00	¥98,220.00
红叶石楠	¥327,640.00	¥104,616.00
总计	¥1,502,200.00	¥316,976.00

图4-4-15 效果展示图

◆ XY（散点图）

主要用于显示单个或多个数据系列中各数值之间的相互关系，或者将两组数值绘制为XY坐标的一个系列。即两组数值中的一组数字表示为X轴上对应的值，另一组数值表示为Y轴上对应的值，这样一个散点就有了X值和Y值。也就是说能在散点图中有两个数值坐标轴，沿横坐标（X轴）方向显示一组数值数据，沿纵坐标（Y轴）方向显示另一组数值数据。一般情况，散点图用这些数值构成多个坐标点，通过观察坐标点的分布，即可判断变量间的关系，同时还可以设置趋势线，如图4-4-16所示。

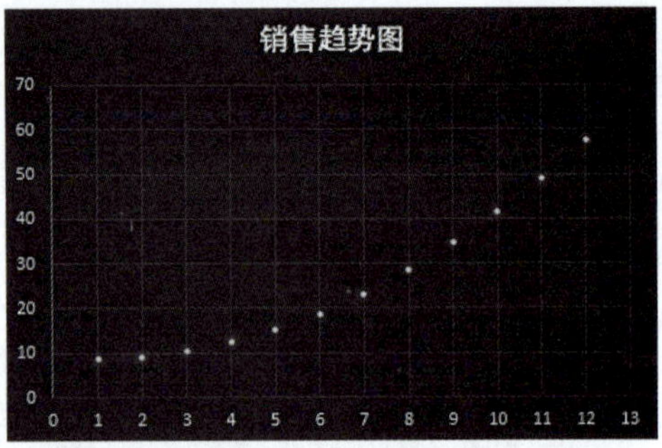

图4-4-16 XY（散点图）示例

◆ 面积图

与折线图类似，可以显示多组数据系列，只是将连线与分类轴之间用图案填充，主要用于表现数据的趋势。不同的是，折线图只能单纯地反映每个样本的变化趋势，而面积图还可以通过面积反映总体数据的变化趋势。根据微积分概念，通常面积反映总值大小，因此面积图常用于引起人们对总值趋势关注的情况。通过显示所绘制值的总和，面积图还可以显示部分与整体的关系，如图4-4-17所示。

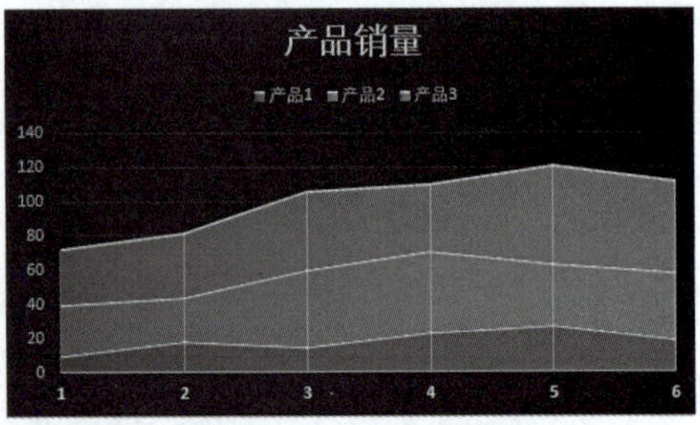

图4-4-17 面积图示例

续表

操作步骤	知识导航

（4）创建图表：各苗木销售额及利润组合图。

选择要在图表中使用的数据 A1:C6，单击“插入”选项卡→“图表”组→对话框启动器，打开“插入图表”对话框，先选择“组合”类别，然后选择“堆积面积图－簇状柱形图”选项（图 4-4-18），单击“确定”按钮，即创建组合图，如图 4-4-19 所示。

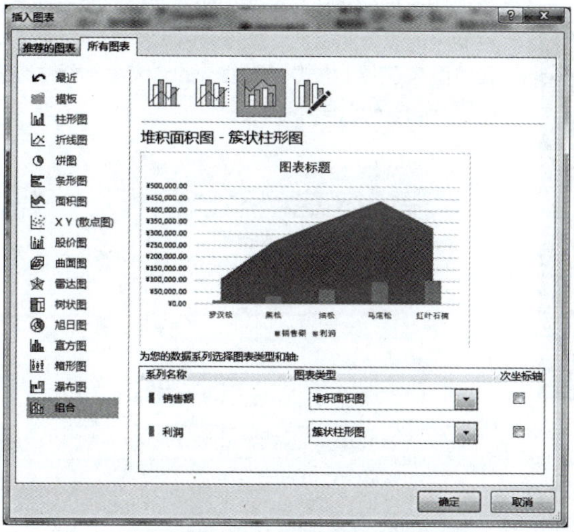

图4-4-18　“插入图表”对话框

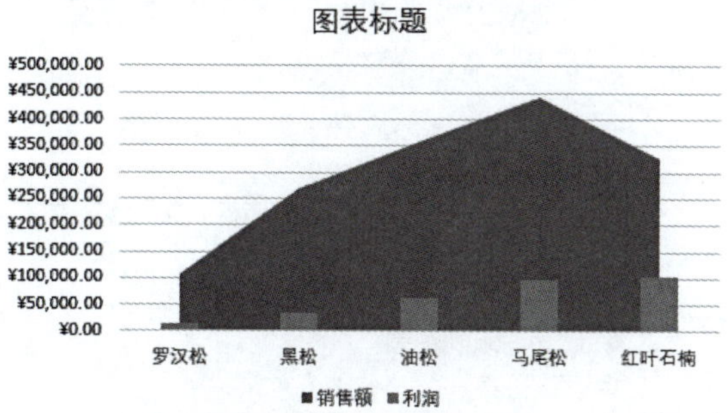

图4-4-19　效果展示图

◆ 饼图

当需要反映某个部分占整体比重多少时，就可以使用饼图。饼图会先将某个数据系列中单独的数据转换为数据系列总和的百分比，然后按照百分比将数据绘制在一个圆形上，数据点之间用不同的图案填充，缺点是只能显示一个系列。一般在仅有一个要绘制的数据系列，即仅排列在工作表的一列或一行中的数据，且要绘制的数值中不包含负值的情况下，才使用饼图图表。由于各类别分别代表整个饼图的一部分，因此饼图中最好不要超过七个类别，否则就会显得杂乱，也不好识别其大小，如图 4-4-20 所示。

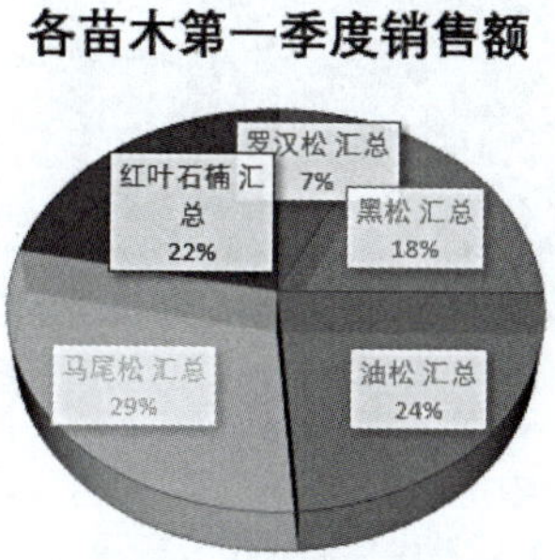

图4-4-20　饼图示例

◆ 雷达图

又称蜘蛛网图。它用于显示独立数据系列之间以及某个特定系列与其他系列的整体关系。每个分类都拥有自己的数值坐标轴，这些坐标轴同心点向外辐射，并由折线将同系列中值连接起来。雷达图适用于多维数据（四维以上）且每个维度必须可以排序的情况，如图 4-4-21 所示。

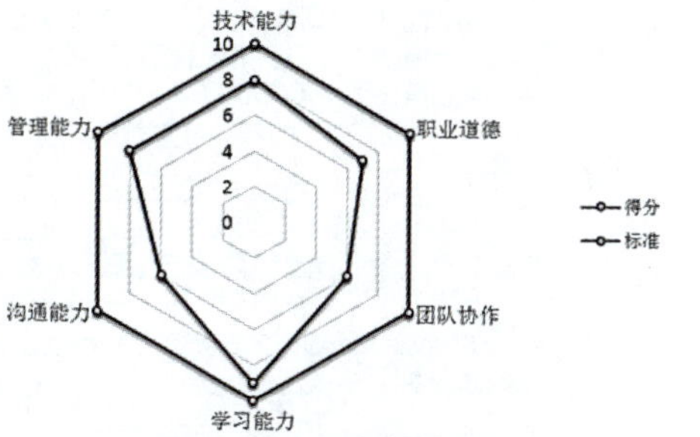

图4-4-21　雷达图示例

续表

<table>
<tr><th>操作步骤</th><th>知识导航</th></tr>
<tr><td>

（5）美化图表：各苗木销售额及利润组合图。
① 图表标题：单击图表上的标题框，将原标题修改为“各苗木第一季度销售额及利润”。
② 调整图表的大小和位置：根据需要适当调整其大小和位置。
③ 图表样式：单击“图表工具设计”选项卡→“图表布局”组→“图表样式”下拉按钮，选择“样式6”的图表样式，结果如图4-4-22所示。

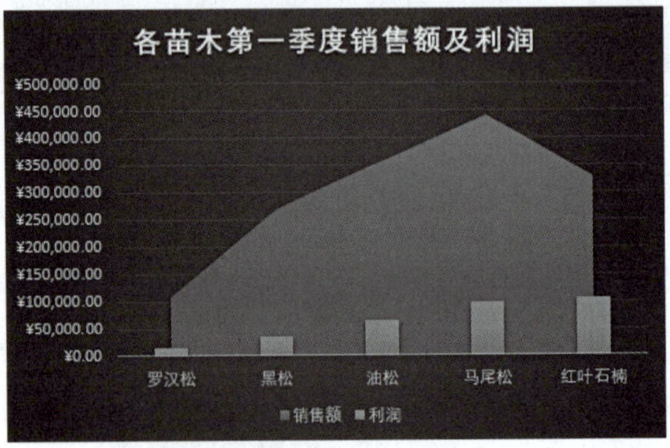

图4-4-22 效果展示图

④ 调整数值轴刻度：右击“垂直（值）轴”，在弹出的快捷菜单中选择“设置坐标轴格式”，打开“设置坐标轴格式”窗格，调整坐标轴主要单位数值为“100000”，如图4-4-23所示。

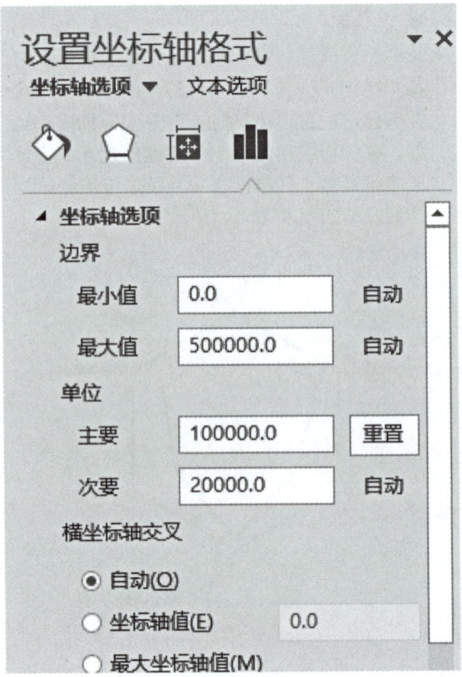

图4-4-23 “设置坐标轴格式”窗格

</td><td>

◆ 调整图表的大小和位置
对于已创建的图表，可以根据不同的需求调整其大小和位置。
① 调整图表的大小：单击图表区，图表四周出现8个控制点，拖动控制点即可改变图表的大小。若要精确调整图表的大小，可右击图表区，执行“设置图表区域格式”命令；打开“设置图表区格式”窗格，单击“大小与属性”按钮，即可在展开的面板中设置图表的高度和宽度，如图4-4-24所示。还可以在“图表工具 | 格式”选项卡的“大小”组中设置图表的高度和宽度。

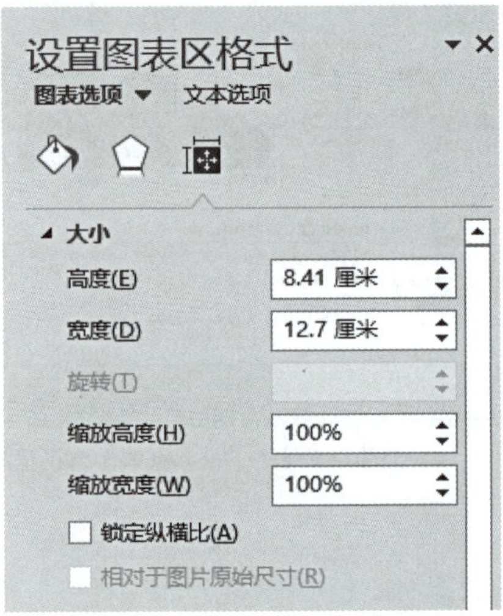

图4-4-24 “图表区格式”窗格

② 调整图表的位置：单击图表区，按住鼠标左键拖动即可改变图表的位置。

◆ 移动与复制图表
① 移动图表。
方法1：选中图表，按“Ctrl+X”组合键进行剪切；打开目标工作表，按“Ctrl+V”进行粘贴。
方法2：右击图表，执行“移动图表”命令，或者单击“图表工具 | 设计”选项卡→“位置”组→“移动图表”按钮，打开“移动图表”对话框，选择要放置图表的工作表，单击“确定”按钮。
② 复制图表。
可以将图表复制到Word或PowerPoint中，选中图表，按“Ctrl+C”组合键进行复制；打开目标工作表，按“Ctrl+V”组合键进行粘贴。

</td></tr>
</table>

续表

操作步骤	知识导航
⑤ 移动图表：右击图表，执行“移动图表”命令，或者单击“图表工具 | 设计”选项卡→“位置”组→“移动图表”按钮，打开“移动图表”对话框，选择要放置图表的工作表，这里设置为“新工作表”，并命名为“各苗木销售额及利润组合图”，如图 4-4-25 所示，单击“确定”按钮，即新建了一个名为“各苗木销售额及利润组合图”的工作表，如图 4-4-26 所示。	

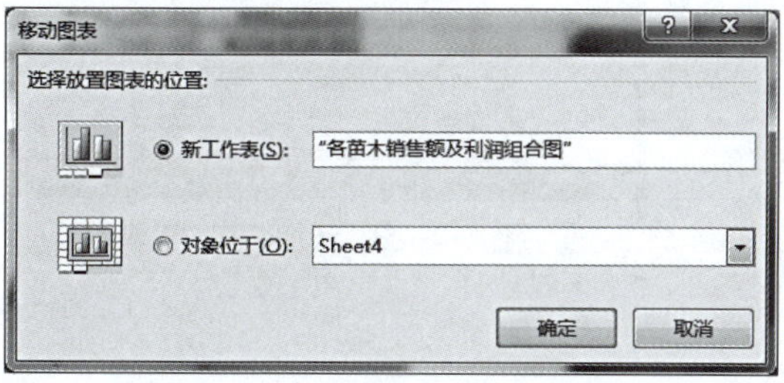

图4-4-25 “移动图表”对话框

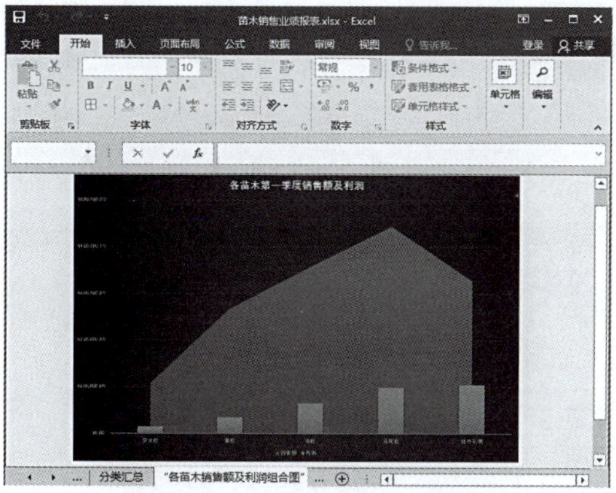

图4-4-26 “移动图表”对话框

能力拓展

操作步骤	知识导航
（1）准备一组数据如图 4-4-27 所示。	◆ 开发工具 如果默认没有显示“开发工具”的，可以单击“文件”选项卡→“选项”→在选项对话框左侧选择“自定义功能区”，然后将“开发工具”选项勾选即可，如图 4-4-28 所示。

	A	B	C	D	E	F	G
1	苗木各月销售量						
2	品名	1月	2月	3月	4月	5月	6月
3	罗汉松	1000	690	2800	1200	2100	1200
4	黑松	880	3560	2980	2100	880	3560
5	油松	3560	2980	1870	5600	3560	2980
6	马尾松	1870	8000	2300	7800	1870	8000
7	红叶石楠	7800	3890	6600	2300	1230	3890

图4-4-27 上半年苗木各月销售量

续表

<table>
<tr><th>操作步骤</th><th>知识导航</th></tr>
<tr><td>

（2）控件的制作。

①新建一个工作表，单击“开发工具”选项卡→“控件”组→“插入”下拉列表里找到 “组合框”。如图 4-4-29 所示，在任意区域插入组合框。

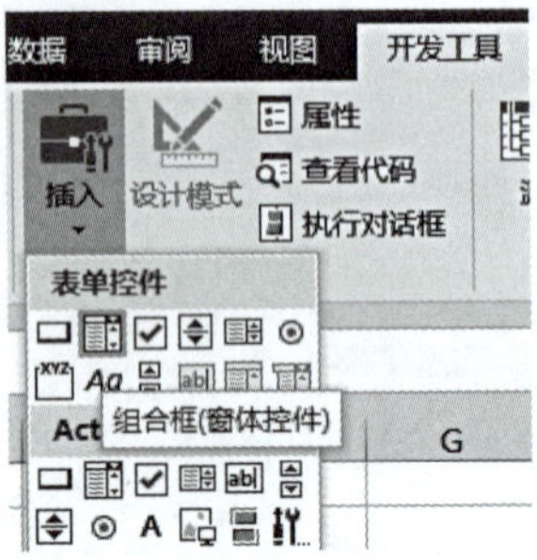

图4-4-29　开发工具组合框

②将组合框与一些数据做相应的链接：新建一个控件链接，把控件链接与选择内容一一对应。控件链接可以理解为就是控制你的展现数据的。在 A4 单元格输入“1”，作为控件链接，如图 4-4-30 所示。

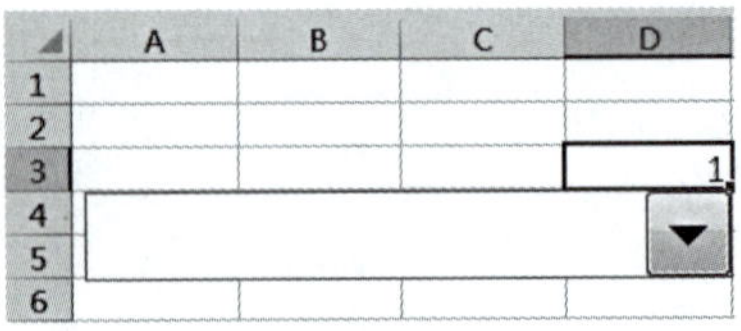

图4-4-30　创建数据控件链接

③单击刚才创建的组合框，右击，在快捷菜单中选择“设置控件格式”，弹出“设置控件格式”对话框，设置“数据源区域”为各苗木的品名，“单元格链接”指的是数据链接，就是刚刚设置的 A4 单元格，如图 4-4-31 所示，单击“确定”按钮，A4 单元格的数据就会跟着组合框的选择内容进行动态变化。

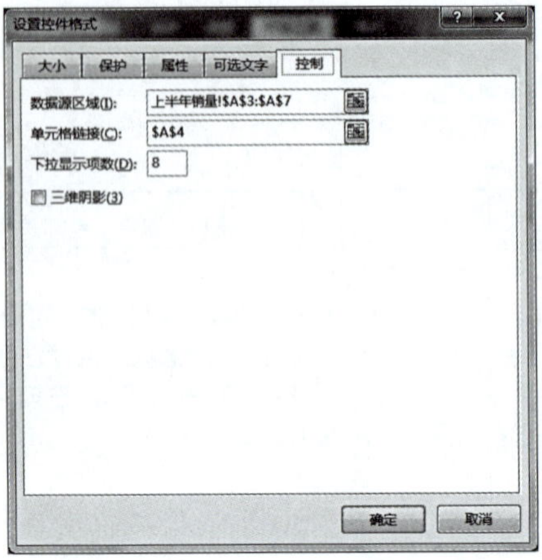

图4-4-31　“设置控件格式”对话框

</td><td>

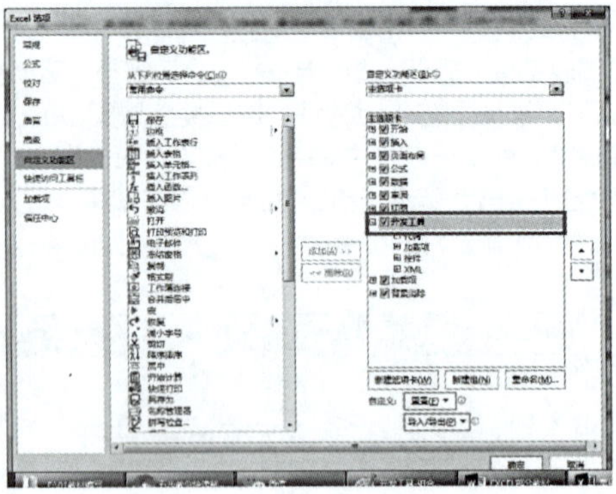

图4-4-28　添加“开发工具”

</td></tr>
</table>

续表

操作步骤	知识导航

（3）制作 1 ~ 6 月的动态数据。

当“组合框”选择“马尾松”的时候，这个时候展现的就是马尾松的数据；同理选择“黑松”的时候，展现的是黑松的数据。因为刚才控件链接已经做了关联，因此就在它的基础上制作，如图 4-4-32 所示，利用一个函数来实现，在 B4 单元格输入公式“=INDEX（上半年销量 !$A$3:$G$7，$A$4，COLUMN（B1））”。也就是设置一个区域，返回第几排、第几列的值。

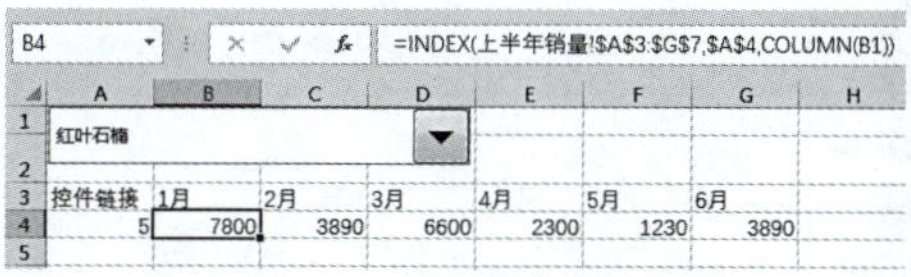

图4-4-32　动态数据设置

（4）折线图制作。

选择数据 B3:G4 制作一个折线图，如图 4-4-33 所示。

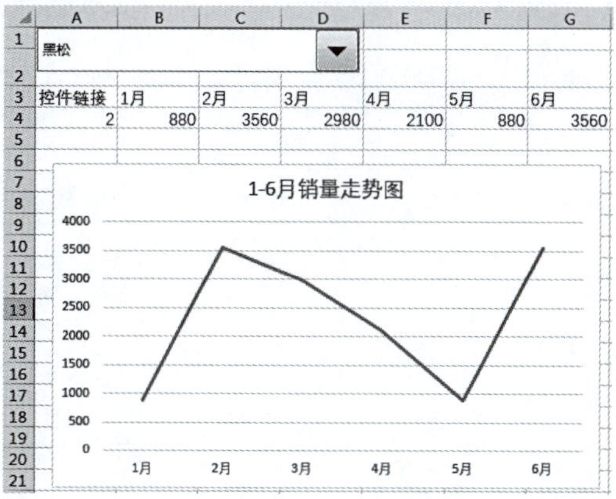

图4-4-33　折线图

（5）美化图表。

将图表与“组合框”进行合并、美观。

点击“组合框”右击，在下拉菜单选择“叠放次序 - 置于顶层”，如图 4-4-34 所示。

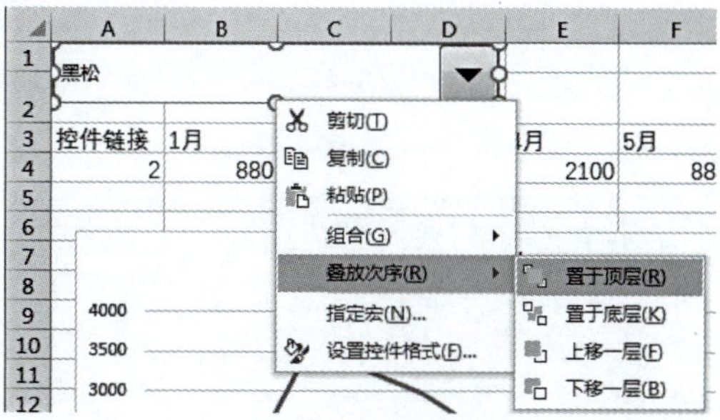

图4-4-34　调整组合框

续表

操作步骤	知识导航
将组合框调整大小，拖动到图表标题适合位置，并调整图表样式或自行设置，对图表进行美化，如图 4-4-35 所示。 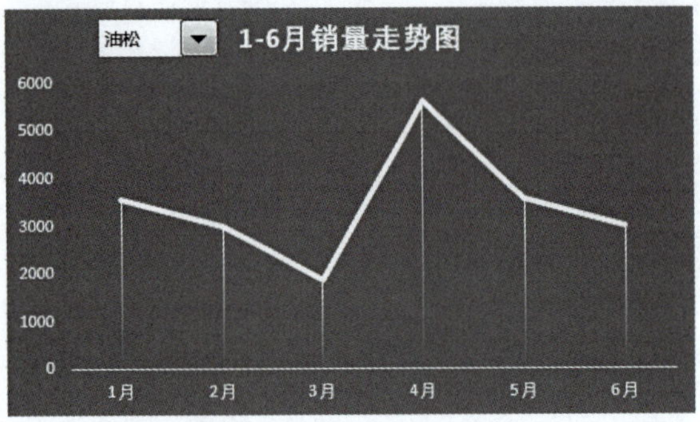 图4-4-35 效果展示图 这样，我们就可以通过选择不同的苗木品种来动态了解该品种 1 ~ 6 月的销量数据了！	

项目五

05 PowerPoint 2016 演示文稿设计

知识目标

❶ PowerPoint 2016 的启动和退出。
❷ PowerPoint 2016 演示文稿的创建、打开和保存。
❸ 幻灯片的插入、删除和移动等基本操作。
❹ 文本、图片、形状、表格和艺术字等对象的插入和格式设置。
❺ 主题和背景设置。
❻ 动画效果和切换效果的添加与设置。
❼ 演示文稿的放映和导出。

能力目标

❶ 掌握在 PowerPoint 2016 中制作演示文稿的方法。
❷ 掌握在 PowerPoint 2016 演示文稿中输入与编辑文本，插入图片、图形、艺术字、表格和视频等内容的方法。
❸ 掌握为 PowerPoint 2016 演示文稿中的对象设置动画效果、放映和导出方法。

素质目标

❶ 具备充分利用数字化学习系统、资源、工具等提升职业技能和职业素养的意识。
❷ 培养符合时代要求的信息化办公能力和信息素养。

演示文稿可以将多种媒体有机地结合起来，如文字、图片、视频等，使枯燥的内容变得生动有趣。目前，演示文稿的应用领域非常广泛，如工作汇报、个人简历、新春贺卡等。本项目以Microsoft Office PowerPoint 2016（简称PowerPoint 2016）为例，结合三味果园项目建设规划汇报PPT，介绍演示文稿的制作、动画设计、母版制作和使用以及放映和导出。

知识储备

一、PowerPoint 2016 启动

方法1：选择“开始”菜单-执行“所有程序”-“PowerPoint ”命令。

方法2：双击计算机磁盘中保存的PowerPoint 2016演示文稿（扩展名为.pptx）。

以上两种常用方法都可启动PowerPoint 2016，并打开PowerPoint 2016工作界面，如图5-0-1所示。Microsoft Office的软件启动方法类似，大家可触类旁通。

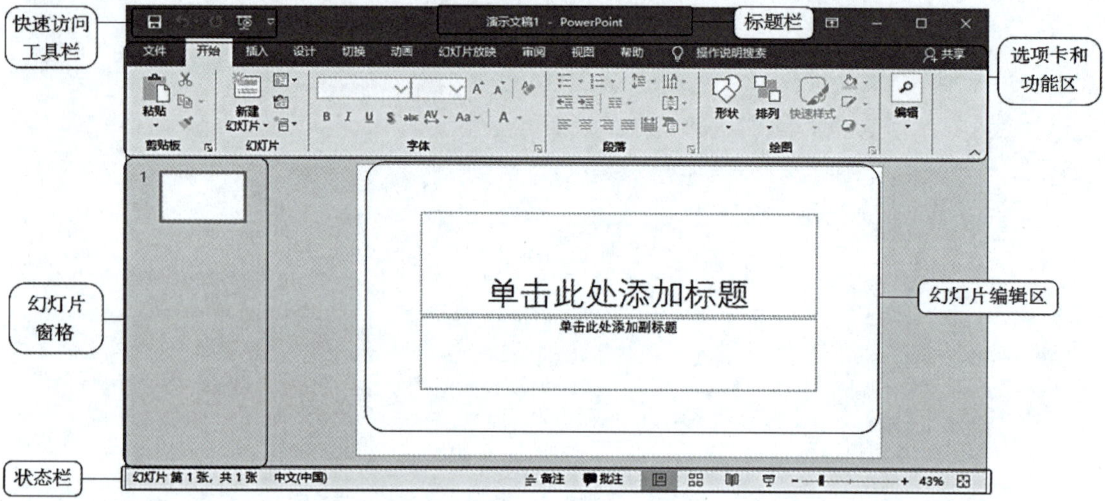

图5-0-1　PowerPoint 2016工作界面

PowerPoint 2016 工作界面

• 幻灯片编辑区

幻灯片编辑区是整个主程序窗口的核心区域，用于显示和编辑幻灯片的内容。在其中可输入文字内容、插入图片和设置动画效果等，是使用PowerPoint 2016制作演示文稿的平台。

• 幻灯片窗格

幻灯片窗格位于程序主窗口的最左侧，用于显示演示文稿的幻灯片缩略图、数量及位置，通过它可以方便地掌握整个演示文稿的结构，便于进行幻灯片的插入、删除和位置调整等操作。

• 状态栏

状态栏位于工作界面的底端，左侧显示当前编辑的幻灯片的序号、总的幻灯片数目等信息，右侧显示视图模式等按钮。在不同的视图模式下，状态栏显示的内容也不尽相同。例如，在“普通视图”模式下，视图模式按钮左侧有“备注”按钮 和“批注”按钮 ，右侧有“缩放”按钮 ；在放映视图下，则没有状态栏。

提示

备注是指对幻灯片或幻灯片内容的简单说明。备注窗格位于工作区域的下方，用于添加与幻灯片内容相关的备注，并且在放映演示文稿时可以将它们用作打印形式的参考资料。在备注窗口中只能添加文字。对于新建的演示文稿，备注窗格是隐藏的，单击窗口下方的“备注”按钮，即可显示备注窗格。

PowerPoint 2016 提供了多种视图模式，有普通视图、大纲视图、幻灯片浏览、备注页、阅读视图和幻灯片放映等。每种视图都有自己特定的显示方式和编辑特点，在一种视图中对演示文稿进行修改和编辑，则该演示文稿的其他视图将同步产生相应的变化。视图之间的切换可以通过单击状态栏上的视图切换按钮  或者“视图”选项卡上的命令按钮实现。

- 选项卡

PowerPoint 2016 功能区有多个选项卡，下面介绍常用的几个：

（1）“开始”选项卡：用于幻灯片的新建和版式设置，在幻灯片中快速插入图形，排列对象，设置幻灯片中文本的格式等。

（2）“插入”选项卡：用于在演示文稿中插入幻灯片，在幻灯片中插入表格、图像、形状、图表、艺术字、音频、视频、页眉和页脚等。

（3）“设计”选项卡：用于设置演示文稿主题、背景、页面设置等。

（4）“切换”选项卡：用于设置幻灯片的切换方式和切换效果。

（5）“动画”选项卡：用于给幻灯片中的对象添加动画、设置动画效果等。

（6）“幻灯片放映”选项卡：用于设置幻灯片的放映方式、排练计时和录制幻灯片演示等。

（7）“视图”选项卡：用于设置演示文稿的视图模式，编辑幻灯片母版，调整窗口和参考线的显示等。

另外，在选择不同的对象时，会弹出不同的上下文选项卡，在其中可以设置对象的格式和布局等。

二、退出PowerPoint 2016

退出PowerPoint 2016 程序可以通过多种方法实现，常用的方法有以下几种：

方法1：单击标题栏右端的“关闭”按钮。

方法2：在“文件”选项卡中单击“关闭”按钮。

方法3：右击标题栏，从弹出菜单中执行“关闭”命令。

方法4：按键盘组合键“Alt + F4”来关闭。

三、演示文稿与幻灯片

演示文稿与幻灯片是相辅相成的两个部分，同时也是包含与被包含的关系。演示文稿由幻灯片组成，每张幻灯片表达着自己独立的主题。演示文稿由“演示”和“文稿”两个词语组成，这说明它是用于演示某种效果而制作的文档，主要应用于教学、会议、产品展示等领域。

四、PowerPoint 2016视图

PowerPoint 2016为用户提供了普通视图、大纲视图、幻灯片浏览视图、幻灯片放映视图、阅读视图和备注页视图6种视图模式，在工作界面下方的状态栏中单击相应的视图切换按钮或在【视图】/【演示文稿视图】组中单击相应的视图切换按钮都可进行切换。各视图的功能介绍如下：

（1）普通视图。普通视图是PowerPoint 2016默认的视图模式，也是编辑幻灯片时常用的视图模式。打开演示文稿即可进入普通视图，单击状态下方的该视图切换按钮可切换到普通视图。在普通视图中，可以对幻灯片的总体结构进行调整，也可以对单张幻灯片进行编辑。

（2）大纲视图。单击状态下方的该视图切换按钮可切换至大纲视图，此视图模式下可对幻灯片的标题与正文内容进行编辑，用户在“大纲”浏览窗格或在幻灯片窗格中编辑文本内容时，将同时在另一个窗格中产生变化，可对整体结构和单张幻灯片进行编辑。

（3）幻灯片浏览视图。单击状态下方的该视图切换按钮可切换至幻灯片浏览视图。在该视图模式中不能编辑幻灯片中的内容，但可以浏览演示文稿中所有幻灯片的整体效果，并且可以对其整体结构进行调整，如调整演示文稿的背景、移动或复制幻灯片等。

（4）幻灯片放映视图。单击任务栏中的幻灯片放映按钮或快捷访问工具栏中的放映按钮 ，即可进入幻灯片放映视图。此时幻灯片将按设定的效果放映。

（5）阅读视图。单击该视图按钮即可进入幻灯片阅读视图。阅读视图中可以查看演示文稿的放映效果，预览演示文稿中设置的动画和声音，并观察每张幻灯片的切换效果，它将以全屏动态方式显示每张幻灯片的效果。

（6）备注页视图。备注页视图是将备注窗格以整页格式进行显示的，制作者可以方便地在其中编辑备注内容。

任务5.1 快速制作演示文稿

任务描述

吴江三味果园生态农业发展有限公司的小田园综合体示范基地建设项目已经进入尾声，将要进行项目验收，请你协助秘书小张拟定一份汇报材料，这时候用PowerPoint 2016来完成此任务是非常合适的。作为职场新手，如何尽量通过简单的操作快速制作出演示文稿的框架，把项目对象添加到演示文稿，具体要求如下：

（1）对项目汇报材料梳理和演示文稿整体规划。

（2）文字录入、编辑，对象的插入，复制、移动及版式设计。

任务展示

本次任务完成后，制作的演示文稿框架，如图5-1-1所示。

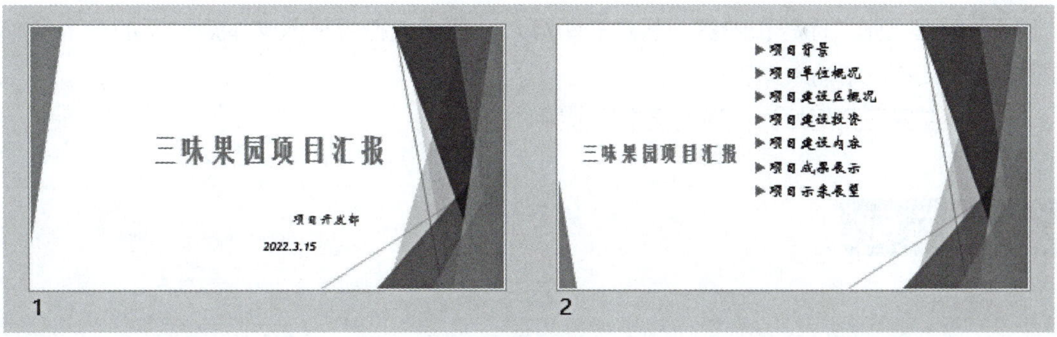

图5-1-1　任务5.1完成图

技能目标

演示文稿要求在短时间内，清楚生动地介绍项目情况，这就要求PPT制作简洁美观，版式选取精当，演示稿中图文并茂。本次任务主要掌握以下内容：

（1）熟悉PowerPoint 2016的工作界面和视图方式。

（2）掌握演示文稿和幻灯片的基本操作，包括新建、打开、保存、关闭演示文稿。

（3）掌握在幻灯片中输入文本的方法。
（4）掌握图片、相关对象的插入。

任务分解

根据案例演示文稿的设计要求，完成制作项目汇报演示文稿，配合制作过程中使用的PowerPoint 2016知识，分析工作情境，我们需要完成下列任务：
（1）新建演示文稿。
（2）在幻灯片中输入文本。
（3）在幻灯片插入文本框（横排和竖排）。
（4）复制幻灯片。
（5）移动幻灯片。

完成思路

制作项目汇报演示文稿，可以按下列步骤完成：
（1）建立一个“平面”为主题的演示文稿。
（2）在标题幻灯片中输入演示文稿的标题和副标题。
（3）新建一张“标题和内容”版式的幻灯片，作为汇报的目录，再在占位符中输入文本。
（4）新建一张“标题和内容”版式的幻灯片，在占位符中输入文本后，添加一个横排文本框，再在文本框中输入文字。
（5）复制第三张幻灯片，移动文本的位置。

任务实现

操作步骤	知识导航
（1）启动 PowerPoint 2016 演示文稿。	◆ 新建演示文稿 新建空白演示文稿的两种方法： （1）单击【文件】|【新建】命令，在窗口右侧选择【空演示文稿】命令。 （2）启动 PowerPoint 2016 后，会显示“开始”屏幕。在其中单击“空白演示文稿”，就可以打开空白的演示文稿。 ✧ 提示：在 PowerPoint 2016 工作界面中按【Ctrl+N】组合键，即可快速创建一个空白演示文稿，如图 5-1-3 所示。
（2）在“文件”选项卡中单击“新建”按钮，在“新建”面板中选择一个“平面”主题的演示文稿选项，如图 5-1-2 所示。	

续表

操作步骤	知识导航
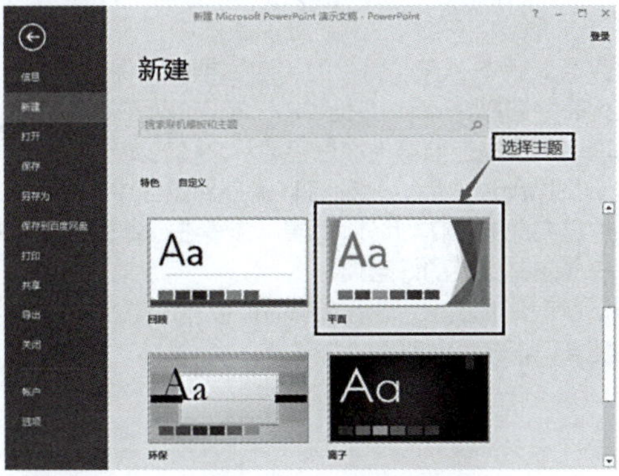 图5-1-2　“平面”主题 （3）弹出“平面”模板的预览窗口，如图 5-1-4 所示。选择浏览窗口右边第 1 行第 1 列的主题，单击下侧的“创建”按钮，即可打开以“平面”为主题的演示文稿。 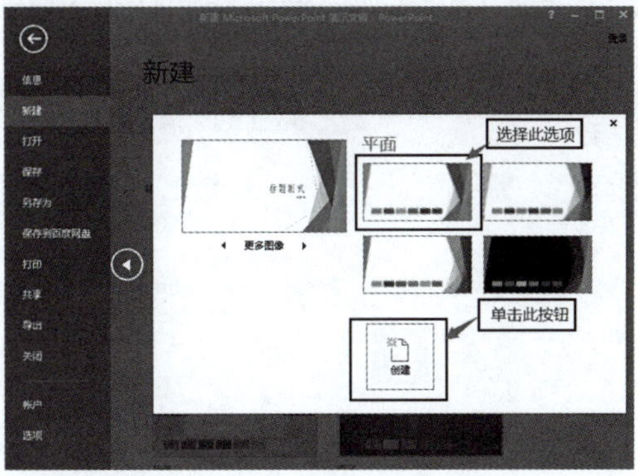 图5-1-4　“平面”模版预览窗口	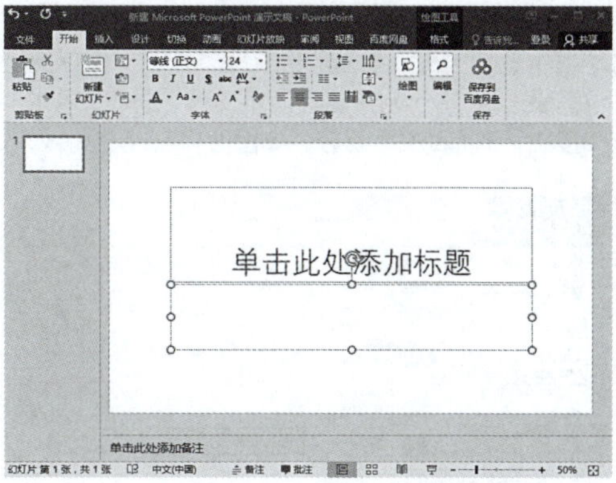 图5-1-3　新建空白演示文稿
（4）保存演示文稿。 单击【文件选项】|【保存】，打开“另存为”窗口，单击“浏览”按钮，即可打开“另存为”对话框，如图 5-1-5 所示。 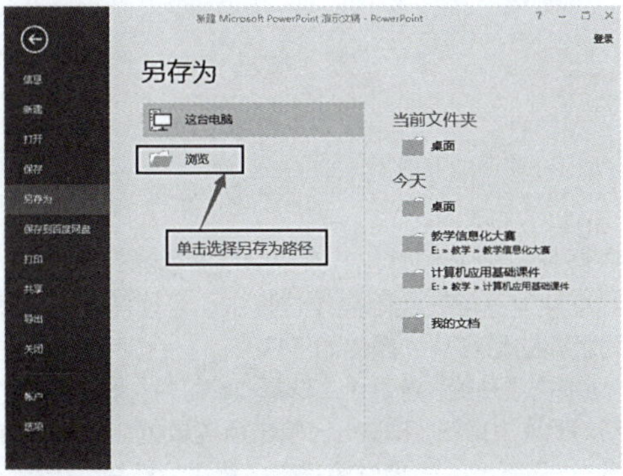 图5-1-5　“另存为－浏览”对话框	◆ 保存演示文稿 如果演示文稿未保存过，第一次保存时可以按以下方法进行保存。 （1）直接单击快速访问工具栏上的“保存”按钮，或者按“Ctrl + S”组合键，又或者在“文件”选项卡中单击“保存”按钮，都可以打开“另存为”面板。 （2）在“文件”选项卡中单击“浏览”按钮，通过弹出的“另存为”对话框设置文件名和要保存的位置，单击“保存”按钮。 （3）将演示文稿保存为模板。将制作好的演示文稿保存为模板，可提高制作同类演示文稿的速度。打开“另存为”对话框，在“保存类型”下拉列表中选择“PowerPoint 模板（*.pptx）”选项。其余操作与第一次保存演示文稿的操作相同。

续表

操作步骤	知识导航
在“另存为”对话框左侧的导航窗格中列出了几个可以折叠 / 展开的类别，选择“桌面”选项，在“文件名”文本框中输入“三味果园项目汇报”，在“保存类型”下拉列表选择“PowerPoint 演示文稿”选项，单击“保存”按钮，即完成文件保存，如图 5-1-6 所示。 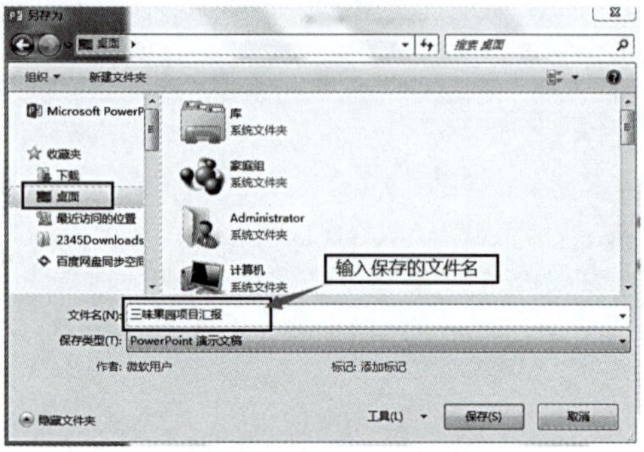 图5-1-6　保存设置	（4）保存为低版本演示文稿。如果希望保存的演示文稿可以在 PowerPoint 2016 之前版本中打开或编辑，应保存为低版本。在“另存为”对话框的“保存类型”下拉列表中选择“PowerPoint 97-2003 演示文稿（*.ppt）”选项，其余操作与第一次保存演示文稿的操作相同。 演示文稿创建之后，必须将其保存到磁盘中，这样才能保护已完成的工作。此外，对演示文稿进行处理的过程中，要养成随时保存的好习惯。 PowerPoint 2016 演示文稿的保存方法与 Word 2016 文档类似。
（5）设置幻灯片母版 单击“视图”选项卡，在“母版视图”中选择“幻灯片母版”。此时将出现“幻灯片母版”选项卡。选择第一个版式母版，在右侧选择母版标题文本框，将字体大小设置为48，选择下面的文本框，字体大小设置为28，如图5-1-7所示。 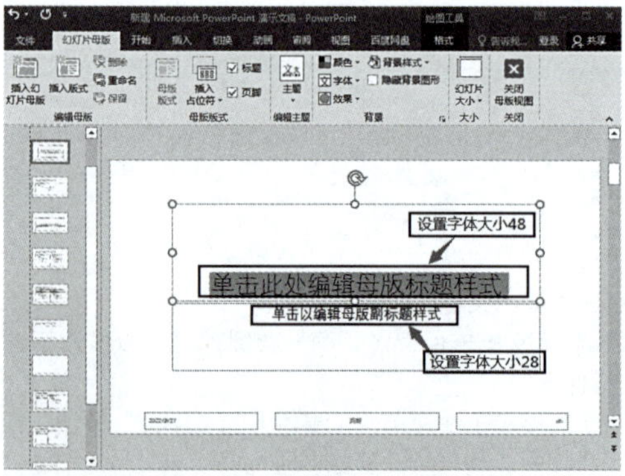 图5-1-7　设置母版文本字号 设置完成，单击“关闭母版视图”。	◆ 修改幻灯片母版时，这些修改会应用到与其关联的各个版式母版之中。 标题母版文本字体设置与“内容与标题”版式的设置方法一致。
（6）新建幻灯片及文本录入。 新建的演示文稿有一张标题幻灯片，在“单击此处添加标题”占位符中单击，输入“三味果园项目汇报”，如图 5-1-8 所示。	◆ 新建幻灯片 打开 PowerPoint 2016，系统默认新建的幻灯片是“标题幻灯片”，但在实际操作过程中，可能需要新建多种不同版式的幻灯片，操作如下： （1）单击“开始”选项卡，选择“幻灯片”选项组中“新建幻灯片”的下三角按钮，单击所需要的版式图标，如图 5-1-9 所示。如果直接单击“新建幻灯片”按钮，将直接新建一张默认版式的幻灯片。

续表

<table>
<tr><th>操作步骤</th><th>知识导航</th></tr>
<tr><td>

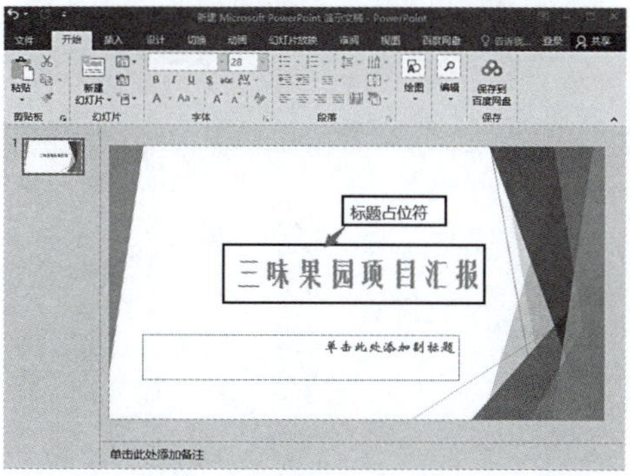

图5-1-8　制作标题

在副标题占位符中单击，然后输入“项目开发部”，如图 5-1-10 所示。

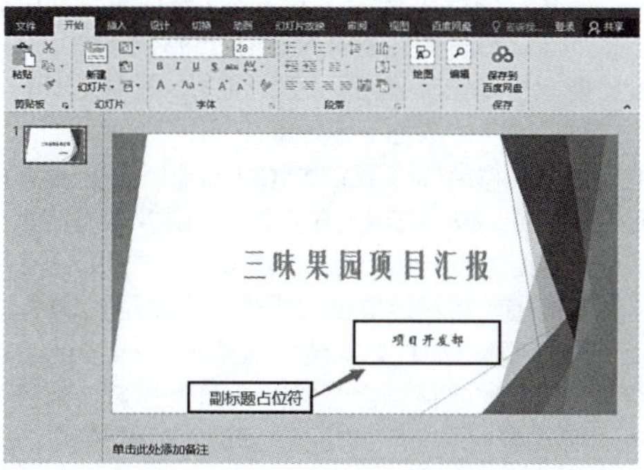

图5-1-10　副标题制作

在“幻灯片”浏览窗格中将鼠标光标定位到标题幻灯片后，选择【开始】/【幻灯片】组，单击“新建幻灯片”按钮右下角的下拉按钮▾，在打开的下拉列表中选择“内容与标题”选项。

在标题幻灯片后新建一张“内容与标题”版式的幻灯片，然后在各占位符中输入文本。完成第 2 张幻灯片的制作，如图 5-1-11、图 5-1-12 所示。

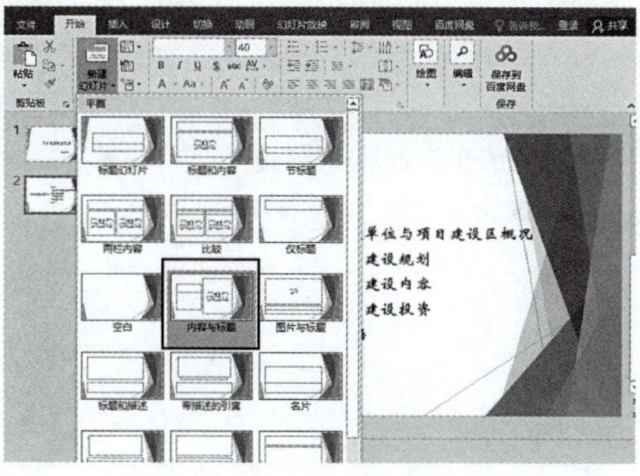

图5-1-11　内容与标题的版式

</td><td>

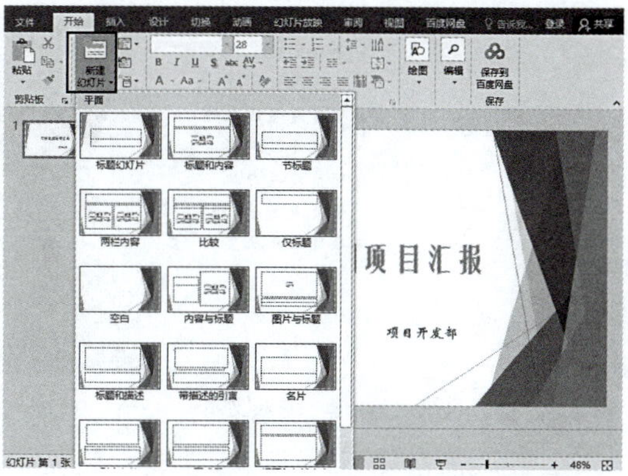

图5-1-9　新建幻灯片

（2）按【Ctrl+M】组合键，可迅速新建一张与当前幻灯片版式相同的新幻灯片。

（3）在“普通视图”下，将鼠标定在左侧的空格中，然后按下 Enter 键，同样可以快速新建（插入）一张空白幻灯片。

</td></tr>
</table>

续表

<table>
<tr><th>操作步骤</th><th>知识导航</th></tr>
<tr><td>
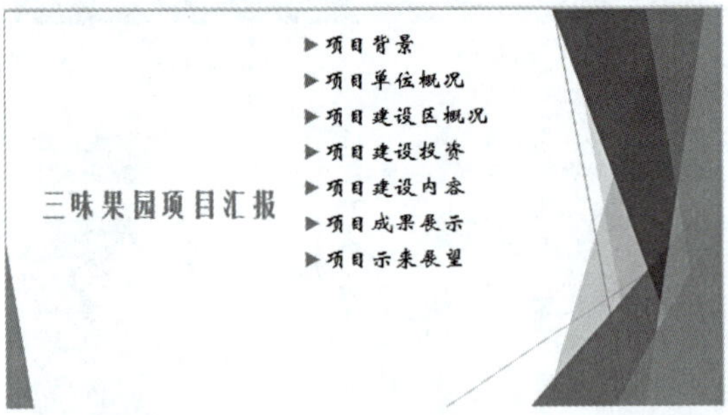

图5-1-12 输入文本
</td><td></td></tr>
<tr><td>
（7）文本框的使用。
①选择第一张幻灯片，单击“插入”选项卡，选择“文本框”，单击下拉按钮，可选择“横排文本框”选项，如图 5-1-13 所示。
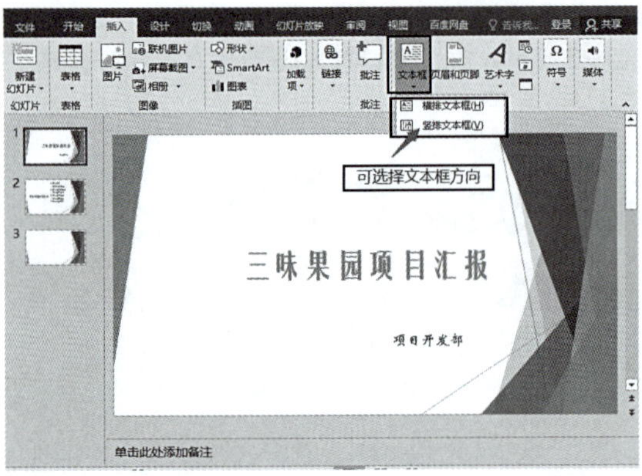

图5-1-13 插入文本框方法
②此时鼠标指针呈细十字针状，移动鼠标指针到幻灯片右下角单击，定位文本插入点，输入文本“时间”，效果如图 5-1-14 所示。
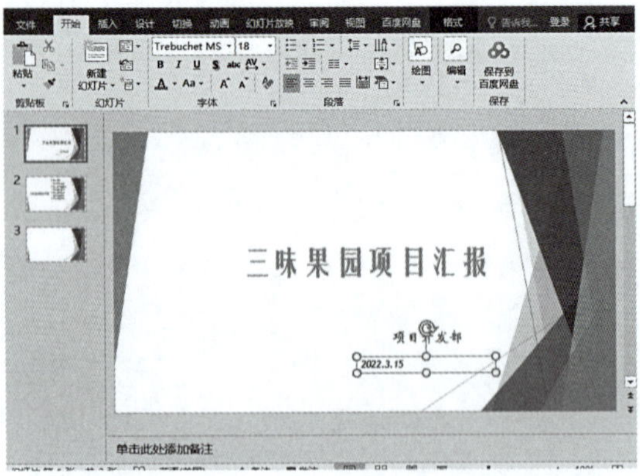

图5-1-14 文本框中输入文本效果
</td><td>
◆ 文本框的使用
由于制作需要，幻灯片中时常会添加文本框，单击“插入”选项卡，选择“文本框”，单击下拉按钮，可选择“横排文本框”或者“竖排文本框”选项，此时鼠标变成“细十字”线状，按住左键在“工作区”中拖曳，即可插入一个文本框，然后将文本输入到相应的文本框中。
①设置要素：单击文本框，可设置文本框中文本的“字体”“字号”“字体颜色”等要素。
②调整大小：将鼠标移至文本框的四周6个控点上，成双向拖拉箭头时，按住左键拖拉，即可调整文本框的大小。
③移动定位：将鼠标移至文本框边缘处成4箭头状时，按住左键拖拉，将其定位到幻灯片合适位置上即可。
④旋转文本框：选中文本框，然后将鼠标移至上端控制点 ，此时控制点会变成一个黑色圆弧状箭头，按住左键挪动鼠标，即可对文本框进行旋转操作，如图5-1-15所示。
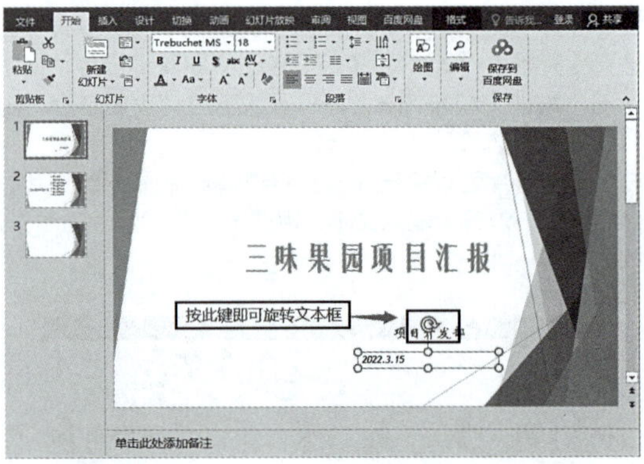

图5-1-15 文本框旋转方法
</td></tr>
</table>

续表

<table>
<tr><th>操作步骤</th><th>知识导航</th></tr>
<tr><td>（8）幻灯片的复制、移动等操作。
在第 2 张幻灯片后连续复制 6 张幻灯片。
选择第 2 张幻灯片，按“Ctrl + C”组合键，将鼠标定位到第 2 张幻灯片后，按“Ctrl + V”组合键进行粘贴，在第 2 张幻灯片后新增加 1 张幻灯片，按 6 次“Ctrl + V”组合键即新增 6 张完全相同的幻灯片，如图 5-1-16 所示。
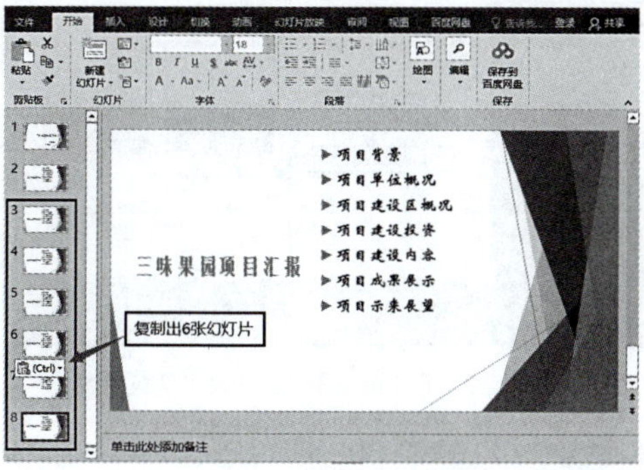

图5-1-16　复制效果图
选择第 6 张幻灯片，按住鼠标左键不放，拖曳到第 3 张后释放鼠标左键，此时第 6 张幻灯片就移动到了第 3 张幻灯片后了，如图 5-1-17 所示。
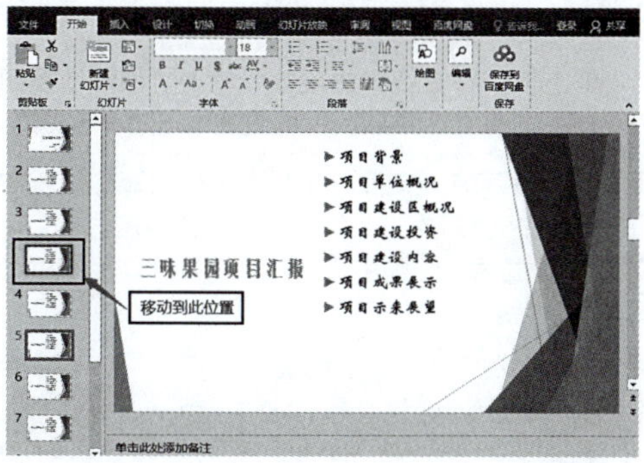

图5-1-17　移动幻灯片</td>
<td>◆ 复制幻灯片
复制幻灯片的方法很多，基于之前的操作，下面通过不同的方法复制多张幻灯片。
（1）在幻灯片窗格中右击将要复制的幻灯片（如第 2 张），在弹出菜单中执行“复制”幻灯片命令，在目标位置右击选择“粘贴选项”：“使用目标主题”，即可在其后面复制 1 张幻灯片。
（2）选中要复制的幻灯片（如第 3 张），按“Ctrl + C”组合键进行复制，然后单击目标位置（如第 4 张后面），按“Ctrl + V”组合键进行粘贴。
提示：粘贴的时候默认采用目标主题，如要保留原来的设计，可在目标位置右击，选择“保留源格式”选项。
（3）复制的多张幻灯片的方法相同于单张幻灯片。（同时选择多张即可）
◆ 删除幻灯片
在幻灯片窗格中右击将要删除的幻灯片，在弹出菜单中执行“删除幻灯片”命令，即可将其删除，也可以在选中幻灯片之后直接按“Backspace”或“Delete”键。
◆ 移动幻灯片
移动幻灯片的操作也很简单，可以采用直接拖动的方法，也可以通过剪切操作。例如，
要将第 7 张幻灯片移动到第 4 张之后，在幻灯片窗格中选择第 7 张幻灯片，按住鼠标左键，将其拖动到第 4 张幻灯片之后；或者选择第 7 张幻灯片，单击“开始”选项卡→“剪贴板”组→“剪切”按钮，然后单击第 4 张幻灯片之后的空白区域，单击“开始”选项卡→“剪贴板”组→“粘贴”按钮。
◆ 隐藏幻灯片
在幻灯片窗格中右击将要隐藏的幻灯片，在弹出菜单中执行“隐藏幻灯片”命令。若要取消隐藏，再次执行“隐藏幻灯片”命令即可。</td></tr>
</table>

能力拓展

操作步骤	知识导航
（1）利用主题模板创建演示文稿。 具体步骤：（1）开启PowerPoint 2016，选择“文件”/“新建”，如图5-1-18所示。	◆ 利用模板创建演示文稿。 模板是已经包含了初始设置的文件，可以在模板的基础上创建新的演示文稿。不同的模板所提供的内容有所不同，基本上都涉及了示例幻灯片、背景图形、自定义颜色、字体主题以及对象占位符等的自定义位置。

续表

<table>
<tr><th>操作步骤</th><th>知识导航</th></tr>
<tr><td>

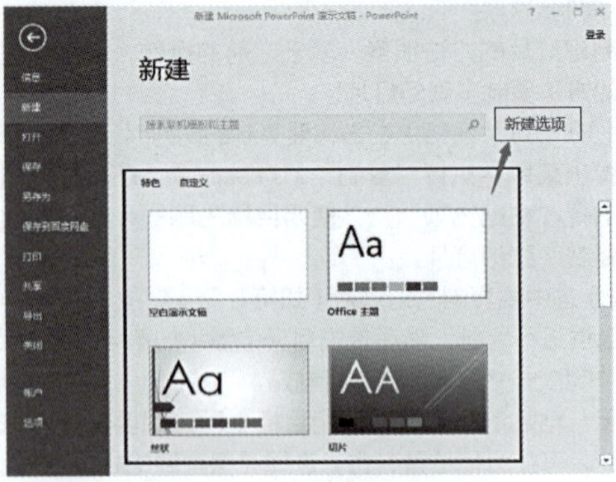

图5-1-18　新建相关选项

（2）在“搜索联机模板和主题”框中，输入要搜索的关键字或短语，按下回车键，也可以单击搜索框下面“建议的搜索”行上的某一个类别链接，如图 5-1-19 所示。

图5-1-19　搜索联机模板和主题

</td><td>

本机上存储了示例模板，如图 5-1-21 所示的“Office 主题”模板。选择该选项后，将弹出“Office 主题”模板的预览窗口，如图 5-1-21 所示。

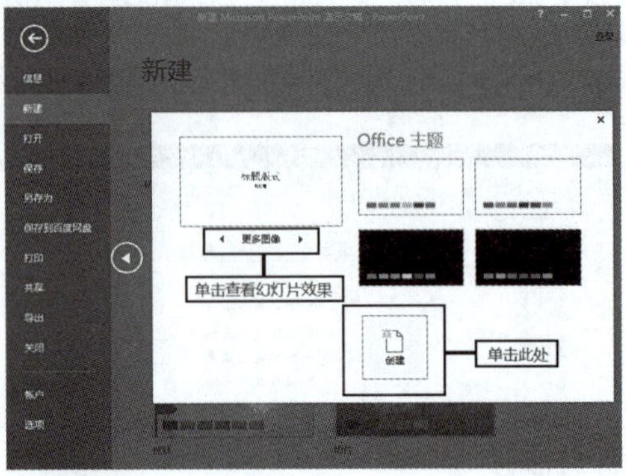

图5-1-21　“Office主题”模板的预览窗口

（1）单击“更多图像”，可以查看模板的所有幻灯片效果，单击“创建”按钮将新建一个以“Office 主题”模板为基础的演示文稿。此时演示文稿中已有多张幻灯片，并有设计的背景、文本等内容。
（2）在“搜索联机模板和主题”框中，输入要搜索的关键字或短语，按下回车键，也可以单击搜索框下面“建议的搜索”行上的某一个类别链接。
（3）选定后就会显示相关的模板或主题。
（4）单击某个符合要求的模板，单击“创建”按钮就会下载并打开模板或主题，根据该模板创建演示文稿。

</td></tr>
<tr><td>

（3）自动保存演示文稿。
选择【文件】/【选项】命令，打开“PowerPoint 选项”对话框，在左边单击“保存”选项卡，在右边的“保存演示文稿”栏中选中图 5-1-20 所示的两个复选框，然后在“保存自动恢复信息时间间隔”复选框后面的数值框中输入自动保存的时间间隔，在“自动恢复文件位置”文本框中输入文件未保存就关闭时的临时保存位置，单击【确定】按钮。

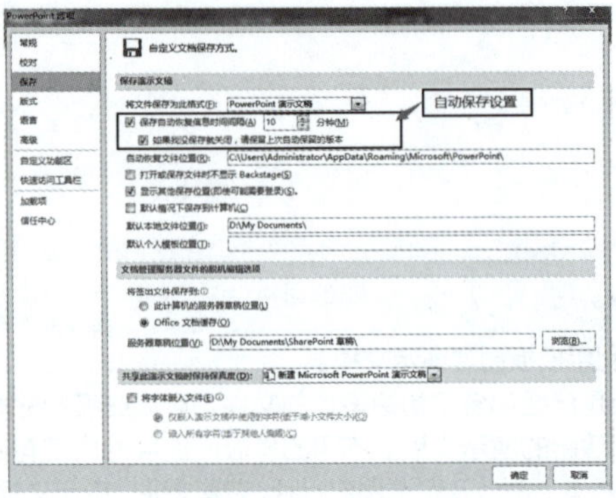

图5-1-20　自动保存演示文稿设置

</td><td>

（5）自动保存演示文稿。在制作演示文稿的过程中，为了避免不必要的损失，可设置演示文稿定时保存，即到达指定时间后，无须用户执行保存操作，系统就会自动对其进行保存。

</td></tr>
</table>

任务5.2
破解演示文稿的秘密

任务描述

吴江三味果园生态农业发展有限公司的小田园综合体示范基地建设项目的项目汇报框架结构都已经初步成型，项目汇报中还需要添加整合更多项目部的材料，并加以美化包装，请你来协助秘书小张一起制作汇报材料吧！制作具体要求如下：

（1）对项目汇报材料进行整体规划。

（2）对项目汇报材料中的文本加以修饰。

（3）所有相关材料添加至文稿中，加以设计等主题配合方案进行包装。

任务展示

本次任务完成后，制作的演示文稿框架，如图5-2-1所示。

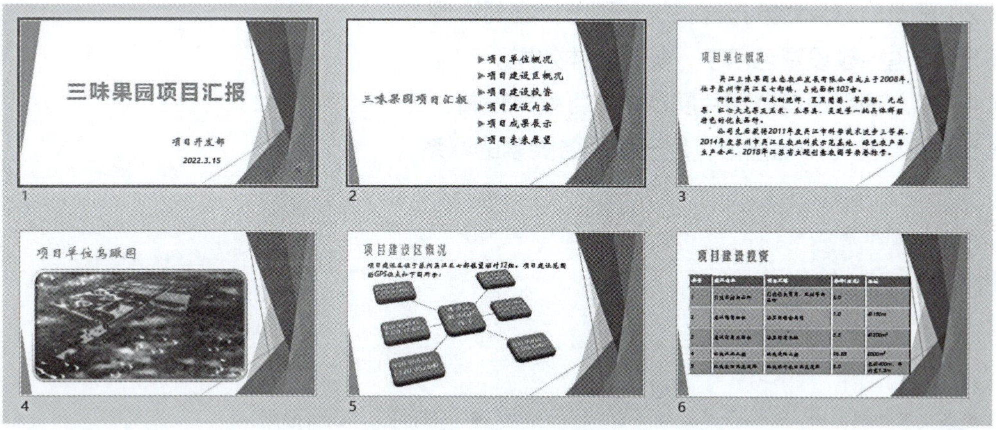

图5-2-1　演示文稿框架

技能目标

本次任务主要掌握以下内容：

（1）掌握幻灯片中文本格式的设置方法。

（2）掌握幻灯片中插入图片、SmartArt图形、自选图形、表格艺术字的设置方法。

（3）掌握幻灯片主题、版式使用的设置方法。

任务分解

根据案例演示文稿的设计要求，完成制作项目汇报演示文稿，配合制作过程中使用的PowerPoint知识，分析工作情境，我们需要完成下列任务：

（1）设置幻灯片中文本格式。

（2）在幻灯片中插入艺术字。

（3）在幻灯片插入图片。

（4）在幻灯片插入SmartArt图形。

（5）在幻灯片插入形状。

完成思路

项目汇报演示文稿已完成框架初稿，要使汇报结构清晰，逻辑性强，必须配以更多的数据、图片等支撑材料，按下列步骤完成：

（1）设置文本格式：标题建议36号以上字号，正文建议28号以上字号。

（2）设置幻灯片对象布局：统一和谐，画面协调。

（3）给主标题设置艺术字，美化字体效果。

（4）插入项目中典型图片展示并进行格式设置。

（5）插入SmartArt图形，用于表明各要素的联系。

任务实现

操作步骤	知识导航
（1）更改文本外观。 ①打开“三味果园.pptx”演示文稿。 ②第1张幻灯片中的标题，保持文本的选择状态，选择“开始”“字体组”，在“字体”下拉列表中选择“微软雅黑”，在“字号”下拉列表框中选择“66”，如图5-2-2所示。	◆ 幻灯片文本设计原则 文本是制作演示文稿重要的元素之一。文本不仅要求设计美观，还要符合演示文稿的需求，如根据演示文稿的类型设置文本的字体；为了方便观众查看，设置相对较大的字号等。 （1）字体设计原则。 字体搭配效果的好坏与否，与演示文稿的阅读性和感染力息息相关，实际上，字体设计也有一定的原则可循。下面介绍4种常见的字体设计原则：

续表

<table>
<tr><th>操作步骤</th><th>知识导航</th></tr>
<tr><td>

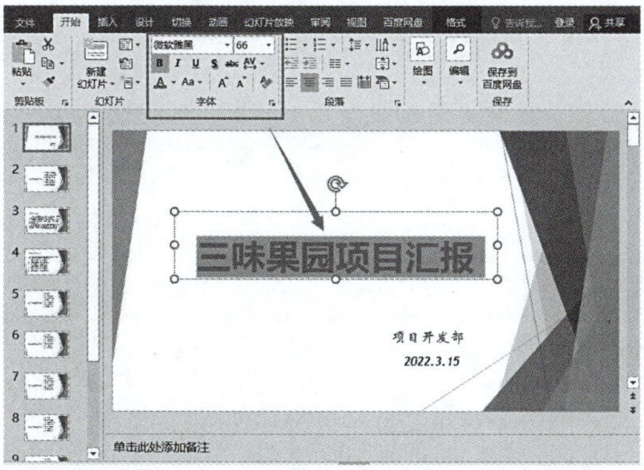

图5-2-2 设置文本字体字号

③文本保持选择状态，选择“开始”“字体”组，单击“字体颜色”的下拉按钮 A·，在打开下拉列表中选择“主题颜色”中的“绿色，个性色 1”，如图 5-2-3 所示。

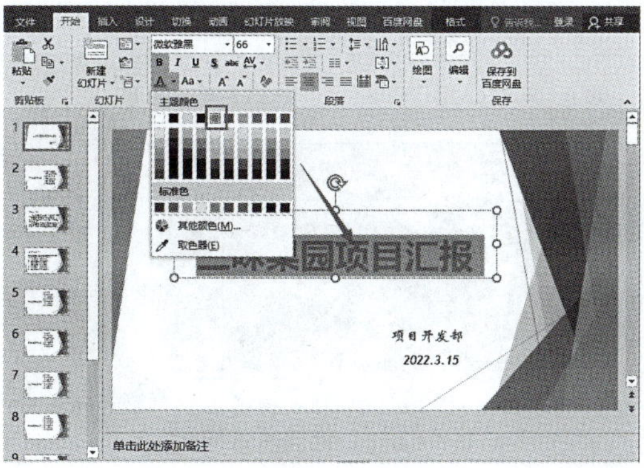

图5-2-3 设置文本颜色

④幻灯片底部“项目开发部”“2022.3.15”字体字号设置方法与标题一致，效果如图 5-2-4 所示。

图5-2-4 设置文本后的效果

⑤选择“开始”选项卡，在“段落”组中单击“居中”按钮，可将文本居中显示。操作如图 5-2-5 所示。

</td><td>

①幻灯片标题字体最好选用更容易阅读的较粗的字体。正文使用比标题更细的字体，以区分主次。

②在搭配字体时，标题和正文尽量选用常用字体，而且还要考虑标题字体和正文字体的搭配效果。

③在演示文稿中如果要使用英文字体，可选择 Arial 与 Times New Roman 两种英文字体。

PowerPoint 不同于 Word，其正文内容不宜过多，正文中只列出较重要的标题即可，其余扩展内容可留给演示者临场发挥。

④在商业、培训等较正式的场合，可使用较正规的字体，如标题使用方正粗宋简体、黑体和方正综艺简体等，正文使用微软雅黑、方正细黑简体和宋体等；在一些相对较轻松的场合，其字体可随意一些，如方正粗倩简体、楷体（加粗）和方正卡通简体等。

（2）字号设计原则。

在演示文稿中，字号的大小不仅会影响观众接受信息的多少，还会影响演示文稿的专业度，因此，字号大小的设计也非常重要。

字号大小还需根据演示文稿演示的场合和环境来决定，因此，在选用字号大小时要注意以下两点：

①如果进行演示的场合较大，观众较多，那么幻灯片中的字号就应该较大，要保证位置最远的观众都能看清幻灯片中的文字。此时，标题建议使用 36 号以上的字号，正文建议使用 28 号以上的字号。为了让观众更易查看，一般情况下，演示文稿中的字号不应小于 20 号。

②同类型和同级别的标题和文本内容要设置同样大小的字号，这样可以保证内容的连贯性，让观众更容易地把信息归类，也更容易理解和接受信息。

注意：除了字体、字号之外，对文本显示影响较大的元素还有颜色，文本的颜色一般使用与背景颜色反差较大的颜色，从而方便查看。另外，一个演示文稿中最好用统一的文本颜色，只有需重点突出的文本才使用其他的颜色。

</td></tr>
</table>

续表

操作步骤	知识导航
 图5-2-5　文本对齐操作	
（2）插入图片。 ①在“幻灯片”浏览窗格中选择第 4 张幻灯片，选择“插入”“图像”组，单击“图片”按钮 。 ②打开“插入图片”对话框，选择需插入图片的保存位置，这里的位置为“图片库”，在中间选择图片“项目鸟瞰图”，单击“插入”按钮，如图 5-2-6 所示。 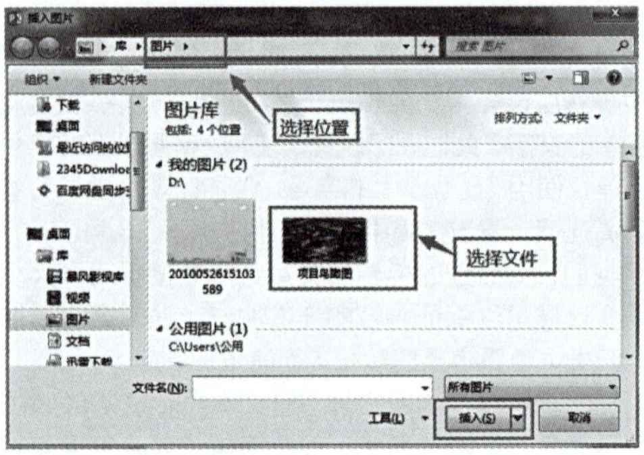 图5-2-6　插入图片 ③返回工作界面可看到插入图片后的效果。将鼠标指针移动到图片四角的圆形控制点上，拖动鼠标指针调整图片大小。 ④选择图片，单击“图片格式”“图片样式”组，从列表中选择第六列第三行，如图 5-2-7 所示。 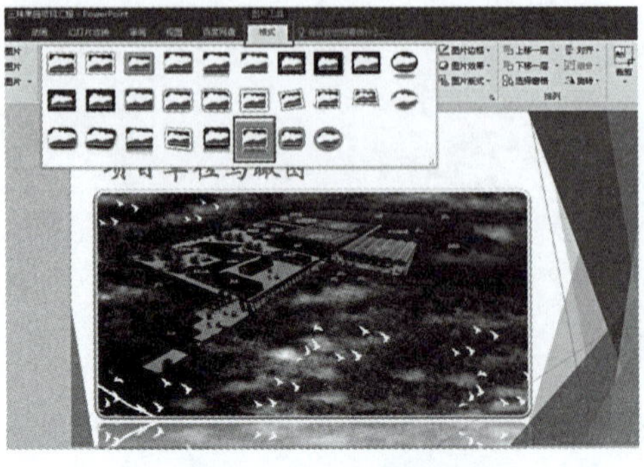 图5-2-7　选择图片样式	图片是演示文稿中非常重要的一部分，在幻灯片中可以插入计算机中保存的图片。 第 4 张幻灯片中插入“项目鸟瞰图”图片，选择图片，在其缩小后放在幻灯片下方，设置图片样式后配合标题调整一下图片位置即可完成本页幻灯片的编辑。效果图如图 5-2-8 所示。  图5-2-8　完成后效果图

续表

<table>
<tr><th>操作步骤</th><th>知识导航</th></tr>
<tr><td>

（3）插入 SmartArt 图形。
①在“幻灯片”浏览窗格中选择第 5 张幻灯片，在右侧单击占位符中的“插入 SmartArt 图形”按钮 。
②打开“选择 SmartArt 图形”对话框，在左侧选择“关系”选项，在右侧选择“射线群集”选项，单击确定按钮，如图 5-2-9 所示。

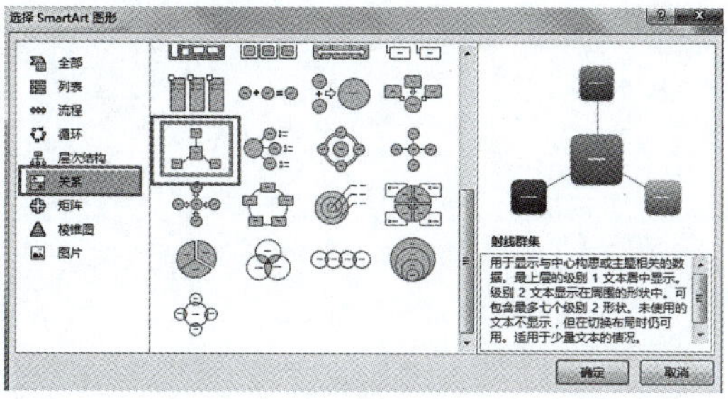

图5-2-9　选择SmartArt图形

③此时幻灯片中插入一个带有 4 个文本提示框的关系图形，分别在各个文本提示框中输入对应的文字，在中心点先输入主题“建设范围的 GPS 位点”，在周围的每个点分别输入 6 个 GPS 点，由于周围文本框需要添加，选定一个文本框后单击右键，在弹出的快捷菜单中选择“添加形状”“在后面添加形状”命令，如图 5-2-10 所示。

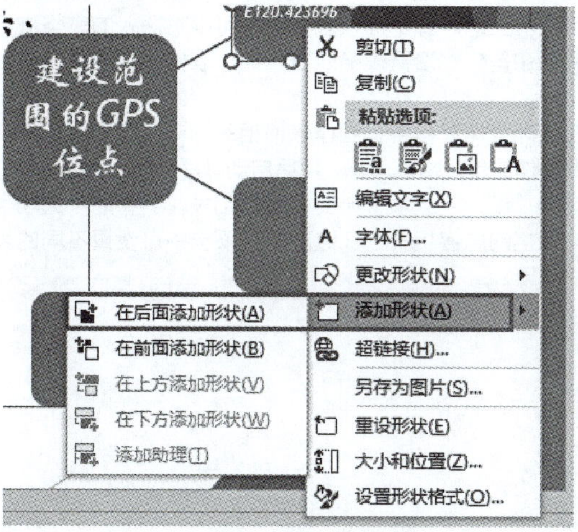

图5-2-10　在后面添加形状

④在最后一项文本框后添加形状，在该形状上单击鼠标右键，在弹出的快捷菜单中选择“编辑文字”命令即可完成。
⑤选择“设计”“SmartArt 样式”组，在列表框中选择“鸟瞰场景”选项，如图 5-2-11 所示。

</td><td>

SmartArt 图形常用于表明各种事物之间的关系，它在演示文稿中的使用非常广泛。SmartArt 图形是从 2007 版本开始新增的功能。
在第 5 张幻灯片中新建一个 SmartArt 图形：“射线群集”，然后输入文字，当然幻灯片中的 SmartArt 图形需要添加至 6 个形状，并输入相应的数据。效果图如图 5-2-12 所示。

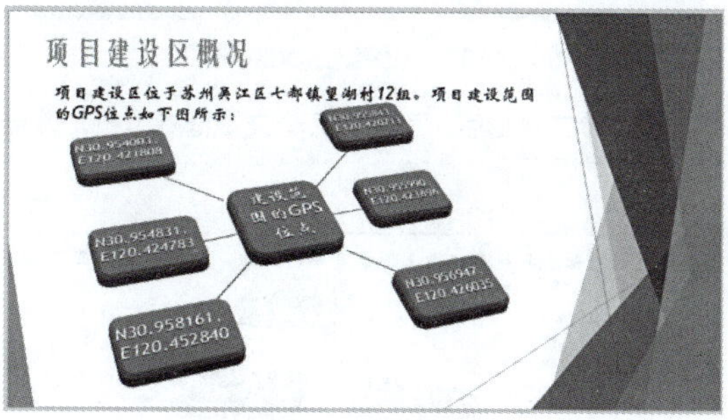

图5-2-12　完成效果图

</td></tr>
</table>

续表

操作步骤	知识导航
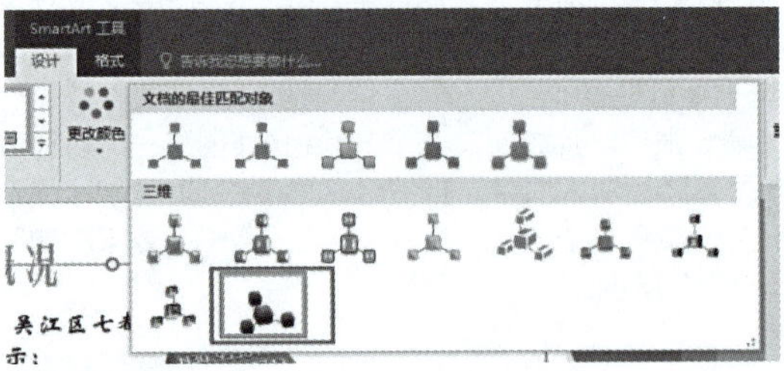 图5-2-11 设置SmartArt样式 ⑥选择每个文本框后，可移动每个文本框的位置，效果如图 5-2-13 所示。 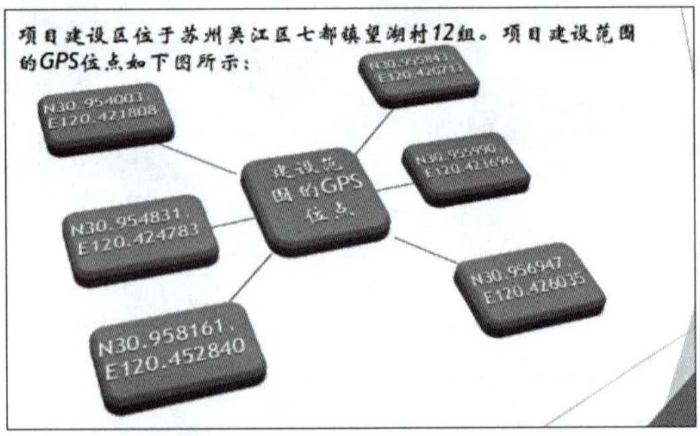 图5-2-13 调整文本框效果	
（4）插入表格。 ①选择第6张幻灯片，单击占位符中“插入表格”，打开“插入表格”对话框，选取5×5的表格，如图5-2-14所示。 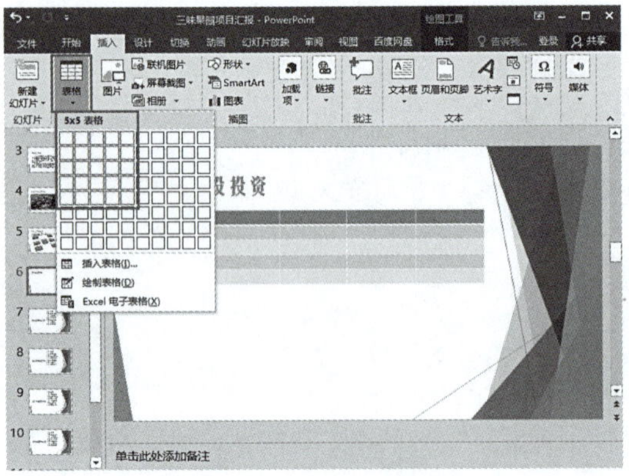 图5-2-14 插入表格 ②在幻灯片中插入表格后，分别在各单元格输入相应的文本内容，如图 5-2-15 所示。	表格可直观、形象地表达数据，在 PowerPoint 2016 中，不仅可在幻灯片中插入表格，还可以对插入的表格进行编辑和美化：设置表格的行和列、表格样式、单元格效果等。 在实际操作过程中，制作表格相对简单，此时可选择需要操作的单元格或表格，然后自动激活“设计”选项卡，其中“设计”选项卡与美化表格相关，“布局”选项卡与表格的内容相关，在这两个选项卡中可设置不同的表格效果。

续表

操作步骤	知识导航

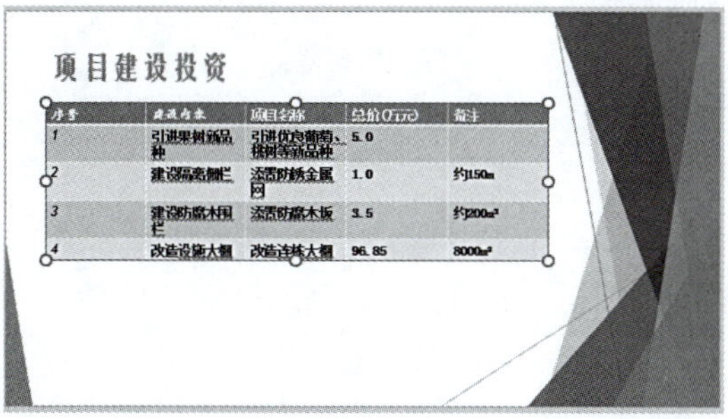

图5-2-15　插入表格并输入文本

③将鼠标指针移动到表格中的任意位置处单击，此时表格四周将出现一个操作框。将鼠标指针移动到操作框上，当鼠标指针变为上下箭头形状时，按住【Shift】键的同时向下拖动鼠标，使表格垂直向下移动。

④将鼠标指针移动到表格最后一行操作框下方中间的控制点处，当鼠标指针变为上下箭头形状时，向下拖动鼠标，增加表格各行的行距，如图 5-2-16 所示。

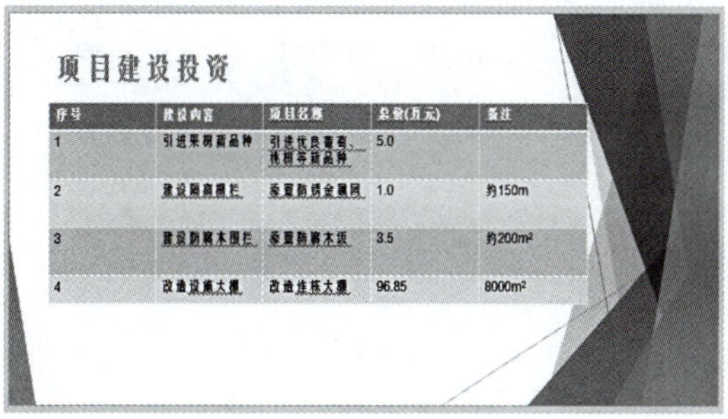

图5-2-16　增加行距

⑤光标锁定在最后一行，选择“表格工具”“布局”中“行和列”组，选择“在下方插入”，即插入一行新行，并在单元格中输入相应文本。插入新行方法如图 5-2-17 所示。

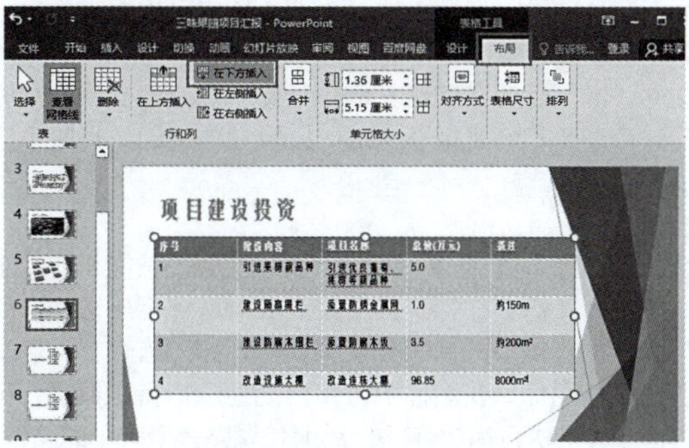

图5-2-17　插入新行

续表

<table>
<tr><th>操作步骤</th><th>知识导航</th></tr>
<tr><td>⑥设置表格样式，单击“表格工具”“设计”选项卡，在“表格样式”组的列表中选择“中度样式 2，强调 1”样式，设置方法如图 5-2-18 所示。
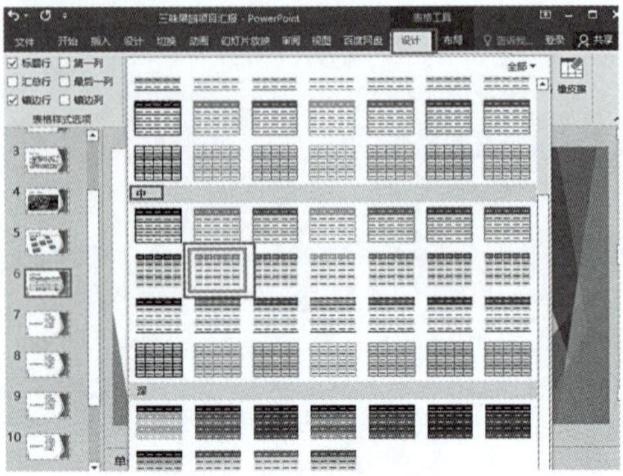
图5-2-18　设置表格样式
⑦选择表格所有文本，选择“表格工具”“设计”选项卡，选择“表格样式”组，单击“效果”按钮，在打开的下拉列表选择“单元格凹凸”“圆”选项，效果如图 5-2-19 所示。
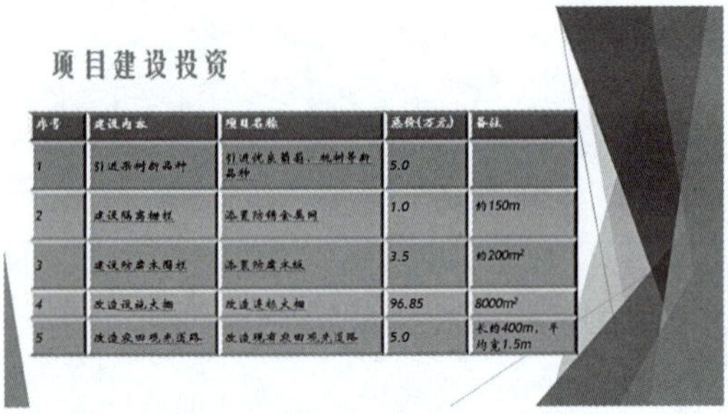

图5-2-19　单元格凹凸效果
⑧拖动鼠标调整行和列的大小。</td><td></td></tr>
<tr><td>（5）插入媒体文件。
①选择第 1 张幻灯片，选择“插入”“媒体”组，单击“音频”按钮 🔊，在打开的下拉列表中选择“PC 上的音频”选项。
②打开“插入音频”对话框，选择背景音乐的存放位置后，在中间的列表框中选择“背景音乐”，单击插入按钮，如图 5-2-20 所示。</td><td>媒体文件是指音频和视频文件，PowerPoint 2016 支持插入媒体文件。与插入图片类似，用户可根据需要插入剪贴画中的媒体文件，也可以插入计算机中保存的媒体文件。本项目将在演示文稿中插入一个音乐文件，并设置该音乐跨幻灯片循环播放，以及在放映幻灯片时不显示声音图标。
提示
选择【插入】/【媒体】组，单击“音频”按钮，或单击“视频”按钮，在打开的下拉列表中选择相应选项，即可插入相应类型的音频和视频文件。插入音频文件后，选择声音图标，在图标下方将自动显示声音工具栏，可对音频文件执行播放、前进、后退和调整音量大小的操作。插入视频文件后，选择视频文件，其下方同样会出现一个声音栏，用于控制视频文件的播放。</td></tr>
</table>

续表

操作步骤	知识导航
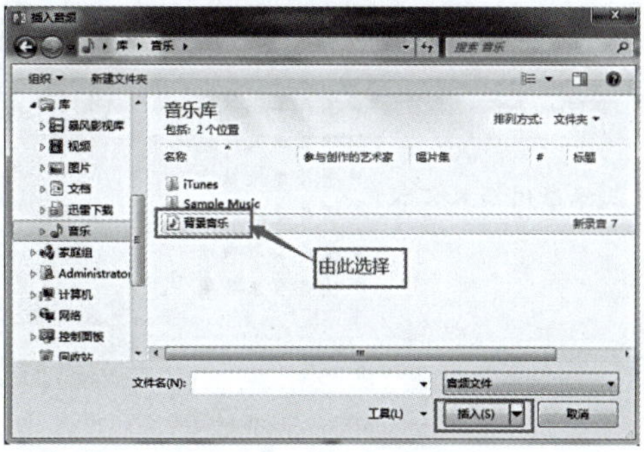 图5-2-20　插入音频 ③将自动在幻灯片中插入一个声音图标 🔊，选择该声音图标，将激活音频工具。选择“播放”“预览”组，单击“播放”按钮，将在 PowerPoint 2016 中播放插入的音乐。 ④选择“播放”“音频选项”组，单击勾选“放映时隐藏”“跨幻灯片播放”“循环播放，直到停止”复选框，在“开始”下拉列表框中选择“自动”选项，如图 5-2-21 所示。  图5-2-21　设置音频选项	

能力拓展

操作步骤	知识导航
（1）插入艺术字。 ①选定第 2 张幻灯片，选择“插入”“文本”组，单击“艺术字”按钮 A 下方的下拉按钮 ▾，在打开的下拉列表中选择最后一排的第 3 个艺术字。效果如图 5-2-22 所示。	艺术字比普通文本拥有更多的美化和设置功能，如渐变的颜色、不同的形状和立体的效果等。艺术字在演示文稿中的使用十分频繁。 在第 2 张幻灯片中输入艺术字“三味果园项目汇报”。要求样式为第 3 列的最后一排的效果，移动艺术字到幻灯片左侧合适位置，然后设置艺术字的填充为图片“项目鸟瞰图”，设置艺术字映像效果为第一列最后一项。效果图如图 5-2-23 所示。

续表

操作步骤	知识导航
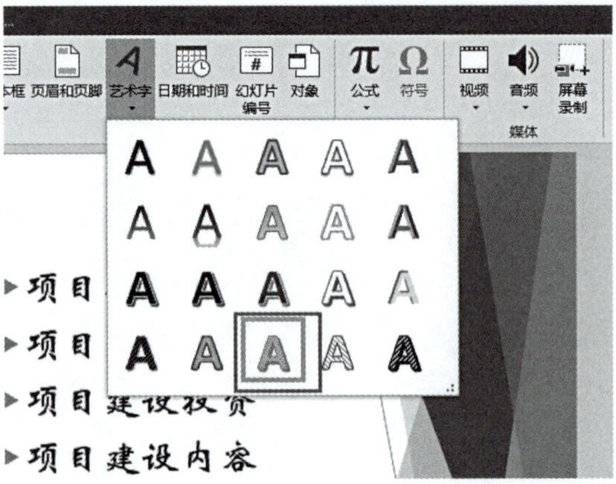 图5-2-22 艺术字效果样式 ②将出现一个艺术字占位符，在“请在此放置您的文字”占位符中单击，输入“三味果园项目汇报”，将艺术字字号调整成合适大小。 ③保持“三味果园项目汇报”处于选定状态，然后选择“格式”“形状样式”组，“预设”中的第一行第二列，如图 5-2-24 所示。 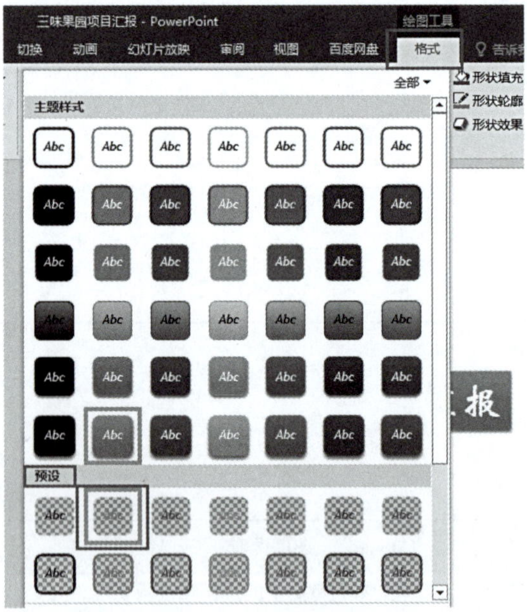 图5-2-24 形状样式效果 ④将光标移动至艺术字文本框四周的非控制点上，按住鼠标左键不放将艺术字移至左侧合适的位置，如图 5-2-25 所示。	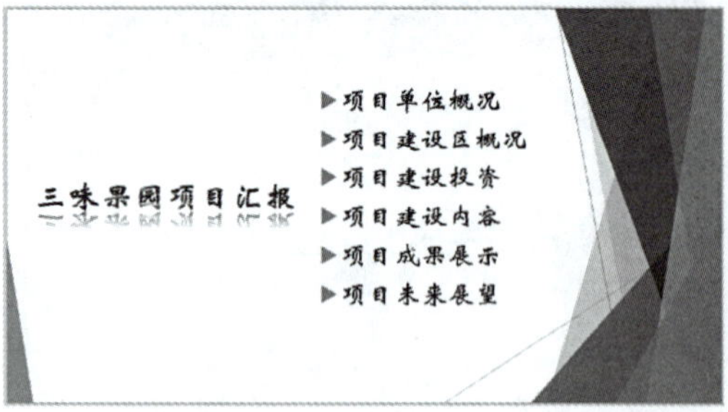 图5-2-23 完成效果 提示： （1）根据实际要求可更改艺术字字体、字形等，保持艺术字处于选定状态，然后选择“开始”“字体”组，在“字体”下拉列表中选择所需字体选项，修改艺术字的字体，在“字形”按钮选择所需的形状等，如图 5-2-26 所示。 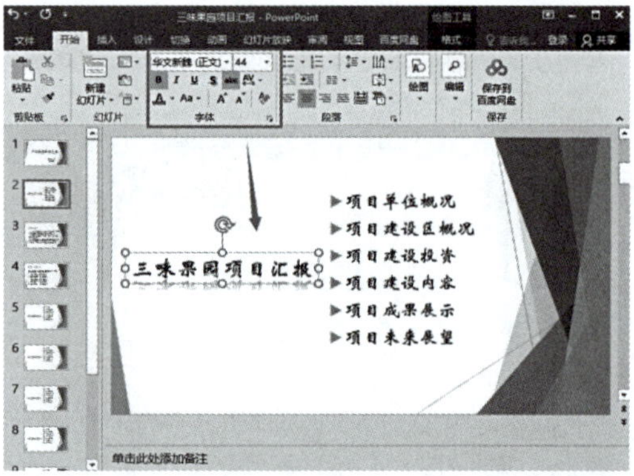 图5-2-26 艺术字修改字体字形等 （2）选择输入的艺术字，在启动的“格式”选项卡中还可设置艺术字的多种效果，其设置方法基本类似，如选择“绘图工具：格式”“艺术字样式”组，单击“文本效果”按钮，在打开的下拉列表中选择“转换”选项，在打开的子列表中将列出所有变形的艺术字效果，任意选择一个，即可为艺术字设置该变形效果。

续表

操作步骤	知识导航

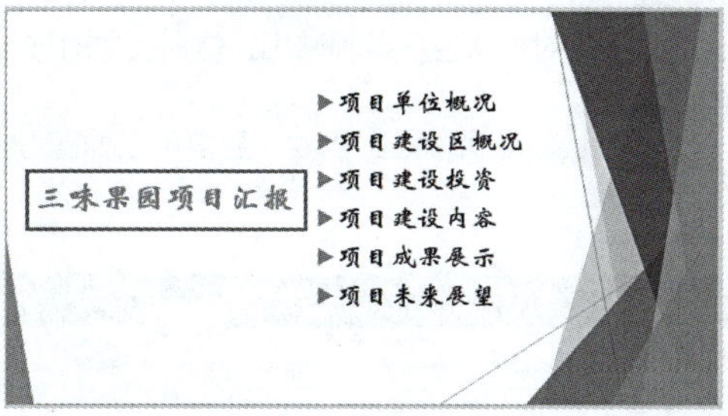

图5-2-25　形状样式效果

⑤保持文本的选择状态，此时将自动启动“绘图工具”的“格式”选项卡，选择“绘图工具-格式”“艺术字样式”组，单击“文本填充”按钮 A 右侧的下拉按钮 ▾，在打开的下拉列表中选择“图片”选项，如图5-2-27所示，打开“插入”图片对话框，单击“从文件”后面的“浏览”按钮需要填充到艺术字的图片“项目鸟瞰图”，单击“插入”按钮即可。

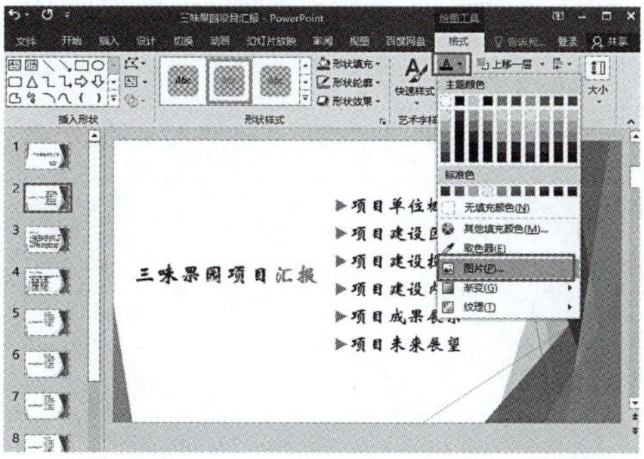

图5-2-27　文本填充（图片）

⑥选择“绘图工具”的“格式”“艺术字样式”组，单击“文本效果”按钮 A 右侧的下拉按钮，在打开的下拉列表中选择“映像”“紧密映像，8 磅偏移量”选项，如图 5-2-28 所示。

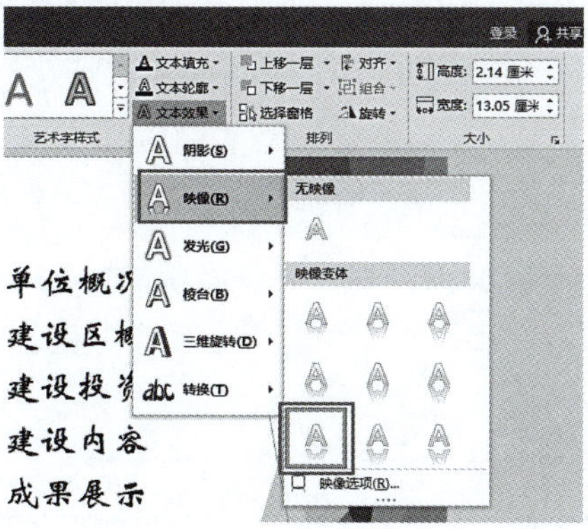

图5-2-28　选择文本映像

续表

<table>
<tr><th>操作步骤</th><th>知识导航</th></tr>
<tr><td>

（2）插入形状。

①选择幻灯片，选择“插入”“插图”组中单击“形状”按钮，在打开的下拉列表框中选择“星与旗帜”中的“卷形：水平”选项，此时鼠标指针变为“+”形状，在幻灯片中拖动鼠标绘制形状，如图 5-2-29 所示。

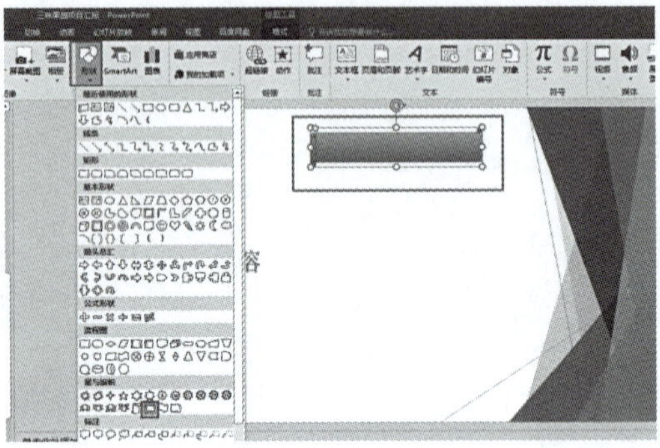

图5-2-29 绘制图形

②选定绘制好的“卷形：水平”形状，按下“Ctrl+C”组合键复制，然后连续按下 4 次“Ctrl+V”组合键，粘贴 4 个形状，并排列整齐，如图 5-2-30 所示。

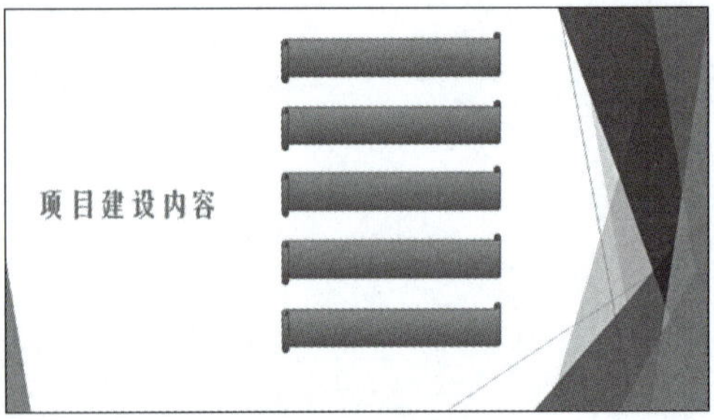

图5-2-30 复制相同的图形

③选择形状，逐个右击，选择“编辑文字”选项，分别输入相应的文字并设置字体的字形字号等。效果如图 5-2-31 所示。

图5-2-31 设置文本效果

</td><td>

形状的插入可使幻灯片更加清晰明朗。在幻灯片中插入形状后，还可对形状进行各种修饰，使形状与幻灯片更加和谐。

关于绘制形状、形状样式的更改，更多可以如图 5-2-32 进行设置。

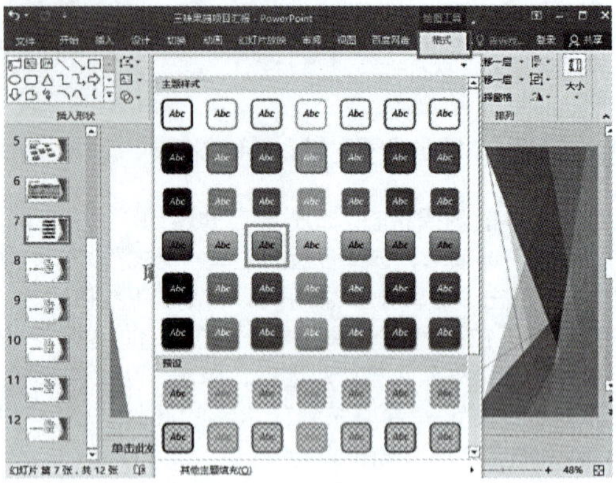

图5-2-32 设置绘制形状

</td></tr>
</table>

任务5.3 深入演示文稿的核心——母版

任务描述

吴江三味果园生态农业发展有限公司的小田园综合体示范基地建设项目的项目汇报演示文稿在你的协助下已大致完成，项目汇报中还需统一外观、体现公司的风格、打造品牌特色，制作具体要求如下：

（1）对项目汇报材料进行统一定义规划。

（2）对项目汇报材料中的元素，要求存储出现至每一张幻灯片。

（3）调整幻灯片中各对象的位置，使其符合应用主题、幻灯片母版效果。

任务展示

本次任务完成后，制作的演示文稿效果，如图5-3-1所示。

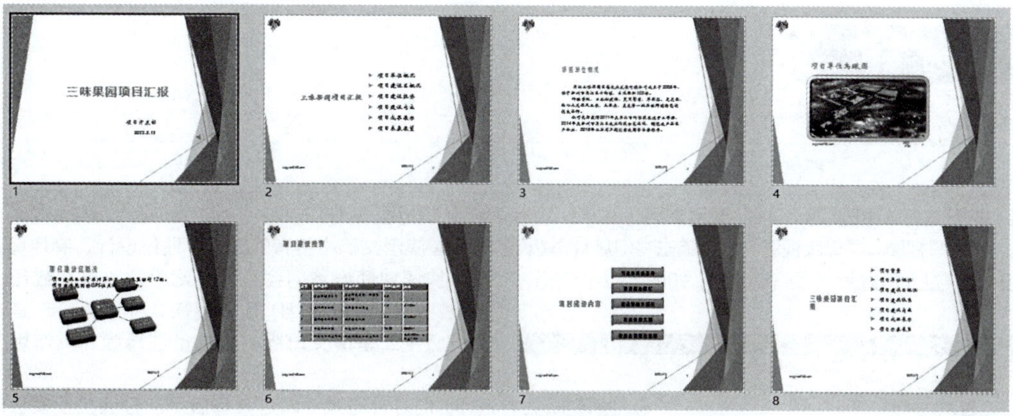

图5-3-1　任务5.3 效果图

技能目标

演示文稿要求在放映的同时，达到幻灯片风格统一，格式一致。本次任务主要掌握以下内容：

（1）掌握母版的使用方法。

（2）掌握幻灯片页眉、页脚的设置方法。

任务分解

根据案例演示文稿的设计要求，统一汇报演示文稿的风格，配合制作过程中使用的PowerPoint 2016知识，分析工作情境，我们需要完成下列任务：

（1）设置字体或项目符号。

（2）在幻灯片中插入图片。

（3）设置图片格式。

（4）更改占位符的位置、大小和格式。

（5）设置页眉页脚统一样式。

完成思路

项目汇报演示文稿结构清晰，风格统一，按下列步骤完成：

（1）打开幻灯片视图。

（2）调整正文占位符的高度。

（3）母版中插入代表性图片：水果葡萄、编辑图片。

（4）设置幻灯片页眉、页脚效果。

（5）退出幻灯片母版视图。

任务实现

操作步骤	知识导航
（1）打开“三味果园项目汇报”演示文稿。 （2）选择“视图”“母版视图”组，单击“幻灯片母版”按钮，进入幻灯片母版编辑状态，如图5-3-2所示。 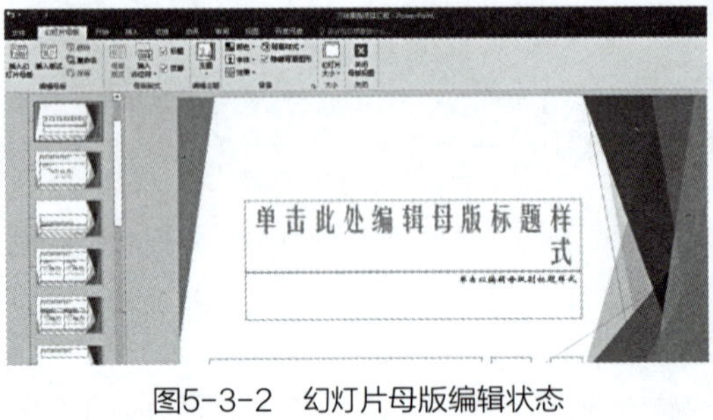 图5-3-2　幻灯片母版编辑状态	◆ 认识母版 母版是演示文稿中特有的概念，通过设计、制作母版，可以快速地使设置内容在多张幻灯片、讲义或备注中生效。PowerPoint 2016 中存在 3 种母版：一是幻灯片母版，二是讲义母版，三是备注母版。其作用分别如下： （1）幻灯片母版。幻灯片母版用于存储关于模板信息的设计模板，这些模板信息包括字形、占位符大小和位置、背景设计和配色方案等，只要在母版中更改了样式，对应的幻灯片中相应的样式就会随之改变。 （2）讲义母版。讲义母版是为了方便演讲者在演示文稿时打印使用纸稿的母版，纸稿中显示了每张幻灯片的大致内容、要点等。讲义母版就是设置该内容在纸稿中的显示方式，制作讲义母版主要包括设置每页纸张上显示的幻灯片数量、排列方式以及页眉和页脚的信息等。

续表

<table>
<tr><th>操作步骤</th><th>知识导航</th></tr>
<tr><td>

（3）选择第 1 张幻灯片母版，表示编辑该幻灯片后将应用于整个演示文稿。选择正文占位符的第 1 项文本，选择“开始”“字体”组，在“字号”下拉列表框中输入“28”，将正文文本的字号放大，如图 5-3-3 所示。

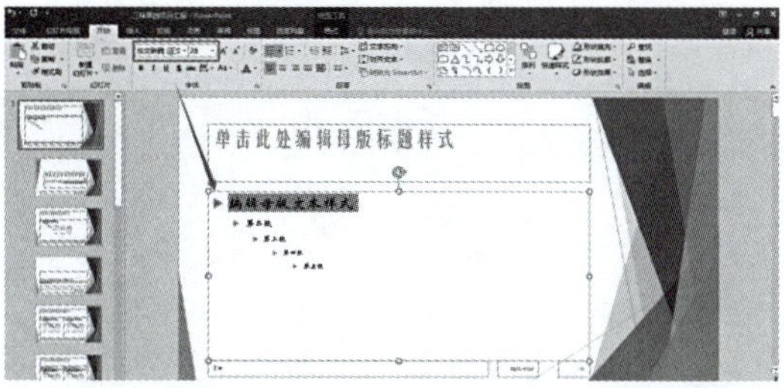

图5-3-3 设置正文占位符

（4）选择“插入”“图像”组，单击“图片”按钮，打开“插入图片”对话框，直接选择“葡萄”图片，单击“插入”按钮，如图 5-3-4 所示。

图5-3-4 插入图片

（5）选中“葡萄”图片，缩小到适当大小，移动到幻灯片左上角合适的位置。

（6）保持图片处于被选中状态，选择“图片工具”“格式”“调整”组，单击“删除背景”按钮，鼠标拖曳图片每一边中间的控制点，使“葡萄”图片所有内容均显示出来，如图 5-3-5 所示。

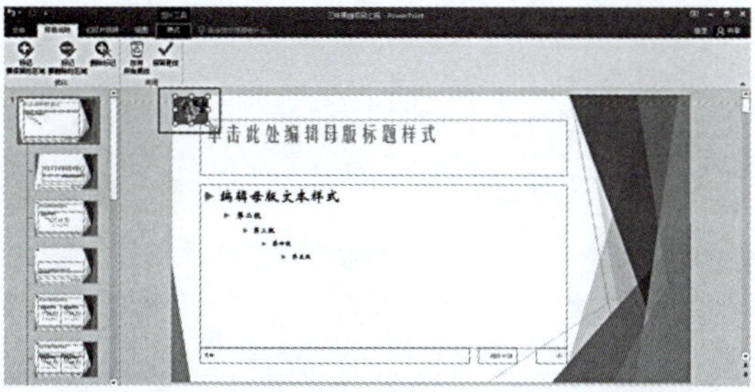

图5-3-5 删除图片背景

（7）激活“背景消除”选项卡，单击“关闭”功能区的“保留更改”按钮，“葡萄”图片的背景将消失。

</td><td>

（3）备注母版。备注母版指演讲者在幻灯片下方输入的内容，根据需要可将这些内容打印出来。要想使这些备注信息显示在打印的纸张上，就需要对备注母版进行设置。

◆“页眉和页脚”对话框中各项的含义

（1）如果选择“自动更新”单选按钮，则日期与系统时钟的日期一致，如果选择“固定”单选按钮，并输入日期，则演示文稿显示的是用户输入的固定日期。

（2）如果选中“幻灯片编号”复选框，可以对演示文稿进行编号，当删除或增加幻灯片时，编号会自动更新。

（3）如果选中“标题幻灯片中不显示”复选框，则版式为“标题幻灯片”的幻灯片不添加页眉和页脚。

</td></tr>
</table>

续表

<table>
<tr><th>操作步骤</th><th>知识导航</th></tr>
<tr><td>

（8）选择“插入”“文本”组，单击“页眉和页脚”按钮 ，打开“页眉和页脚”对话框。

（9）单击“幻灯片”选项卡，选中“日期和时间”复选框，其中的单选项自动激活，再选中“自动更新”单选项，即可在每张幻灯片下方显示日期和时间，并且每次根据打开的日期不同而自动更新日期。

（10）选中“幻灯片编号”复选框，将根据演示文稿幻灯片的顺序显示编号。

（11）选中“页脚”复选框，下方的文本框将自动激活，在其中输入文本“swgy-sz@163.com ”。

（12）选中“标题幻灯片中不显示”复选框，使所有的设置都不在标题幻灯片中生效，单击“全部应用”按钮，如图 5-3-6 所示。

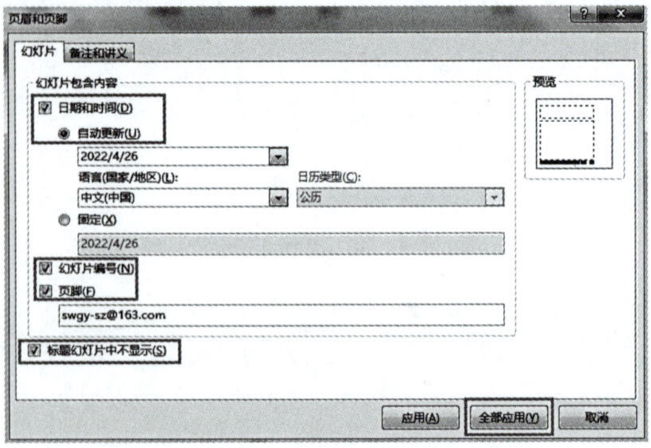

图5-3-6　设置页眉页脚对话框

（13）在“幻灯片母版”“关闭”组中单击“关闭母版视图”按钮，退出母版视图，此时可发现设置已应用于各张幻灯片，图 5-3-7 所示为修改后的效果。

图5-3-7　设置母版后的效果

（14）依次查看每张幻灯片，适当调整标题、正文和图片等对象之间的位置，使幻灯片中各对象的显示效果更加协调。

</td><td></td></tr>
</table>

能力拓展

操作步骤

（1）打开“三味果园项目汇报”演示文稿。

（2）选择“视图”“母版视图”组，单击“讲义母版”按钮，进入讲义母版编辑状态，如图 5-3-8 所示。

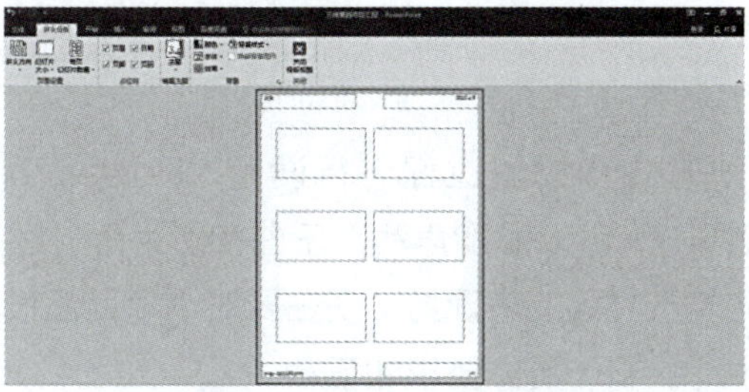

图5-3-8　讲义母版视图

（3）在页面设置组“讲义方向”中可设置讲义的“横向”或“纵向”，幻灯片大小为“标准 4 ：3”。

（4）在页面设置组“讲义方向”中设置“每页幻灯片数量”为 6 张幻灯片。方法如图 5-3-9 所示。

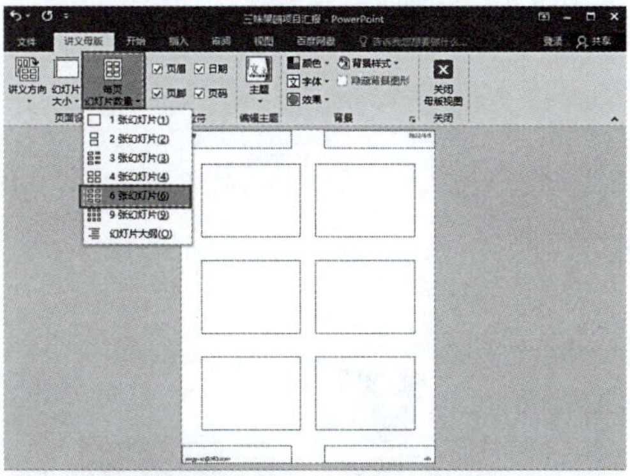

图5-3-9　幻灯片数量设置

（5）在“讲义视图”编辑状态中，在页眉中输入“三味果园”，设置完成，点击“关闭母版视图”，效果将在打印预览时显示，如图 5-3-10 所示。

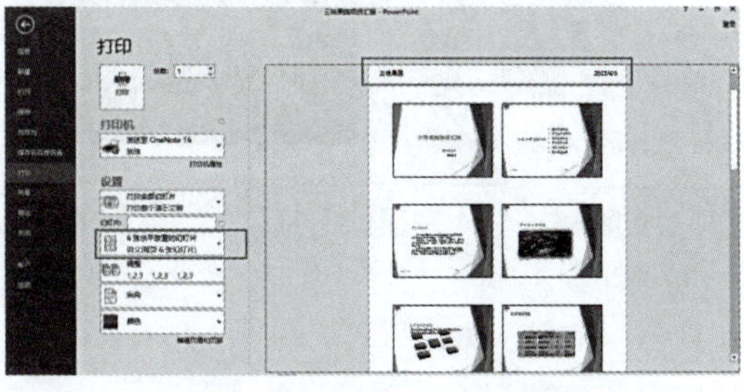

图5-3-10　讲义母版效果图

知识导航

◆ 讲义母版

具体内容已在前文介绍，此处不再赘述。

任务5.4 “导演”演示文稿

任务描述

演示文稿设计和制作完成后，还要对其放映方式和播放过程进行设置。PowerPoint 2016对于演示文稿的放映、切换提供了多种手段，不仅可以添加声音、乐曲和影片等，还可以添加动画效果和超链接、动作按钮，可大大提高演示文稿的表现力。现在要对“项目汇报”进行动画及放映设置，使演示文稿在播放时更加生动。制作具体要求如下：

（1）设置切换动画，获得更好的动态效果。

（2）为幻灯片对象添加动画，增强元素的动态效果。

（3）设置多种放映功能展示。

（4）幻灯片打印、打包设置。

任务展示

本次任务完成后，部分的效果图如图5-4-1所示。

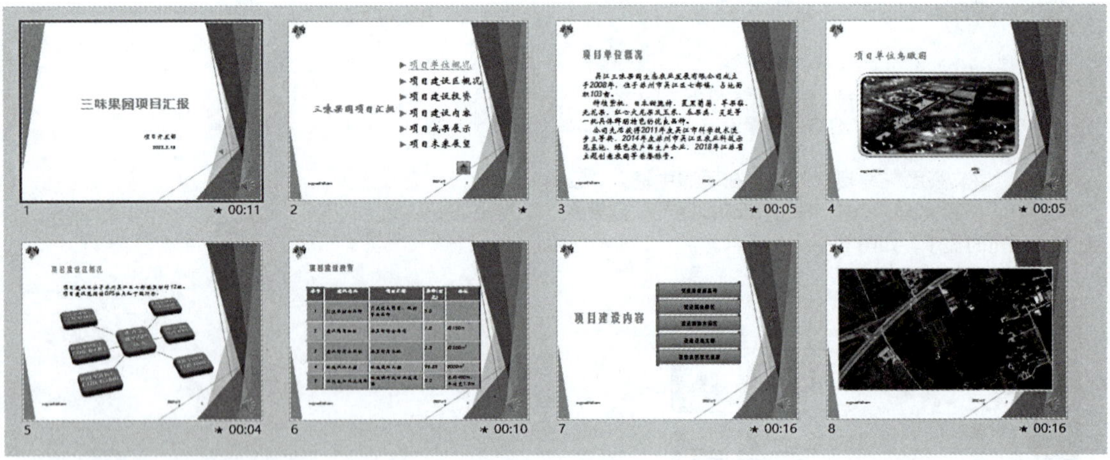

图5-4-1　效果

技能目标

PowerPoint 2016提供了多种预设的幻灯片切换动画效果，当然在默认情况下是没有切换效果的，就需要在制作过程中根据实际需要，为幻灯片添加各种动画效果。具体需要掌握以下内容：

（1）掌握幻灯片切换的动画设计的方法。

（2）掌握演示文稿放映、输出幻灯片的方法等。

（3）掌握演示文稿打印、打包的方法。

任务分解

根据案例演示文稿的演示要求，制作项目汇报动画效果，配合制作过程中使用的PowerPoint 2016知识，分析工作情境，需要完成下列任务：

（1）为所有幻灯片设置“平移”切换效果。

（2）设置幻灯片切换声音“微风”。

（3）幻灯片标题、副标题等动画添加。

（4）选择幻灯片放映类型。

（5）设置打印方式、打包成CD。

完成思路

为项目汇报演示文稿添加动画效果，使汇报情景更加生动有趣，按下列步骤完成：

（1）设置切片动画：“平移”切换效果。

（2）设置幻灯片切换声音：微风。

（3）为标题添加“浮入”动画、副标题为“基本缩放”动画。

（4）设置播放时动画声音“电压”。

（5）设置放映格式。

（6）设置打包、打印方法。

任务实现

操作步骤	知识导航
（1）幻灯片切换。 将所有幻灯片设置“平移”切换效果，然后设置其切换声音为“微风”，具体操作如下： ①在“幻灯片”浏览窗格中按“Ctrl+A”组合键，选中演示文稿中的所有幻灯片，选择“切换”“切换到此张幻灯片”组，在中间列表框的“动态内容”栏中选择“平移”选项，如图 5-4-2 所示。 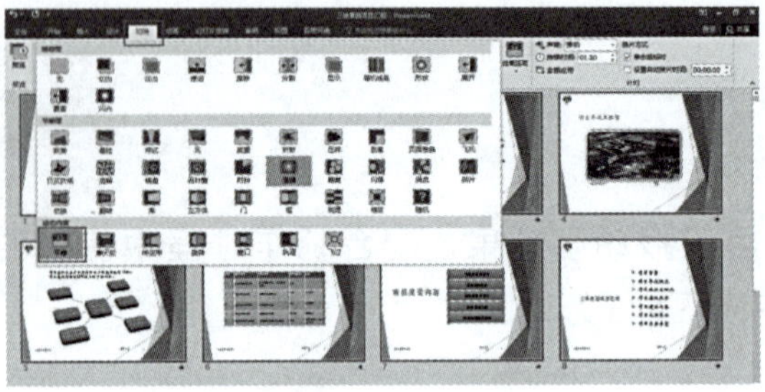 图5-4-2　选择切换动画 ②选择“切换”“计时”组，在“声音”下拉列表中选择“微风”选项。 ③选择“切换”“计时”组，在“换片方式”栏下选中“单击鼠标时”复选框，表示在放映幻灯片时，单击鼠标左键将进行切换操作，单击“应用到全部”按钮，将设置应用到所有幻灯片中。	◆ 幻灯片切换的设置和编辑 幻灯片切换是演示文稿制作过程中不可或缺的内容，为演示文稿中的幻灯片设置切换效果，可以获得更好的动态效果。 注意：选择“切换”“计时”组，单击“全部应用”按钮，可将设置的切换效果应用到当前演示文稿的所有幻灯片中，其效果与选择所有幻灯片再设置切换效果的效果相同。设置幻灯片切换动画后，选择“切换”“预览”组，单击“预览”按钮，可查看设置的切换动画。
（2）幻灯片动画效果。 为标题设置“浮入”动画，为副标题设置“基本缩放”动画，然后为副标题再次添加“对象颜色”强调动画，修改效果选项为“红色”，接着修改新增加的动画的开始方式、持续时间和延迟时间，最后将标题动画的顺序调整到最后，并设置播放该动画时有“电压”声音，具体操作如下： ①选择第 1 张标题幻灯片的主标题，单击“动画”组的下拉按钮，在其列表框的“进入”栏中选择“形状”动画效果，如图 5-4-3 所示。 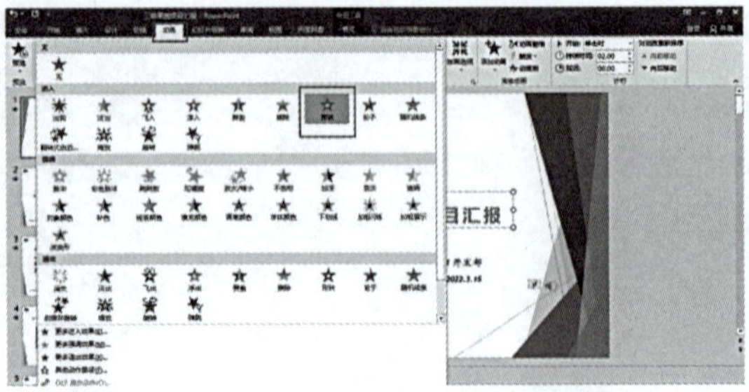 图5-4-3　添加主标题动画	◆ 幻灯片对象动画效果的设置和编辑 幻灯片对象动画是指幻灯片放映时，幻灯片中对象的动画效果，为幻灯片对象设置动画，可增强演示文稿组成元素的动态效果。

续表

<table>
<tr><th>操作步骤</th><th>知识导航</th></tr>
<tr><td>

②选择副标题，选择“动画”“高级动画”组，单击“添加动画”按钮★，在打开的下拉列表中选择“更多进入效果”选项，如图 5-4-4 所示。

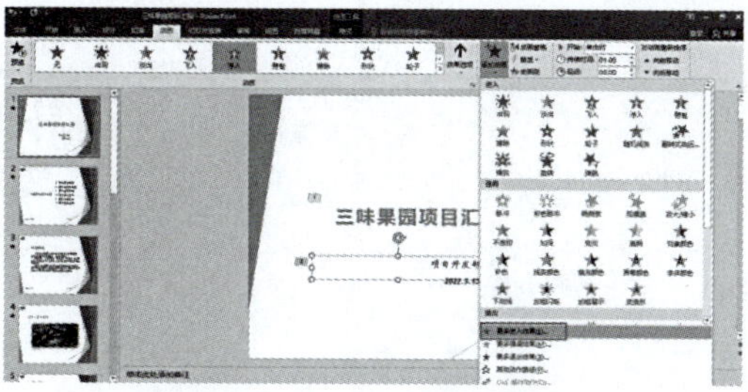

图5-4-4　添加副标题动画

③打开“添加进入效果”对话框，选择“温和”栏中的“上浮”选项，单击“确定”按钮，如图 5-4-5 所示。

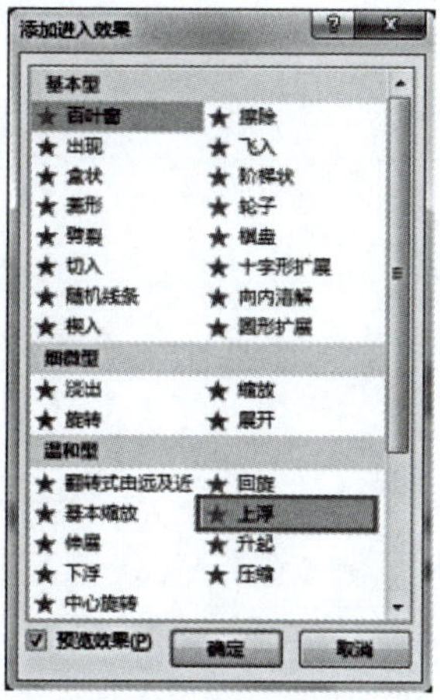

图5-4-5　选择“温和”栏中的“上浮”

④选择副标题，单击“动画”选项卡，在“高级动画”组中单击“添加动画”按钮★，在打开的下拉列表中选择“强调”栏中的“对象颜色”选项，如图 5-4-6 所示。

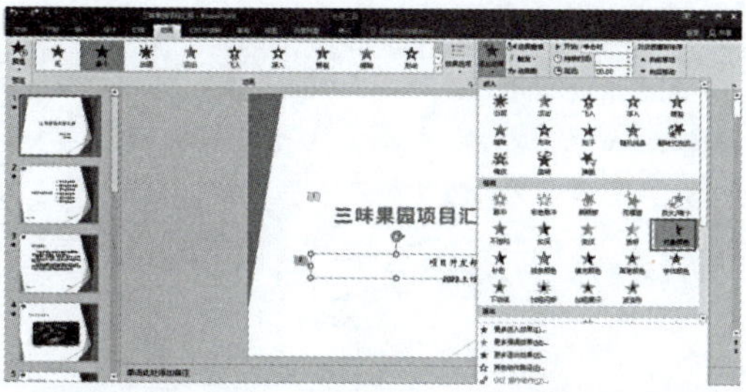

图5-4-6　“强调”栏中的“对象颜色”选项

</td><td></td></tr>
</table>

续表

操作步骤	知识导航

⑤在“动画”选项卡中单击“效果选项”按钮，在打开的下拉列表中选择“橙色”选项，如图 5-4-7 所示。

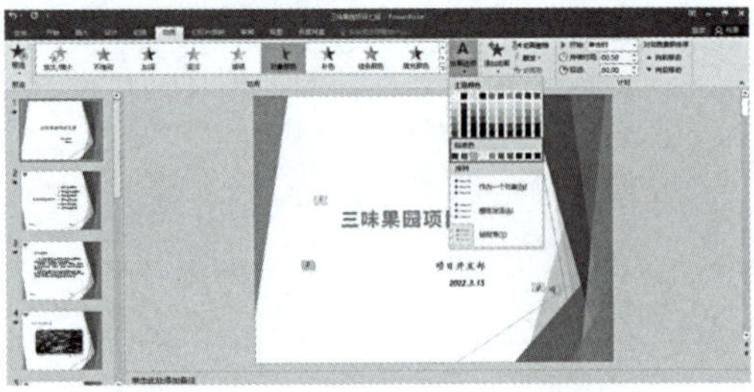

图5-4-7 “效果选项” - “橙色”

⑥单击“动画”选项卡，在“高级动画”组中单击“动画窗格”按钮，在工作界面右侧增加 1 个窗格，其中显示了当前幻灯片中所有对象已设置的动画。

⑦选择第 2 个选项，选择“动画”“计时”组，在“开始”下拉列表中选择“从上一动画之后”选项，在“持续时间”数值框中输入“01.00”，在“延迟”数值框中输入“00.50”，如图 5-4-8 所示。

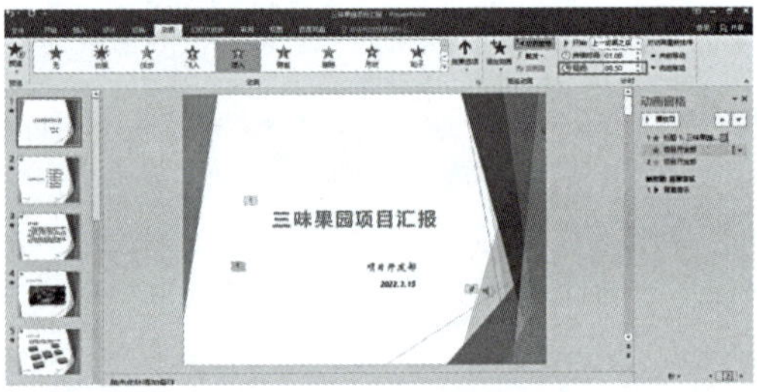

图5-4-8 设置动画计时

⑧选择动画窗格中的第 1 个选项，按住鼠标左键不放，将其拖曳到最后，调整动画的播放顺序。

⑨在调整后的第 1 个动画选项上单击鼠标右键，在弹出的快捷菜单中选择“效果选项”命令。

⑩打开“上浮”对话框，在“声音”下拉列表中选择“电压”选项，单击其后的按钮，在打开的列表中拖曳滑块，调整音量大小，单击“确定”按钮，如图 5-4-9 所示。

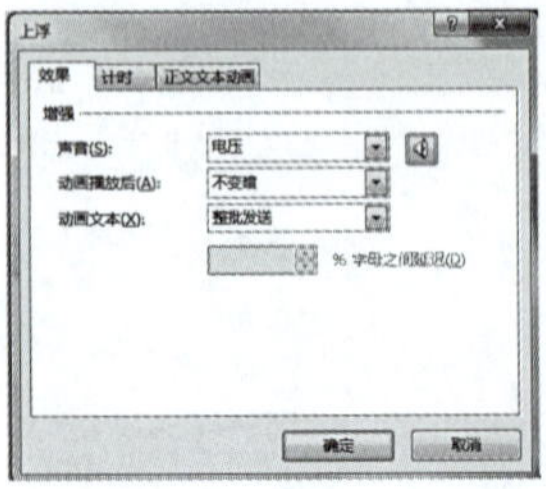

图5-4-9 设置动画效果

续表

操作步骤	知识导航
（3）快捷菜单隐藏幻灯片。 直接右击需要隐藏的幻灯片，在快捷菜单中选择“隐藏幻灯片”命令，如图 5-4-10 所示。执行隐藏命令后，会在幻灯片缩略图的左上角显示隐藏图标，如图 5-4-11 所示。放映幻灯片时，隐藏的幻灯片将被自动跳过。 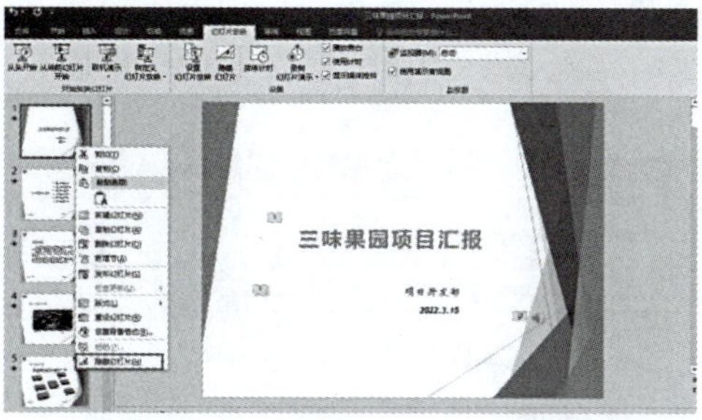 图5-4-10　快捷菜单中选择“隐藏幻灯片” 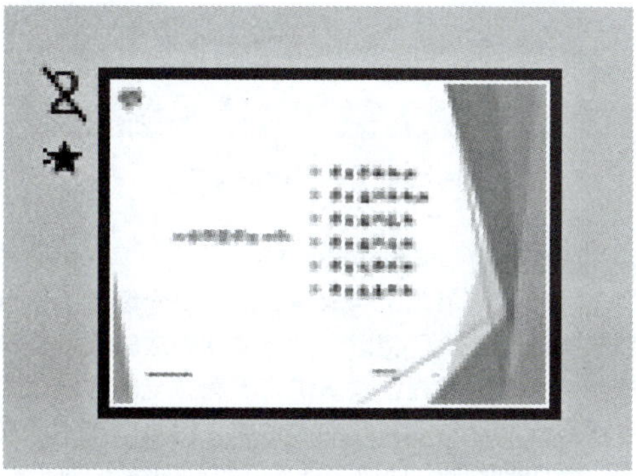 图5-4-11　左上角显示隐藏图标 （4）通过选项组按钮隐藏幻灯片。 单击需要隐藏的幻灯片，切换到“幻灯片放映”选项卡，单击“设置”选项组中的“隐藏幻灯片”按钮，完成隐藏幻灯片的操作，如图 5-4-12 所示。 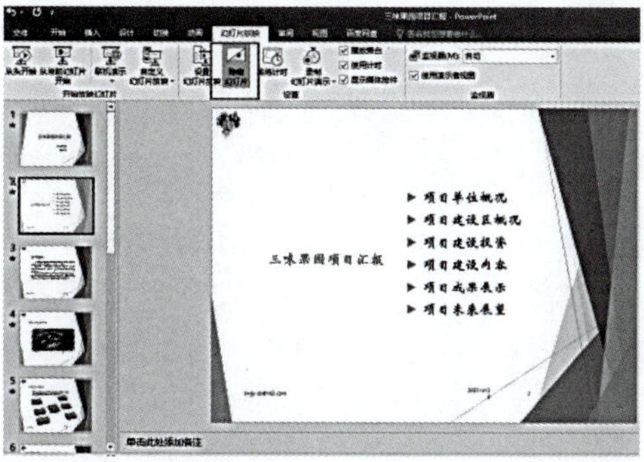 图5-4-12　选项组中的“隐藏幻灯片”按钮	◆ 幻灯片放映 （1）放映前的准备。 在幻灯片放映之前，可以先做些准备工作，如：隐藏幻灯片、演示幻灯片、设置放映方式等操作。 ①隐藏幻灯片。 如果在放映幻灯片过程中，有些幻灯片不想被展示出来，可通过快捷菜单或选项组将它们暂时隐藏起来。 ②录制幻灯片演示。 录制幻灯片可对每个动画所使用的时间进行分配，也是对幻灯片的放映进行排练。录制分“从头开始录制”和“从当前幻灯片开始录制”。 下面以“从头开始录制”为例，演示录制幻灯片的过程，“从当前幻灯片开始录制”与“从头开始录制”类似，请大家自行设置。 无论当前光标在哪张幻灯片，只要执行从头开始录制，PowerPoint 2016 都直接跳到第 1 张幻灯片从头开始播放。 提示如图 5-4-13 所示。  图5-4-13 “录制”工具栏中包括“下一项”按钮、“暂停”按钮和“重复”按钮，需要执行操作时，单击相应按钮即可。

续表

<table>
<tr><th>操作步骤</th><th>知识导航</th></tr>
<tr><td>

（5）“从头开始录制”幻灯片。

①选择“幻灯片放映”选项卡，单击“设置”选项组中的“录制幻灯片演示”下三角按钮，在下拉列表中选择“从头开始录制”选项，如图 5-4-14 所示。

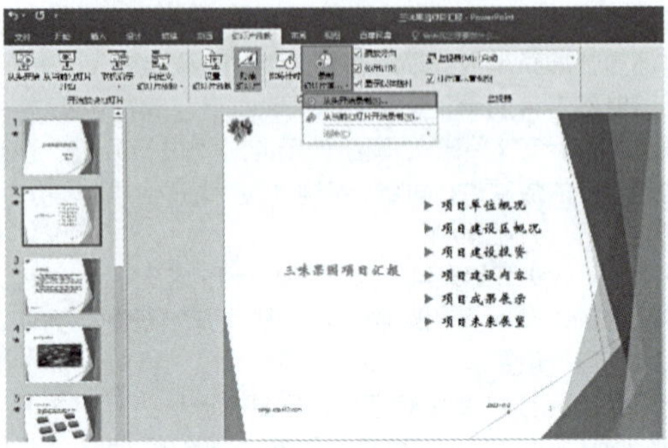

图5-4-14 “从头开始录制”选项

②弹出“录制幻灯片演示”对话框，选中“幻灯片和动画计时”和“旁白、墨迹和激光笔”复选框，单击“开始录制”按钮，如图 5-4-15 所示。

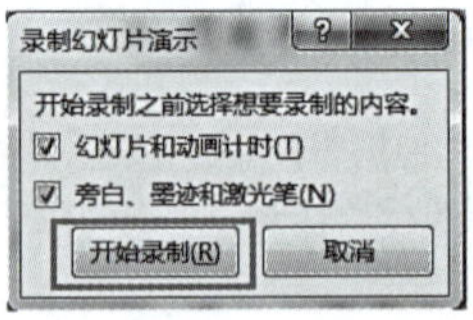

图5-4-15 “录制幻灯片演示”对话框

③进入录制状态后，显示“录制”工具栏，如图 5-4-16 所示，其中显示幻灯片放映的时间及当前动作时间。

图5-4-16 录制工具栏

需要播放下一动画时单击“下一项”按钮，整个演示文稿播放完毕后，幻灯片自动切换到“幻灯片浏览”视图中，在每张幻灯片下方显示放映所需时间，效果如图 5-4-17 所示。

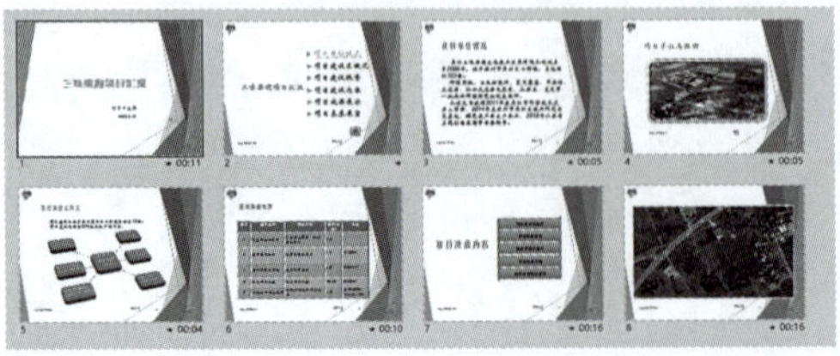

图5-4-17 录制放映时间

</td><td>

③设置幻灯片放映方式。

制作演示文稿的最终目的是放映，在 PowerPoint 2016 中，用户可以根据实际的演示场合选择不同的幻灯片放映类型，PowerPoint 2016 提供了 3 种放映类型。

其选择方法为：选择“幻灯片放映”“设置”组，单击“设置幻灯片放映”按钮，打开“设置放映方式”对话框，在“放映类型”栏中单击选中不同的选项，选择相应的放映类型，如图 5-4-18 所示，设置完成后单击确定按钮即可。

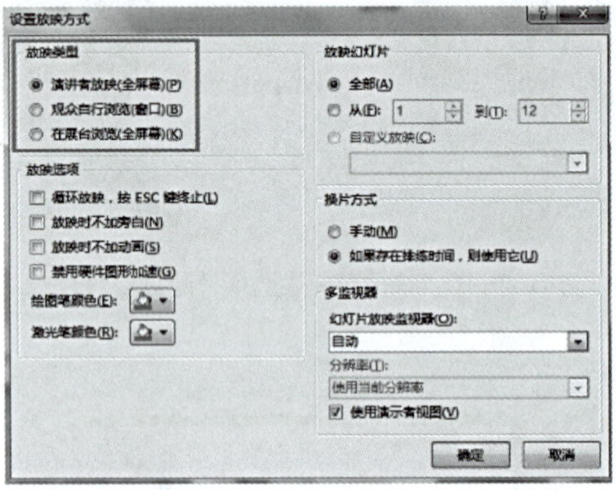

图5-4-18 选择反映类型

各种放映类型的作用和特点如下：

演讲者放映（全屏幕）：演讲者放映（全屏幕）是默认的放映类型，此类型将以全屏幕的状态放映演示文稿。在演示文稿放映过程中，演讲者具有完全的控制权，演讲者可手动切换幻灯片和动画效果，也可以将演示文稿暂停、添加细节等，还可以在放映过程中录下旁白。

观众自行浏览（窗口）：此类型将以窗口形式放映演示文稿，在放映过程中可利用滚动条、[PageDown] 键、[PageUp] 键切换幻灯片，但不能通过单击放映。

在展台浏览（全屏幕）：此类型是很简单的一种放映类型，不需要人为控制，系统将自动全屏循环放映演示文稿。使用这种放映方式时，不能单击切换幻灯片，但可以通过单击幻灯片中的超链接和动作按钮来切换，按 [Esc] 键可结束放映。

</td></tr>
</table>

续表

<table>
<tr><th>操作步骤</th><th>知识导航</th></tr>
<tr><td>

（6）自定义放映。

①单击“幻灯片放映”选项卡，选择“自定义幻灯片放映”按钮，如图 5-4-19 所示。

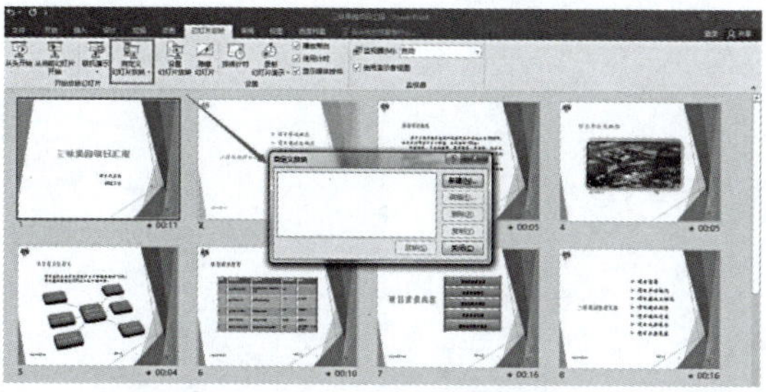

图5-4-19　自定义放映

②单击“新建”按钮，打开“自定义放映”对话框，单击“新建”按钮，如图 5-4-20 所示。

图5-4-20　新建

③弹出“定义自定义放映”对话框，在“幻灯片放映名称”框中输入名称，“在演示文稿中的幻灯片”中选择需要放映的幻灯片，然后单击“添加”，将需要放映的幻灯片添加到“在自定义放映中的幻灯片”中，如图 5-4-21 所示。按照同样的操作，依次添加其余幻灯片，作为将要播放的幻灯片。

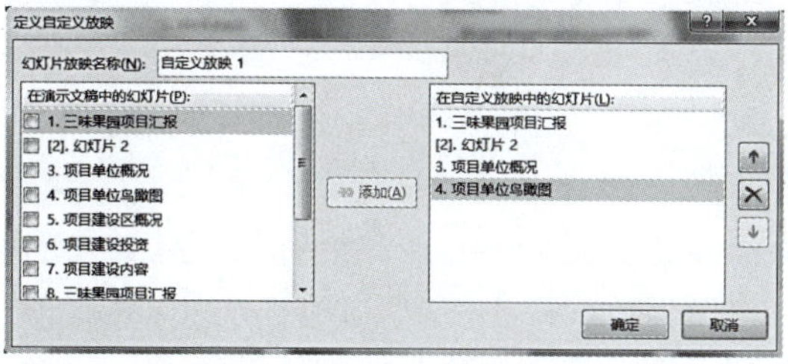

图5-4-21　定义自定义放映

④当需要放映的幻灯片选择完毕后，单击“确定”按钮，完成放映顺序的自定义。

</td><td>

◆ 放映幻灯片

PowerPoint 2016 提供了“从头开始”“从当前幻灯片开始”“广播幻灯片”和“自定义幻灯片放映”4 种幻灯片放映方式，如图5-4-22所示，下面一一为大家介绍。

图 5-4-22　幻灯片放映方式

①从头开始放映。

从头开始放映幻灯片是默认的放映方式，也是最常用的放映方式。应用时选择“幻灯片放映”选项卡，单击“开始放映幻灯片”工具组中的“从头开始”即可。

②从当前幻灯片开始放映。

如果不想幻灯片从头开始播放，可应用“开始放映幻灯片”组中的“从当前幻灯片开始”，即从光标所在幻灯片开始播放。

③联机演示。

Office 演示文稿服务是 Microsoft Office 附带提供的一项免费的公共服务，可以使用此服务向能够在 Web 浏览器中观看并下载内容的人员演示。需要 Microsoft 账户才能启动联机演示文稿。

④自定义幻灯片放映。

如果幻灯片不按顺序放映，可自定义幻灯片的放映次序。

</td></tr>
</table>

续表

操作步骤	知识导航
（7）将前面设置好的演示文稿打包到文件夹中，并命名为“课件”，具体操作如下： ①选择“文件”“导出”命令，在工作界面左侧选择“将演示文稿打包成CD”选项，然后单击“打包成CD”按钮，如图5-4-23所示。 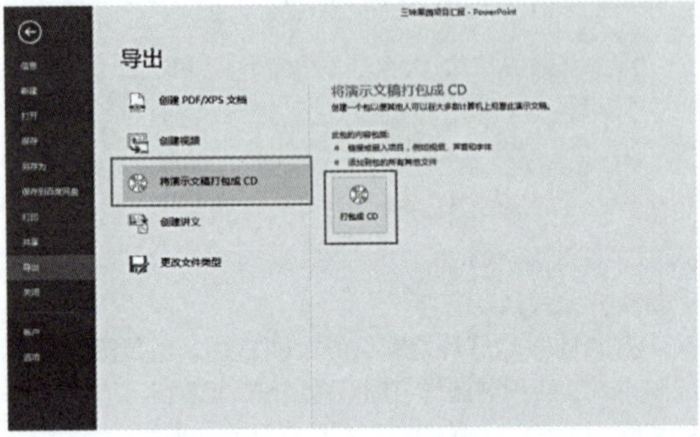 图5-4-23　将演示文稿打包成CD ②打开“打包成CD”对话框，单击“复制到文件夹”按钮，打开“复制到文件夹”对话框，在“文件夹名称”文本框中输入“项目汇报”文本，在“位置”文本框中输入打包后的文件夹的保存位置，单击“确定”按钮，如图5-4-24所示。 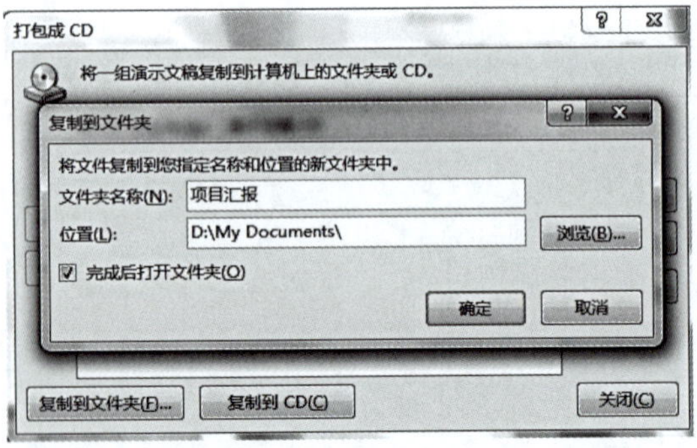 图5-4-24　复制到文件夹 ③打开提示对话框，提示是否保存链接文件，单击“确定”按钮，如图5-4-25所示，完成打包操作。  图5-4-25　提示是否保存链接文件	◆ 幻灯片打包 如果遇到运行演示文稿的电脑没有安装PowerPoint 2016问题，演示文稿将不能运行，可以将演示文稿打包成CD，一次性传输到该电脑上，就可直接播放。

续表

操作步骤	知识导航
（8）将前面制作并设置好的演示文稿打印出来，要求一页纸上显示两张幻灯片，具体操作如下： ①选择“文件”“打印”命令，在窗口右侧的“份数”数值框中输入“1”，即打印 1 份，如图 5-4-26 所示。 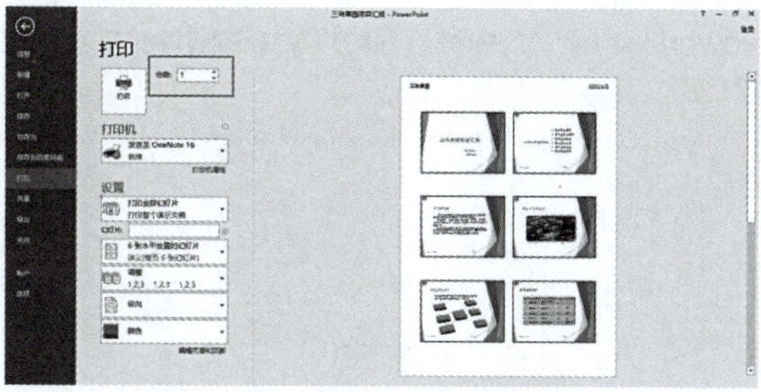 图 5-4-26　设置打印份数 ②在“打印机”下拉列表中选择与计算机相连的打印机。 ③在幻灯片的“1 张幻灯片”下拉列表中选择“讲义”“6 张幻灯片”选项，单击勾选“幻灯片加框”“根据纸张调整大小”复选框，如图 5-4-27 所示。 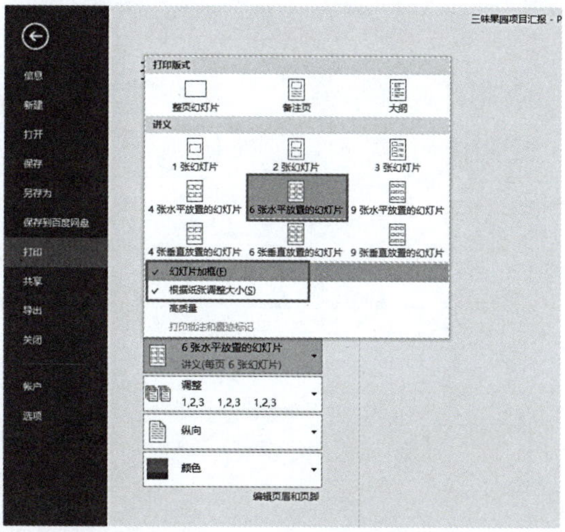 图5-4-27　设置幻灯片布局 ④单击“打印”按钮，开始打印幻灯片。	◆ 打印演示文稿 便于演讲者手执演讲或分发给观众作为演讲提示等，还可以将演示文稿打印在纸张上。

能力拓展

操作步骤

（1）下面将为第 2 张幻灯片的各项文本创建超链接，然后插入一个动作按钮，并链接到第 8 张幻灯片中，最后在动作按钮下方插入艺术字“作者简介”，具体操作如下：

①打开“课件 .pptx”演示文稿，选择第 2 张幻灯片，选择第 1 段正文文本，选择“插入”“链接”组，单击“超链接”按钮。

②打开“编辑超链接”对话框，单击“链接到”列表框中的“本文档中的位置”按钮，在“请选择文档中的位置”列表框中选择要链接到的第 8 张幻灯片，单击“确定”按钮，如图 5-4-28 所示。

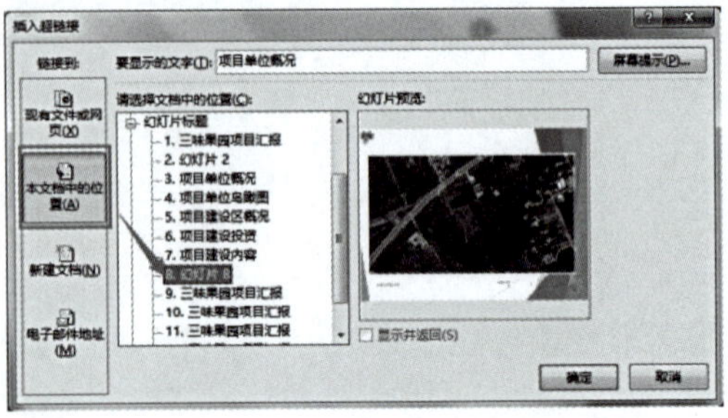

图5-4-28　选择链接的目标位置

③返回幻灯片编辑区可看到设置超链接的文本颜色已发生变化，并且文本下方有一条绿色的线。使用相同方法，依次为文本设置超链接。

④选择“插入”“插图”组，单击“形状”按钮，在打开的下拉列表框中选择“动作按钮”栏的第 5 个选项，如图 5-4-29 所示。

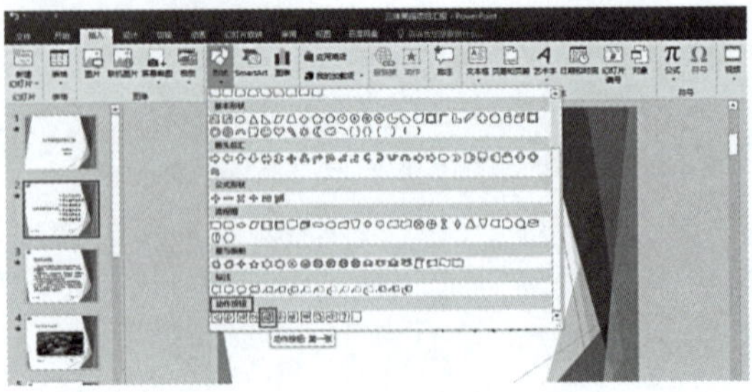

图5-4-29　选择动作按钮类型

⑤此时鼠标指针变为“+”形状，在幻灯片右下角空白位置按住鼠标左键并拖动鼠标，绘制一个动作按钮。

⑥绘制动作按钮后会自动打开“操作设置”对话框，单击选中“超链接到”选项，在下方的下拉列表中选择“幻灯片……”选项，如图 5-4-30 所示。

知识导航

◆ 创建超链接与动作按钮

在浏览网页时如果单击某段文本或某张图片，会自动弹出另一个相关的网页，被单击的对象称为超链接，在 PowerPoint 2016 中也可为幻灯片中的图片和文本创建超链接。

续表

操作步骤	知识导航

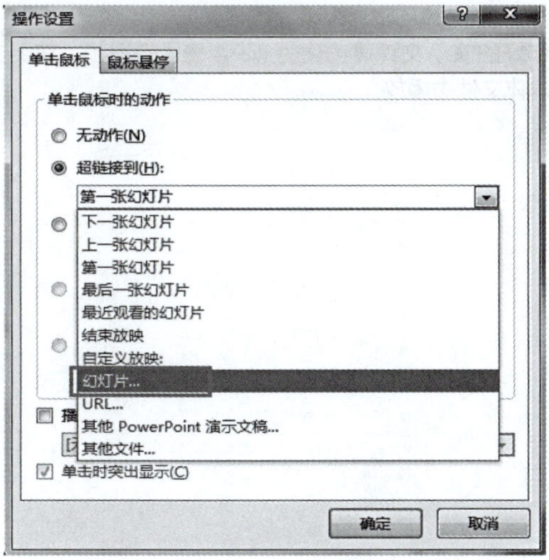

图5-4-30　“操作设置”对话框

⑦打开“超链接到幻灯片”对话框，选择第 8 张幻灯片，依次单击“确定”按钮，使超链接生效。

⑧返回 PowerPoint 2016 编辑界面，选择绘制的动作按钮，选择“格式”“形状样式”组，在中间的列表框中选择第 4 行的第 2 列样式，即完成设置，如图 5-4-31 所示。

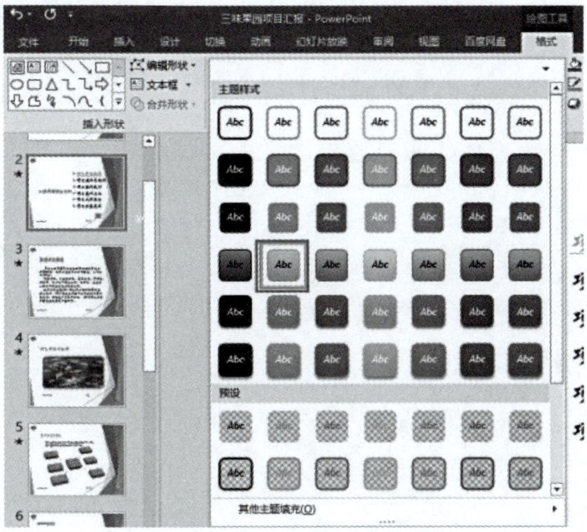

图5-4-31　选择形状样式

续表

操作步骤	知识导航
（2）创建视频。 ①切换到“文件”选项卡，单击“导出”，弹出级联菜单，单击“创建视频”按钮，如图 5-4-32 所示。 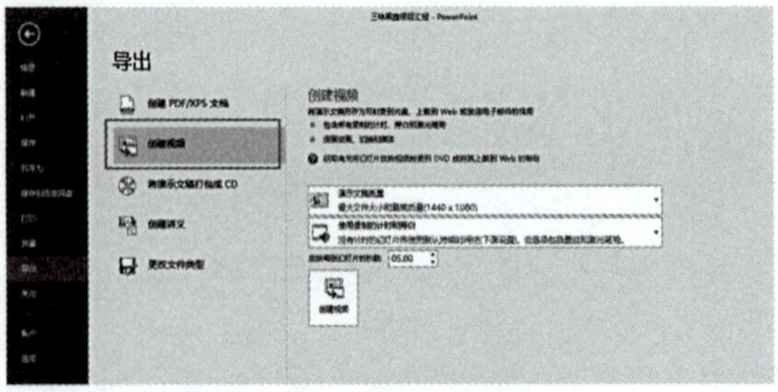 图5-4-32 创建视频 ②在打开的级联菜单中的“放映每张幻灯片的秒数”数值框内输入每张幻灯片的放映秒数，如图 5-4-33 所示。 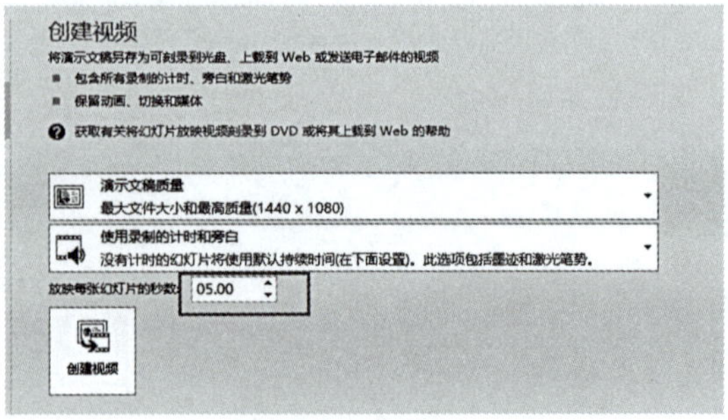 图5-4-33 放映每张幻灯片的秒数 ③设置好放映时间后，单击“创建视频”按钮。 ④弹出“另存为”对话框，设置好视频文件的保存路径和保存名称，单击“保存”按钮即可。 ⑤程序开始创建视频，在演示文稿下方显示创建进度，如图 5-4-34 所示。 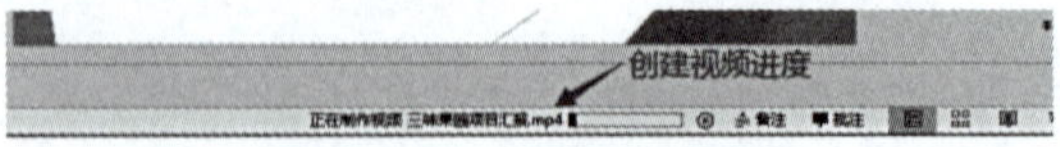 图5-4-34 创建视频进度 ⑥视频文件创建完毕后，打开保存的视频，即可进行播放。	◆ 将演示文稿创建为视频 制作好的演示文稿可创建为 MP4 格式的视频，在更多的媒体文件中播放。

06 项目六

信息素养与信息技术

知识目标

❶ 了解信息素养的基本概念及要素。
❷ 了解信息技术的发展历程。
❸ 了解大数据、云计算、物联网、人工智能、移动通信和区块链的概念、特点及应用。

能力目标

❶ 能清晰描述信息技术在各领域的典型应用。
❷ 能辨析现实生活中大数据、云计算、物联网、人工智能、移动通信、区块链的典型应用。

素质目标

❶ 关注中国新一代信息技术的发展，感受国家的发展、民族的强大。
❷ 探究科技前沿知识，开阔视野，紧跟时代发展。

随着信息化时代的到来，信息技术极大地改变了我们的生活、工作和学习方式，网络通信、网上购物、移动支付、远程会议、远程教学、办公自动化等已司空见惯。本项目主要介绍信息素养的基本概念及要素，以及信息技术的相关知识，帮助学生了解信息技术及新一代信息技术的相关概念，为将来深入学习新一代信息技术打下基础。

任务6.1 信息素养

任务描述

当今社会，互联网几乎与所有人的生活都息息相关，它为人们带来了及时、丰富和有趣的信息的同时，也成为一些虚假消息传播的重要渠道。要有效辨别这些虚假消息，就需要具备一定的信息素养。本任务将介绍信息素养的基本知识。

相关知识

一、信息素养的提出和发展

素养是指一个人在工作学习、待人接物、为人处世等方面展现出的能力和水平。它与能力相伴而生，这是因为素养是为提高自身能力通过学习而得到的，而能力则是素养的具体表现。因此，一个人素养的高低，很大程度上决定了其成功可能性的大小。那么，信息素养又是什么呢?

信息素养（information literacy，IL）的概念脱胎于图书馆素养（library literacy）。在信息社会到来之前，图书馆是人们获取信息的主要来源。由于图书馆中的藏书众多，读者想要快速获取信息，就必须掌握高效利用图书馆信息资源的方法。为此，图书馆会针对读者定期开展文献检索技能培训和教育，而图书馆素养，就是读者在经过图书馆培训后具备的素养。

随着信息技术的发展，信息化成了社会发展的大趋势，人们不再局限于从图书馆中获取信息，图书馆素养也无法满足时代发展的需要。在此情形下，信息素养就应运而生了。

1974年，美国信息产业协会主席保罗·泽考斯基最早提出了“信息素养”一词，并将其定义为“经培训后能在工作中运用信息的人即认为其具备了信息素养。他们可在掌握信息工具的使用及熟悉主要信息源的基础上，解决实际问题”。

1982年，美国信息学家福斯特·霍顿将信息素养定义为“人们在处理问题和决策过程中，利用计算机对所需信息进行标识、存取的水平”。

1989年，美国图书馆协会（American library association，ALA）下属的信息素养总统委员会在其年度报告中提出了接受度和使用度最广的信息素养定义：具备信息素养的人是能够敏锐察觉自身信息需求，并进行相应的信息检索、评估及有效利用所需信息的人。此外，这份年度报告还提出了“信息素养是信息社会中人的生存能力之一”这一重要观点。

1992年，信息学家道伊尔（Doyle）在《信息素养全美论坛的总结报告》中将信息素养定义为“一个人从各种不同的信息源获取、评估及使用信息的能力”。

2003年，联合国教科文组织在捷克共和国首都布拉格召开了国际信息素养专家会议。会议发表了著名的“布拉格宣言”，将信息素养定义为“确定、查找、评估、组织和有效地生产、使用和交流信息来解决问题的能力”。“布拉格宣言”还将信息素养界定为一种“终身学习的基本人权”。

2005年，联合国教科文组织在埃及亚历山大城召开了国际高级信息素养和终身学习研讨会。会议发表了著名的“亚历山大宣言”，宣称“信息素养和终身学习是信息社会的灯塔，照亮了信息社会发展、繁荣和走向自由之路”。

2015年，美国大学与研究图书馆协会（ACRL）理事会发布了《高等教育信息素养框架》，该文件对信息素养的定义为“信息素养是一种综合能力，包括批判性地发现信息，了解信息的产生和评价，以及如何使用信息创造新的知识并合理地参与社区学习”。

不难看出，信息素养的概念并不是一成不变的，伴随着信息社会的发展，其内涵和外延在不断丰富。尽管如今的学术界对信息素养概念的界定尚未形成统一意见，但毫无疑问的是，信息素养涵盖人们获取、理解、评估、利用、交流和创造信息的全过程，涉及日常生活、学习、工作、娱乐的方方面面，是个人终身学习、信息技术发展、学习型社会建设、创新型人才培养的重要基础，信息素养教育也会在今后的素质教育中扮演越来越重要的角色。

二、信息素养的要素

作为人们适应信息社会生活的必备素养，信息素养主要包括信息意识、信息知识、信息能力和信息伦理四大主要要素。

（一）信息意识

信息意识是信息素养的前提，它是指个体对信息的敏感度和对信息价值的判断力。一个具备信息意识的人，能够根据解决问题的需要，自觉、主动地寻求恰当的方式获取与处理信息；能够敏锐感觉到信息的变化，分析数据中所承载的信息，采用有效策略对信息来源的可靠性、内容的准确性、指向的目的性做出合理判断，对信息可能产生的影响进行预期分析，为解决问题提供参考；在合作解决问题的过程中，愿意与团队成员共享信息，实现信息的更大价值。

（二）信息知识

信息知识是信息素养的基础，包括信息的特点与类型、信息交流和传播的基本规律与方式、信息的功用及效应、信息检索等方面的知识。信息知识不仅能改变一个人的知识体系和认知结构，还能升华和优化其原先学到的专业知识，使这些知识发挥出更大的作用。

（三）信息能力

信息能力是信息素养的保证，也是信息素养最重要的要素。在信息社会中，几乎做任何事都需要信息能力。一般来说，核心的信息能力包括信息发现能力、信息检索能力、信息组织能力、信息分析能力和信息评价能力，体现在对信息的获取、理解、评估、利用、交流和创造等过程中。一个具备信息能力的人，能根据自身的信息意识和信息知识，熟练地应用各种信息技术工具（如搜索引擎），在海量信息中迅速获取自己所需的信息，并利用现有信息创造出新信息。

（四）信息伦理

信息伦理是信息素养的准则，它是指人们在从事信息活动时需要遵守的信息道德准则和需要承担的信息社会责任。信息伦理要求人们具有一定的信息意识、知识与能力，遵守信息相关的法律法规，信守信息社会的道德与伦理准则，在现实空间和虚拟空间中遵守公共规范，既能有效维护信息活动中个人的合法权益，又能积极维护他人的合法权益和公共信息安全。

在信息素养的四大主要要素中，信息意识和信息知识是一个人具备信息能力和遵守信息伦理的前提与基础，信息能力是信息意识和信息知识的具体体现，也是衡量一个人信息素养高低的重要标准，而信息伦理则是保障信息安全的重要依据。

能力拓展

在网络上，我们常常看到一些不文明现象，如传播和转发各种谣言、在网络上肆意谩骂侮辱、发布恐怖图片、网络欺诈、盗用他人账号等。请你谈谈对这些不文明行为的看法。

任务6.2 信息技术

任务描述

信息技术是指获取、传递、存储、处理和应用信息的过程中所采用的技术总和。它的研究与发展，极大地提高了人类的信息应用能力，使信息成为人类生存和发展不可缺少的一种资源。本任务将介绍信息技术的发展历程，以及信息技术的典型应用。

相关知识

一、信息技术的发展历程

从原始时代到如今的信息时代，信息技术的发展经历了语言的使用，文字的创造，造纸术和印刷术的发明，电报、电话、广播和电视的发明，计算机技术与现代通信技术的普及5次革命。每一次信息技术的进步都会给人类社会带来翻天覆地的变化。不仅如此，信息技术的进步还会给个人带来前所未有的重大机遇。

纵观信息技术的发展史，在每次技术变革来临之际，都不乏一群拥有远见卓识的人预见信息技术的发展趋势，并牢牢把握住机遇，成就一番事业。如今，信息技术仍然在飞速发展，相信在不远的将来，信息技术必将再一次谱写人类文明的崭新一页，也会有新一批时代的佼佼者们站在时代洪流的浪潮之巅，创造出属于自己的传奇。

二、信息技术的典型应用

目前，信息技术日益渗透到交通出行、商业、医疗、科技、教育教学、工业、农业、军事等领域，不断推动着人类社会的发展。

（一）信息技术使交通出行更加便捷

如今，随着信息技术的发展而涌现出的各类信息服务系统和信息终端使得人们的交通出行越来越便捷。例如，利用购票网站，可以方便地购买火车票、飞机票等；利用电子地图，可以获取公交、地铁等出行路线；利用网约车，可以享受个性化的优质出行服务；利用导航软件，可以进行实时导航，并了解实时路况信息。

除个人出行外，信息技术在交通管理中的应用也非常普遍。在现代交通运输系统中，管理机构与运营中的汽车、火车、轮船、飞机之间可以及时互通消息；利用全球卫星定位系统，可以为飞机、轮船等交通工具制定航线；城市交通管理部门可以利用交通管理系统及时、准确、高效地完成监控路况与交通流量、管理灯光信号、发现交通事故、记录违章行为等各种任务。

（二）信息技术改变消费方式

信息技术在商业中的应用也深入到了各个方面。例如，在超市购物时，收银员只需用读码器扫描物品的条码，就可以自动计算应付款额；结算付款时，客户只需使用手机客户端扫描二维码，便可实现与商家账户的支付结算；日常生活中，通过网上银行或移动支付服务，可以实现水费、电费、燃气费、物业费缴纳，以及一卡通充值、信用卡还款等活动。

（三）信息技术与医疗领域深度融合

信息技术在医疗领域也得到了广泛应用。例如，CT、超声成像、心电图、脑电图等先进的检测技术，为疾病的诊断提供了依据；电子病历为医生提供了更加规范的综合信息，便于医生快速做出诊断；利用通信网络，可以将患者的病历信息发送给医疗专家，以便共同商讨给出诊断和治疗方案；利用信息技术进行药品的药性、成品的分析与化验等，可以更加快速、准确地得出结论。

（四）信息技术助力工农业发展

工业机器人是工业现代化的典型应用场景，利用它代替人类完成很多繁重、重复或者毫无意义的流程性作业，可以解放劳动力、提高工作效率。例如，焊接机器人在汽车制造行业应用最为广泛，它在焊接难度、焊接数量、焊接质量等方面有着人工焊接无法比拟的优势。

信息技术在农业中的应用也日益深入，涉及农情监测、智能灌溉、农业设施生产制造、病虫害监测与防治、农产品销售与流通等方面。例如，利用遥感技术，可以收集地面上的植物、土壤分布信息，实时监控空气和土壤的温度、湿度及光照强度等参数，了解农作物的长势和病虫害信息等。

（五）信息技术推动科技进步

信息技术的发展与应用改善了科研条件，帮助科研人员不断提高科研工作效率，提升自主创新能力，为科技进步创造了条件。例如，我国自行研制的“神舟十五号”飞船成功完成了多项空间站科学实验项目；我国具有完全自主知识产权的“复兴号”动车组列车试验时速可达400千米，它的成功研制和生产标志着我国铁路成套技术装备特别是高速动车组已经走在世界前列。在这些科技创新和进步的背后，虚拟仿真、人机交互、大数据分析、人工智能、3D打印等信息技术为高速运算、海量存储、智能控制等提供了有力支撑。

（六）信息技术助力教育教学创新

信息技术从根本上改变了教与学的方式。借助信息技术，教师可利用各种信息工具开展生动的教学活动，引导学生主动思考和学习；学生也可以根据需要和兴趣，选择辅助学习软件进行个性化学习。此外，网络课程、远程教育等教学形式的普及，打破了时间、空间，甚至是年龄的限制，使终身学习成为可能。

（七）信息技术助推军事现代化

信息技术在军事领域也得到了十分广泛的应用，对现代化武器装备、指挥方式、作战形式、军队结构及战略战术等都产生了巨大的影响。例如，利用计算机技术，可以在极短的时间内算出防空导弹的发射参数，并指挥导弹攻击入侵的敌机。此外，在现代战争中，电子侦察、电子预警、电子干扰、声呐探测、雷达系统、红外瞄准与夜视装置等，都离不开现代信息技术。

能力拓展

5G是指第五代移动通信技术，是新一代蜂窝移动通信技术。在2019年中国国际信息通信展览会开幕式上，工信部与中国电信、中国联通、中国移动、中国铁塔共同宣布启用5G商用。请你：

（1）查阅资料，了解5G的网络特点和发展历程。

（2）由于相关应用还不成熟，用户关于5G最直观的感受还是网络速度的大幅度提升。在手机上使用5G下载一部高清电影，体验5G的网络速度。

（3）依据5G的网络特点，分组讨论5G未来可能有哪些应用场景。

任务6.3 新一代信息技术

任务描述

新一代信息技术是以大数据、云计算、物联网、人工智能、移动通信、区块链等为代表的新兴技术。它既是信息技术的纵向升级，也是信息技术之间及其与相关产业的横向融合。目前，这些新兴技术逐渐改变着世界，也影响着我们生活和学习的方方面面。本任务将了解新一代信息技术的基本概念和典型应用。

相关知识

一、大数据

互联网时代，电子商务、物联网、社交网络、移动通信等每时每刻产生着海量的数据，这些数据规模巨大，通常以“PB”“EB”，甚至“ZB”为单位，所以被称为大数据（Big Data）。大数据隐藏着丰富的价值，目前挖潜的价值就像漂浮在海洋中的冰山一角，绝大部分还隐藏在表面之下。面对大数据，传统的计算机技术无法存储和处理，因此，大数据技术应运而生。

（一）大数据的定义

目前，大家普遍认为：大数据是具有海量、高增长率和多样化的信息资产，它需要全新的处理模式来增强决策力、洞察发现力和流程优化能力。

（二）大数据的特征

大数据具有以下4 个特征。

（1）大量（Volume）。至少以“PB”“EB”，甚至“ZB”为单位。

（2）多样（Variety）。包括网页、微信、图片、音频、视频、点击流、传感器数据、地理位置信息、网络日志等数据，数据类型繁多，大约5%是结构性的数据，95%是非结构性的数据，使用传统的数据库技术无法存储这些数据。

（3）高速（Velocity）。要求处理速度快，时效性要求高。

（4）价值密度低（Value）。数据价值密度相对较低，只有通过分析才能实现从数据到价值的转变。

（三）大数据技术

面对大数据，数据处理的思维和方法有以下 3 个特点。

1. 不是抽样统计，而是面向全体样本

抽样统计是在过去数据处理能力受限的情况下用最小的数据获取最多发现的方法，而现在人们能够在瞬间处理成千上万的数据，处理全体样本就可以得到更准确的结果。例如，若要统计某个城市居民的男女比例，过去是统计1000或者10000个人的性别，但是现在处理的是全部居民的信息。

2. 允许不精确和混杂性

例如，若要测量某一个地方的温度，当有大量温度计时，某一个温度计的错误显得无关紧要；当测量频率大幅度增加后，某些数据的错误产生的影响也会被抵消。

3. 不是因果关系，而是相互关系

例如，在电子商务中，若要想知道一个顾客是否怀孕，可以通过分析顾客购买的关联物来评价顾客的“怀孕趋势”。从前，警察抓小偷靠一天天地跟踪，如果小偷使用了电子支付，警察发现这个人一天之内乘坐50辆不同的公交车转来转去，那么这个人就很可疑。

大数据需要新一代的信息技术来应对，主要涉及基础设施（如云计算、虚拟化技术、网络技术等）、数据采集技术、数据存储技术、数据计算、展现与交互等。

（四）大数据的典型应用

目前，大数据技术已经成熟，大数据应用逐渐落地生根。应用大数据较多的领域有公共服务、电子商务、企业管理、金融、娱乐、个人服务等。越来越多的成功案例相继在不同的领域中涌现，不胜枚举，如阿里信用贷款、京东慧眼等。

二、云计算

（一）云计算的定义

“云”是对计算机集群的一种形象比喻，每一群包括几十台，甚至上百台计算机，通过互联网随时随地为用户提供各种资源和服务，类似使用水、电、天然气一样（按需付费）。用户只需要一个能上网的终端设备（如计算机、智能手机、掌上电脑等），无须关心数据存储在哪朵“云”上，也无须关心由哪朵“云”来完成计算，就可以在任何时间、任何地点，快速地使用云端的资源。

云计算基于互联网的相关服务的增加、使用和交付模式的普及，通常涉及通过互联网来提供动态易扩展且经常是虚拟化的资源。现阶段广为接受的云计算的定义是：一种按使用量付费的模式，这种模式提供可用的、便捷的、按需的网络访问，进入可配置的计算资源共享池（资源包括网络、服务器、存储、应用软件、服务），这些资源能够被快速提供，只需投入很少的管理工作，或与服务供应商进行很少的交互。

（二）云计算的特点

云计算的主要特点有分布式、资源共享、跨地域等，除此之外还有如下特点。

（1）超大规模。弹性伸缩“云”的规模和计算能力相当巨大，并且可以根据需求增减相应的资源和服务，规模可以动态伸缩。

（2）资源抽象。虚拟化“云”上所有资源均被抽象和虚拟化了，用户可以采用按需支付的方式购买。

（3）高可靠性。云计算提供了安全的数据存储方式，能够保证数据的可靠性，用户无须担心软件的升级更新、漏洞修补、病毒攻击和数据丢失等问题。

（三）云服务的类型

云计算提供的服务分为三个层次：基础架构即服务（IaaS）、平台即服务（PaaS）和软件即服务（SaaS），如表6-3-1所示。

表 6-3-1 云服务类型

云服务类型	定义	功能
基础架构即服务（IaaS）	IaaS 是指将云计算机集群的内存、I/O 服务、存储、计算能力整合成一个虚拟的资源池，为用户提供所需的存储资源和虚拟化服务器等服务，如云存储、云主机、云服务器等。IaaS 位于云计算三层服务的最底端	有了 IaaS，项目开发时不必购买服务器、磁盘阵列、带宽等设备，而是在云上直接申请，而且可以根据需要扩展性能
平台即服务（PaaS）	PaaS 是指将软件研发的平台作为一种服务，提供给用户，如云数据库，PaaS 位于云计算三层服务的中间	有了 PaaS，项目开发时不必购买操作系统、数据库管理系统、开发平台、中间件等系统软件，而是在云上根据需要申请
软件即服务（SaaS）	SaaS 是指通过互联网就直接能够使用软件应用，不需要本地安装，如阿里云提供的短信服务、邮件推送等。SaaS 是最常见的云计算服务，位于云计算三层服务的顶端	有了 SaaS，企业可以通过互联网使用信息系统，不必自己研发

（四）云计算的典型应用

1. 个人云

个人云是指微型计算机、智能手机利用互联网实现无缝存储、同步、获取并分享数据的一组在线服务。

2. 云存储

从用户的角度来说，云存储就是将数据存储在云端；从技术的角度来说，云存储就是将网络中大量各种不同类型的存储设备通过应用软件集合起来协同工作，共同对外提供数据存储和业务访问功能的一个系统。网盘就是一种简单的云存储服务，提供的功能有文件的上传、下载、分享等，如百度网盘。

3. 云主机

云主机是指在一组集群主机上虚拟出多个类似独立主机的部分，集群中每个主机上都有云主机的一个镜像，具有非常高的安全稳定性。云主机也被称为云服务器。

三、物联网

（一）物联网的定义

简单地说，物联网（The Internet of Things，IOT）就是物物相连的互联网，物联网使所有人和物在任何时间、任何地点都可以实现人与人、人与物、物与物之间的信息交互。从技术的角度来说，物联网是通过射频识别、红外感应器、全球定位系统等各种传感设备，按照约定的协议，把任何物品与互联网连接，进行信息交换和通信，实现对物品的智能化识别、定位、跟踪、监控和管理的一种网络，是互联网的延伸与扩展。

（二）物联网的关键技术

物联网的实现主要依赖于以下几个关键技术。

1. RFID技术

RFID即射频识别技术，俗称电子标签，通过射频信号自动识别目标对象，并对其信息进行标志、登记、存储和管理。RFID是一个可以让物品“开口说话”的关键技术，是物联网的基础技术。RFID标签中存储着各种物品的信息，利用无线数据通信网络采集到中央信息系统，实现物品的识别。

2. 传感技术

传感技术是从自然信源获取信息，并对其进行处理和识别的一门多学科交叉的现代科学与工程技术，它涉及传感器、信息处理和识别技术。其中，传感器用于感知和测量，并按照一定规律将接收到的信号转换成可用输出信号。如果把计算机看成处理和识别信息的“大脑”，把通信系统看成传递信息的“神经系统”，那么传感器就类似人的“感觉器官”。

3. 嵌入式技术

嵌入式技术将应用软件与硬件固化在一起，类似于PC BIOS的工作方式，具有软件代码少、高度自动化、响应速度快等特点，特别适合于要求实时和多任务的系统。嵌入式技术主要由嵌入式处理器、相关支撑硬件、嵌入式操作系统以及应用软件等组成，它是可独立工作的“器件”。嵌入式技术几乎应用在生活中所有的电器设备上，如掌上电脑、智能手机、数码相机等各种家电设备，工控设备、通信设备、汽车电子设备、工业自动化仪表与医疗仪器设备、军用设备等。嵌入式技术的发展为物联网实现智能控制提供了技术支撑。

4. 位置服务技术

位置服务技术就是采用定位技术，确定智能物体的地理位置，利用地理信息系统技术与移动通信技术向物联网中的智能物体提供与位置有关的信息服务。与位置信息密切相关的技术包括遥感技术、全球定位系统（GPS）、地理信息系统（GIS）以及电子地图等技术。GPS将卫星定位、导航技术与现代通信技术相结合，可实现全时空、全天候和高精度的定位与导航服务。

5. IPv6技术

IPv4采用32位地址长度，只有大约43亿个IP地址。随着互联网的发展，IPv4 定义的有限网络地址已被耗尽。IPv6的地址长度为128位，使地址空间增大了296 倍。这样大的地址空间在可预见的将来是不会被用完的，几乎可以为地球上的每一个物体分配一个 IP 地址。要构造一个物物相连的物联网，需要为每一个物体分配一个IP地址，那么，大力发展IPv6技术就是实现物联网的网络基础条件。

（三）物联网的体系架构

物联网典型的体系架构分为三层，分别是感知层、网络层和应用层，如表6-3-2 所示。

表 6-3-2　物联网的体系架构

层次	阐述
感知层	感知层是实现物联网全面感知的核心能力，是物联网中的关键技术、标准化、产业化方面急需突破的部分，关键在于具备更精确、更全面的感知能力，并解决低功耗、小型化和低成本问题
网络层	网络层主要以广泛覆盖的移动通信网络作为基础设施，是物联网中标准化程度最高、产业化能力最强、最成熟的部分，关键在于为物联网应用特征进行优化改造，形成系统感知的网络
应用层	应用层提供丰富的应用，将物联网技术与行业信息化需求相结合，实现广泛智能化的应用解决方案，关键在于行业融合、信息资源的开发利用、低成本高质量的解决方案、信息安全的保障及有效商业模式的开发

（四）物联网的典型应用

物联网应用广泛，主要应用领域包括智能家居、智能交通、智能医疗、智能物流、智能监测、敌情侦察和情报搜集等。

四、人工智能

（一）人工智能的定义

人工智能（Artificial Intelligence，AI）是研究、开发用于模拟、延伸和扩展人的智能的理论、方法、技术及应用系统的一门新的技术科学。

人工智能是计算机科学的一个分支，它企图了解智能的实质，并生产出一种新的能以人类智能相似的方式做出反应的智能机器。

（二）人工智能的典型应用

1. 机器人

机器人（Robots）是一种可再编程的多功能的操作装置。电子计算机出现后，特别是20世纪60年代中期微处理机出现后，机器人便进入大量生产和使用的阶段。目前全世界有几十万个机器人在运行，其中大多数样子并不像人，它们只是在人的指挥下代替人工作的机器。

2. 模式识别系统

模式识别是AI最早和重要的研究领域之一。模式是一个内涵极广的概念。广义地讲，一切可以观察其存在的事物形式都可称为模式，如图形、景物、语言、波形、文字和疾病等。

模式识别的广义研究目标是指应用电子计算机及外部设备对某些复杂事物进行鉴别和分类。通常，这些被鉴别和分类的事件或过程，可以是物理的、化学的或生理的对象。这些对象既可以是具体对象，如文字、声音、图像等；也可以是抽象对象，如状态、程度等，这些对象通常以非数字形式的信息出现。

模式识别技术已逐渐在各种不同的领域获得应用，如染色体识别、图形识别、图像识别、语音识别、机器人视觉识别等。

3. 自然语言处理程序

语言处理一直是人工智能研究的热门方向之一，人们很早就开始研制语言翻译系统。早期的自然语言理解多采用键盘输入自然语言，现已经开发出文字识别和语言识别系统，能够配合进行书面语言和有声语言的识别与理解。以语义理解为特征的自然语言处理和机器翻译已取得突出进展。

4. 智能检索系统

目前对数据库的检索技术有了很大的发展，有的具有智能化人机交互界面和演绎回答系统，还有一种称为自动个人助手的系统，主动帮助人们使用计算机网络查找信息，它可以搜索广告、过滤邮件，使人们只需阅读那些重要、感兴趣的广告和邮件。

（三）人工智能的未来

随着新理论、新技术及新平台的不断发展与完善，人工智能技术将迎来一次新的飞跃。结合各种新技术成果及当前新的需求，人工智能将向着“AI +”的方向不断前行。未来可以利用人工智能技术去开创全新的智能产品和应用系统，使医疗、工业、教育、金融等行业全面融合，从而为用户提供更多个性化服务。“AI + ”时代正在走进人类，如“AI+医疗”利用机器或软件描述、模仿人类大脑的智慧，在医疗健康领域，通过协助医疗从业人员来改善患者的治疗效果；“AI+工业”借助人工智能技术，在汽车、家居、可穿戴设备等产品上增加某些具有特定功能的人工智能模块来深化人机交互，从而实现产品质量测量检测自动化、用户远程操控、数据的自动采集分析等功能，改善用户使用体验，进而促进经济形态的不断发展。

五、移动通信

（一）移动通信的定义

移动通信（Mobile Communication）指移动体之间或移动体与固定体之间的通信。移动通信是电子计算机与移动互联网发展的重要成果之一，目前，已经迈入了第五代（5G）移动通信技术普及期。截至2021年年底，我国累计建成并开通5G基站142.5万个，总量占全球的60%以上。

（二）移动通信的关键技术

移动通信的关键技术是功率控制技术，主要采用CDMA（码分多址）核心技术，通过自干扰系统，克服信号台发射信号的“远近效应”，从而提高移动通信的质量。通过对功率控制技术的容量和抗干扰能力进行升级，从而提高接入移动通信网络当中的信号控制的准确性，保障信号切换的速度提升。

（三）移动通信的典型应用

从模拟制式的移动通信系统、数字蜂窝通信系统、移动多媒体通信系统，到目前的高速移动通信系统，移动通信技术的速度不断提升，延时与误码现象减少，技术的稳定性与可靠性不断提升，为人们的生产生活提供了多种灵活的通信方式。移动通信正在影响经济社会活动和人们的生活方式，其典型应用主要有移动商务、在线教育、移动办公、手游、可视通信、在线购物、无人机等。

六、区块链技术

（一）区块链的定义

区块链起源于比特币。从应用视角来看，区块链是一个分布式的共享账本和数据库，具有去中心化、不可篡改、全程留痕、可以追溯、集体维护、公开透明等特点。这些特点保证了区块链的“诚实”与“透明”，为区块链创造信任奠定了基础。

（二）区块链的关键技术

1. 分布式账本

分布式账本指的是区块链的交易记账由分布在不同地方的多个节点共同完成，而且每一个节点按照区块链式结构记录完整的账目，并依靠共识机制保证账目的一致性，其地位都是平等的、独立的，除非所有的节点被破坏，否则就不可能记假账，账目也不会丢失。

2. 非对称加密

虽然区块链上的交易信息是公开的，但是账户身份信息是高度加密的，只有在数据拥有者授权的情况下才能访问到，从而保证了数据的安全和个人的隐私。

3. 共识机制

共识机制就是所有记账节点之间怎么达成共识，去认定一个记录的有效性，这既是认定的手段，也是防止篡改的手段。区块链共识机制具备“少数服从多数”以及“人人平等”的特点。以比特币为例，采用的是工作量证明，只有在控制了全网超过51%的记账节点的情况下，才有可能伪造出一条不存在的记录。当加入区块链的节点足够多的时候，这种行为基本上不可能，从而杜绝了造假的可能。

4. 智能合约

智能合约是基于这些可信的、不可篡改的数据，可以自动化地执行一些预先定义好的规则和条款。以保险为例，如果说每个人的信息（包括医疗信息和风险发生的信息）都是真实可信的，那就很容易地在一些标准化的保险产品中，去进行自动化的理赔。

（三）区块链的典型应用

区块链丰富的应用场景，基本上都基于区块链能够解决信息不对称问题，实现多个主体之间的协作信任与一致行动。将区块链技术应用在金融行业中，能够省去第三方中介环节，实现点对点的直接对接，从而在大大降低成本的同时，快速完成交易支付。在物联网和物流领域，通过区块链可以降低物流成本，追溯物品的生产和运送过程，并且提高供应链管理的效率。在数字版权领域，通过区块链技术，可以对作品进行鉴权，证明文字、视频、音频等作品的存在，保证权属的真实、唯一性。在保险领域，通过智能合约的应用，既无须投保人申请，也无须保险公司批准，只要触发理赔条件，就可实现保单自动理赔。

拓展知识

一、虚拟现实

虚拟现实（Virtual Reality，VR）技术是仿真技术的一个重要方向，是仿真技术与计算机图形学、多媒体技术、传感技术等多种技术的集合，主要包括模拟环境、感知、自然技能和传感设备等方面。模拟环境是由计算机生成的、实时动态的三维立体逼真图像。感知是指理想的VR应该包括视觉、听觉、触觉、力觉、运动、嗅觉和味觉等人所具有的感知。自然技能是指由计算机来处理人的行为动作，并对用户的输入做出实时响应，且分别反馈到用户的五官。传感设备是指三维交互设备，如VR眼镜等。

虚拟现实技术为人类认识世界开辟了新的途径，我们坐在电脑前，就可以漫步海底世界、穿越时空与古人吟诗作对……目前，虚拟现实技术在科学研究、建筑工程招投标、医疗、军事、娱乐、教育、工业仿真、安全生产、应急演练等方面得到了广泛的应用。

二、量子信息

在量子力学中，量子信息（Quantum Information）是关于量子系统“状态”所带有的物理信息。通过量子系统的各种相关特性（如量子并行、量子纠缠和量子不可克隆等），进行计算、编码和信息传输的全新信息方式，主要应用有量子通信、量子计算、量子雷达、量子博弈等。2021年1月7日，中国科学技术大学宣布科研团队成功实现了跨越4600千米的星地量子密钥分发，标志着我国已构建出天地一体化广域量子通信网雏形。

三、3D打印

3D打印是一种以数字模型文件为基础，运用粉末状金属或塑料等可黏合材料，通过逐层打印的方式来构造物体的快速成型技术。3D打印需要专门的3D打印机。最开始主要用于制造模型，后逐渐用于一些产品的零部件直接制造。目前该技术在医疗、珠宝、鞋类、工业设计、汽车、航空航天、教育、地理信息系统、土木工程，以及建筑、工程和施工等领域都有所应用。

能力拓展

从网上搜集关于北京故宫的文字和图片资料（分别保存为文本文件和压缩文件），然后注册一个百度网盘账号，将收集的资料上传到自己的百度网盘空间并分享给朋友，再将他人分享给自己的文件保存在百度网盘中，并下载到本地计算机。

参考文献

[1] 张爱民，魏建英．信息技术基础［M］．2版．北京：人民邮电出版社，2023.

[2] 王宏斌，王万丽，王芳．信息技术基础项目化教程［M］．北京：中国水利水电出版社，2021.

[3] 骆泓玮，甄珍，王良钢．信息技术基础［M］．西安：西安电子科技大学出版社，2023.

[4] 孙霞.信息技术基础（微课版）［M］．北京：中国铁道出版社，2022.

[5] 曹英，周燕萍，刘君伟．信息技术基础（Windows10＋Office2016）［M］．北京：高等教育出版社，2022.

[6] 刘云翔，王栋．信息技术基础与应用实验教程［M］．北京：清华大学出版社，2021.

[7] 赵军，孙翠华．大学信息技术基础项目化教程［M］．上海：上海交通大学出版社，2020.

[8] 李文艳．信息技术（基础模块）（WPS 2019版）［M］．上海：上海交通大学出版社，2021.

[9] 李洪亮．大学信息技术基础与应用［M］．北京：航空工业出版社，2020.

[10] 朱利华．信息技术基础［M］．北京：北京邮电大学出版社，2021.

[11] 丁爱萍，吴教育．信息技术［M］．北京：北京出版社，2021.